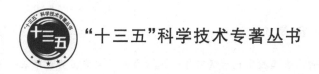

"十三五"科学技术专著丛书

多维光网络规划与优化技术

黄善国　尹　珊　编著

北京邮电大学出版社
www.buptpress.com

内 容 简 介

本书针对多维光网络规划与优化中的关键问题与典型技术进行研究与分析,是作者及研究团队近年来在相关方向研究成果的系统性总结与介绍。内容包括多维光网络技术概述、路由与资源分配技术、光网络生存性技术、光网络评估技术、网络虚拟化技术与拓扑分析、人工智能与网络规划优化、网络模拟与网络仿真工具等。

本书主要面对网络规划设计、网络运维等从业人员、相关方向的科研学者等,希望相关研究成果能够为读者进行光网络规划优化工作提供理论基础与可行性技术方案。

图书在版编目(CIP)数据

多维光网络规划与优化技术 / 黄善国,尹珊编著. -- 北京:北京邮电大学出版社,2019.6(2024.1重印)
ISBN 978-7-5635-5606-9

Ⅰ.①多… Ⅱ.①黄… ②尹… Ⅲ.①光纤网 Ⅳ.①TN929.11

中国版本图书馆 CIP 数据核字(2018)第 224485 号

书　　　名:多维光网络规划与优化技术
作　　　者:黄善国　尹　珊
责 任 编 辑:满志文　穆菁菁
出 版 发 行:北京邮电大学出版社
社　　　址:北京市海淀区西土城路 10 号(邮编:100876)
发 行 部:电话:010-62282185　传真:010-62283578
E-mail:publish@bupt.edu.cn
经　　　销:各地新华书店
印　　　刷:北京虎彩文化传播有限公司
开　　　本:787 mm×1 092 mm　1/16
印　　　张:18
字　　　数:471 千字
版　　　次:2019 年 6 月第 1 版　2024 年 1 月第 3 次印刷

ISBN 978-7-5635-5606-9　　　　　　　　　　　　　　　　　　　　　　　定　价:58.00 元
· 如有印装质量问题,请与北京邮电大学出版社发行部联系 ·

前　　言

　　本书介绍了多维光网络规划优化,从多维光网络发展入手,根据不同多维光网络的特点,总结了多种规划优化技术。系统地对多维光网络规划优化技术体系进行了总结,是供多维光网络规划优化工作者及研究人员参考的重要著作。

　　全书分为 8 个章节,循序渐进地介绍了多维光网络规划优化技术。第 1 章介绍了光网络及多维光网络的发展情况及其中规划优化的关键问题与技术。第 2 章介绍了多维光网络技术,包括多维光网络概述,SDH 网络、OTN 网络、灵活栅格光网络及空分光网络的技术与特点。第 3 章介绍了光网络中重要的路由与资源分配技术,包括路由与资源分配问题概述、最优化建模及求解、最短路算法、启发式算法等三种典型技术。第 4 章介绍了光网络生存性技术,从保护和恢复技术入手,着重介绍了多路径保护技术与数据中心中的多故障恢复技术。第 5 章对光网络规划优化中必不可少的光网络评估技术进行讨论,从评估流程、评估因素、评估方法及未来发展方向四个方面对光网络评估技术进行了介绍。第 6 章从网络虚拟化及拓扑分析的角度对光网络规划优化中的逻辑拓扑与虚拟化技术进行了讨论,网络拓扑结构对网络性能会产生直接影响,通过环结构的判别可以有效分析网络中的环结构及抗毁能力。人工智能近年来成为研究重点,人工智能技术可以促进网络规划效率及效果。第 7 章介绍了人工智能技术发展情况及研究进展、人工智能的主要算法、典型应用,并针对人工智能在规划优化中的具体应用方式进行了讨论。第 8 章主要介绍了研究组包括 OpticSimu 光传输仿真软件、光缆网规划与优化系统软件,OTN 网络仿真与规划系统在内的几款国内外网络模拟与网络仿真工具,希望读者可以对网络模拟与网络仿真工具有所了解。

　　由于多维光网络规划优化技术的发展日新月异,书中难免存在不足之处,恳请广大读者批评指正。我们会在相关领域继续深入研究,跟进规划优化技术发展,吸收您的意见,适时编撰书的升级版本。

作　者

目　　录

第 1 章

绪　　论

◆ 1.1　光网络发展概述 ◆

　　光网络是指以光为传输载体,利用光纤作为传输媒介的通信网络。近年来,随着传输技术的快速发展,光网络传输资源从传统的时分资源、频分资源向更加灵活的多维资源复用方向发展,具有时分、频分、空分等资源的多维光网络成为未来光网络的主流表现形式。从 20 世纪 80 年代数字光纤通信技术开始被应用之后,其发展极为迅速。从最初的单波长开始到现在,已经可以使用包括空分资源在内的多维网络资源;系统结构也从最初的点对点系统发展成具有复杂拓扑结构的多层多域光网络。传统的固定栅格波分复用技术以及密集波分复用技术,可以通过提高单个波长的传输容量来提高整个传送网承载的业务量,单波长传输容量正在从 10 GB、40 GB、100 GB 一直到 400 GB 甚至 1 TB 的过程进行演进。当前阶段随着高清电视、3DTV、物联网、云计算、数据中心等宽带应用不断涌现,所需带宽持续增长,骨干网面临巨大的传输压力,100 GB DWDM 大容量传输是缓解运营商传输压力的有效手段。2012 年是 100 GB 正式在我国得到大规模商用的元年,目前 100 GB 系统已经在各大运营商商用,400 GB 系统能够在 100 GB 的基础上进一步提升网络容量并降低每比特的传输成本,有效地解决了运营商面临的业务流量及网络带宽持续增长的压力,预计在 2019 年开始逐步商用。为了进一步提高光纤的频谱利用率和网络传输容量,灵活光网络成为目前研究的热点。当前实验室中的单模光纤传输容量已经接近了其理论极限,商用系统预计在 2020 年也会达到该理论极限。因此,为了应对即将出现的网络带宽危机,下一代光纤通信技术只有挖掘全新的领域,利用光纤传输通道上最后一个的物理维度,即空间维度,才能实现光网络传输容量的再一次飞跃性发展。空分复用(Space Division Multiplexing,SDM)技术在这种情况下得到越来越多的关注,逐渐成为近期光纤通信技术的研究焦点[1]。如图 1-1 所示的是光网络近年来的发展情况与趋势。

　　随着光网络容量与结构的快速发展与应用需求的日益增长,光网络的管控技术与应用场景也快速发展。近年来,如数据中心光网络、内容分发光网络、软定义光网络的发展为多维光网络的应用与发展提供了更广阔的方向。但无论是何种应用场景与管控技术,在光网络的具体应用过程中网络的规划与优化问题都是必须要解决的,只有合理科学的规划优化设计才能保证网络的服务质量与资源效率。

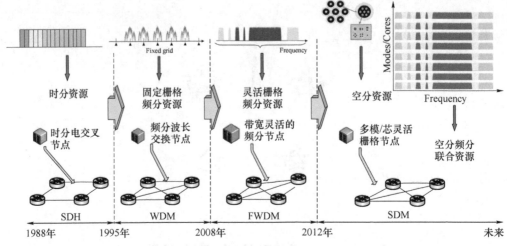

图 1-1 光网络近年来的发展情况与趋势

本书针对多维光网络规划与优化中的关键问题与典型技术进行研究与分析,是笔者及研究团队近年来在相关方向研究成果的系统性总结与介绍。希望相关研究成果能够为读者进行光网络规划优化工作提供理论基础与可行性技术方案。

◆ 1.2 多维光网络规划优化中的关键问题 ◆

针对不同的网络运营目的与客户服务需求,多维光网络的规划优化中有多个关键问题需要在规划优化时进行解决。本小节对这些关键问题进行简要介绍。多维光网络的规划优化技术根据规划时间范围可分为短期规划、中期规划和长期规划。根据业务的类型可分为静态规划与动态规划。考虑到多维光网络以传输网为主,本书主要针对的是静态规划场景。在静态规划中,需要考虑多种规划优化目标或规划优化约束条件。下面以比较有代表性的关键问题为例进行介绍。

1. 传输质量与物理损耗

随着网络规模的增大,多维光网络的传输距离日益增加,长距离的光传输,使得多维光网络中的物理损耗不能被忽略。多维光网络中的色散和插损会降低接收光信号的信噪比。为保证传输质量,在进行多维光网络规划时,应充分考虑物理损耗问题,在合适的位置增加放大器或电中继等设备。

2. 资源碎片

由于多维光网络中的资源往往具有连续性需求,在多次业务拆建后,或在进行规划时由于未充分考虑这一问题,网络中可能产生资源碎片。资源碎片是指那些空闲但由于其前后相邻资源被占用使得其被业务使用的概率极低的那些资源,网络中的资源碎片会大大降低网络资源效率。应采用合理的规划优化算法对资源碎片进行处理。

3. 业务疏导

业务疏导是规划优化需要解决的重要的问题之一。解决复杂网络中的复杂业务流向导致的流量均衡、业务分组等业务疏导驱动问题是进行网络规划的重要原因。有效的业务疏导策略可以大大提高网络性能、增加网络吞吐量,提高业务服务质量。

4. 网络生存性

多维光网络作为传输基础网络,大量业务承载于其上。随着大容量多维光网络的快速发展,一旦网络中出现故障将会有大量业务受到影响。2001年由于地震引起的海底光缆中断,导致数千万美元的经济损失。通过有效的生存性策略提高网络生存性是网络规划优化中必须解决的重要问题。如何设计合理的保护恢复策略来保证故障下的业务保障能力,或规划合理的拓扑结构来提高故障下网络的连通性,是网络生存性问题主要需要解决的问题。

5. 降低经济成本

网络规划优化时需要解决的一个重要问题就是如何降低经济成本。网络建设与运维成本、网络中资源配置、业务路由以及资源分配有直接关系。因此通过有效的光网络规划优化策略可以实现经济成本与网络效能的充分均衡。

6. 网络评估问题

有效地评估一个网络,可以为网络的规划优化提供有力的评判标准支撑。但如何有效地完成多维光网络的评估是一个复杂的问题。进行多维光网络评估时,需要考虑网络的具体应用场景,同时有多种因素可以供评估使用。如何选择评估因素,如何对评估因素进行定量分析等问题,是需要在网络规划优化中具体研究和解决的。

◆ 1.3 多维光网络规划优化中的核心技术 ◆

为解决多维光网络规划优化中的关键问题,多维光网络规划优化的核心技术主要包括路由与资源分配技术、生存性技术、网络评估技术、逻辑拓扑规划与设计、网络规划工具等。

1. 路由与资源分配技术

通过有效的路由与资源分配技术可以有效地解决多维光网络规划优化中的众多问题。路由与资源的计算和选择将直接影响网络的各方面性能,一个好的解决该问题的策略将能够有效地提高网络性能,充分利用网络能力。在传统的波分复用(Wavelength Division Multiplexing,WDM)光网络中,资源就是指的波长资源,所以涉及路由选择与资源分配的问题被称为路由和波长分配(Routing and Wavelength Assignment,RWA)问题。具体来说就是如何为业务请求建立光通路连接的过程,是按照一定策略在网络的物理拓扑结构中,为业务请求计算并选择一条从源节点到宿节点的路由,并为该路由所经过的链路分配波长资源的问题。在多维光网络中资源形式更为多样,包括波长资源、频谱资源、空分资源、时序资源等,这也使得多维光网络中的路由与资源分配问题更加复杂。但万变不离其宗,路由与资源分配问题的主要约束思想与解决方法直接是具有相似性的。

路由与资源分配技术可以分为路由技术与资源分配技术。目前常用的路由技术可以分为基于拓扑的寻路算法与基于数学模型求解的最优化算法。前者有最短路算法、负载均衡算法、最大流算法、最小割算法等典型算法;后者是通过建立流量守恒模型,结合网络约束条件求解线性规划模型来实现最优路由计算。

常用的资源分配算法大致可以分为以下三类:

(1)基于局部信息的首次命中(First-Fit,FF)资源分配算法、随机(Random-Fit,RF)资源分配算法等；

(2)基于全局资源信息的最大使用(Most-Used,MU)资源分配算法、最小使用(Least-Used,LU)资源分配算法等；

(3)基于全局通路信息的最大总和(Max-Sum,MS)资源分配算法、最小影响(Least Influence,LI)资源分配算法、相对容量损失(Relative Capacity Loss,RCL)资源分配算法以及相对最小影响(Relative lease Influence,RLI)资源分配算法等。

2. 生存性技术

网络生存性技术经常用业务故障下的恢复率来表示,可定义为当网络中某条线路或节点出现故障时,受影响的业务是否能从其他线路上调配到充分资源恢复业务通道,保障业务通信。网络生存性技术主要包括网络拓扑结构策略和网络保护恢复技术。保护恢复技术分为保护与恢复两大类。保护是指使用预先规划的方法为工作通道预留冗余资源,以便在发生故障时建立保护连接。这部分起到保护作用的资源会被保留下来,不能被其他的业务所使用,其他业务只能以竞争的方式占用。恢复是在故障场景下为业务动态计算路由分配资源来实现通信保障和网络生存性,根据网络的实时状况及空闲容量配置新路由来替换故障路由。网络拓扑结构本身将对网络生存性起到举足轻重的作用,因此在进行规划优化时,可以通过拓扑结构的调整有效提高网络生存性。同样的,在通过保护恢复技术在进行保护路由与恢复资源规划时,提高业务生存性是能够在网络拓扑基础上有效提高网络生存性的重要手段。

3. 网络评估技术

光传输技术飞速发展,光传输网络由点到点的链网、环形网逐步向网状网演变。与之同时出现的还有网络结构复杂、影响因素多、生存性保障难度高等问题,这些问题对光传输网络的性能会造成极其不利的影响。因此研究构建一套科学、合理、全面的评估体系,即多维光网络评估指标体系非常重要。在宏观战略层面上,能够对光传输网络的发展水平进行评价,对光传输网络带来的安全效益、经济效益和社会效益进行评估,为光传输网络的发展规划提供科学指导;在微观过程层面上,能够对光传输网络运行状态和薄弱环节进行分析、识别,为光传输网络的运行管理提供决策依据。

4. 逻辑拓扑规划与设计

网络的逻辑拓扑又称为虚拓扑,它与节点间的业务流量的分布密切相关。逻辑拓扑结构的引入可以克服业务需求和网络物理设计之间的矛盾,在目标和有效性上,对业务需求的变化提供更好的适应性,从而有效地节约网络资源。

5. 网络规划工具

近年来,传统人工规划设计所带来的巨大时间和人力代价越来越无法胜任随网络规模的不断增大的多维光网络规划设计工作。利用计算机与信息技术能够有效地提高多维光网络规划优化工作的效率与优化性能。通过网络信息化并利用网络模拟与网络仿真工具,对网络进行模拟与仿真,从而为规划设计人员对网络进行规划与优化提供参考。

◆ 1.4　国内外发展现状 ◆

近年来,多维光网络的规划优化技术快速发展集中在路由与资源分配技术领域,有效地利用路由与资源分配技术,能够在一定程度上解决其他规划优化中的关键问题。本节我们针对近年来灵活光网络邻域路由与频谱分配(Routing and Spectrum Assignment,RSA)发展现状分别对路由、频谱分配和联合策略进行介绍。

1.4.1 路由

解决灵活光网络中路由问题的方法可分为两类,即没有弹性特性的路由,以及具有弹性特性的路由。

1. 没有弹性特征的路由

没有弹性特征的路由方法与传统光网络中的路由方法类似,又可以分为四种:固定路由、固定交替路由、最少拥塞路由和自适应路由。这些路由方法主要用于发现源节点到目的节点之间的合适路由,但没有考虑光网络的弹性特性。有关这些算法的研究进展如下。

(1)固定路由

在固定路由(FR)[2,3]中,使用一些最短路径算法(如 Dijkstra 算法[4])为每个源-目的节点对预先计算单个固定路由。当连接请求到达网络中时,该算法尝试沿着预定的路由建立光路。它检查在预算路由的每条链路上是否有所需的资源可用。任何一个链路没有所需的资源,连接请求将被阻塞。在多个所需资源可用的情况下,使用资源分配策略来选择最佳资源(slot,频隙)。

(2)固定交替路由

固定交替路由(FAR)[2,3]是 FR 算法的更新版本。在 FAR 中,网络中的每个节点都为所有其他节点维护一个路由表(包含多个固定路由的有序列表)。这些路由是离线计算的。当带有给定的源-目的节点对的连接请求到达时,源节点尝试从路由表中依次获取的每个路由的资源情况,直到找到具有所需资源的路由。虽然该算法的计算复杂度高于 FR,但与 FR 算法相比,它提供的呼叫阻塞概率相对较低。

(3)最小拥塞路由

最小拥塞路由(LCR)[2,3]为类似于 FAR,为每个源-目的节点对预先确定一系列路由。根据连接请求的到达时间,从预定路由中选择已用资源最少的路由。LCR 的缺点是计算复杂度较高,其呼叫阻塞概率几乎与 FAR 相同。

(4)自适应路由

在自适应路由(AR)[3,5]中,根据网络的链路状态信息动态选择源到目的节点对之间的路由。当连接到达时,确定源-目的节点对之间的最短路径。如果有多条路径具有相同的距离,则随机选择其中一个。由于 AR 考虑了源-目的节点对之间所有可能的路由,因此它提供较低的呼叫阻塞概率,但其建立时间比其他路由算法相对较高。

(5)路由算法的比较

针对已有研究在路由算法的阻塞概率、平均建立时间和时间复杂度等方面可比较它们的性能[6]。网络中的阻塞概率[7,8]被定义为阻塞连接请求数与网络中连接请求数的比值。网络中的平均建立时间[9]被定义为建立网络中所有连接到成功连接数所需的总执行时间。相比较而言,FR 具有所有路由算法的最低平均建立时间和时间复杂度。然而,其阻塞概率是最高的。AR 在阻塞概率方面提供了最佳性能,但其时间复杂度最高。FAR 提供了时间复杂度和阻塞概率之间的折中。

2. 具有弹性特征的路由

在灵活光网络中,由于资源从传统的固定栅格变为灵活弹性的网络资源,大大提高了频谱资源的灵活性。通过 RSA 方法进行单路径路由会导致频谱碎片化问题,从而导致资源效率低下。为了克服这个问题,对于弹性光网络已经考虑了多路径路由[10-12]。多路径路由可用于处理动态流量场景中非常常见的频谱碎片问题。

1.4.2　频谱分配

为了更好地适应动态的带宽需求,建立在网络中的光路可以动态地改变其分配的频谱。这种能力被定义为弹性频谱分配[13,14],并且其在未来的多维光网络中的实施,预计将提供更好的网络性能。本节对不同的频谱分配策略进行介绍,并根据频谱带宽和单链接频谱分配进行分类。

1. 频谱范围

根据为需求分配的频谱中心频率和频谱带宽是否可调,频谱分配策略可以分为三种类型,即固定频谱分配、半弹性频谱分配和弹性频谱分配。

(1) 固定频谱分配

在固定频谱分配策略[13,14]中,频谱中心频率和分配的频谱带宽始终为静态。在每个时间段,需求可以利用整个分配的频谱带宽或仅利用一部分频谱来传送该时段所请求的比特率。这种方法没有提供任何弹性,光路的频谱分配与带宽需求的变化无关。在这种情况下,所使用的传输频谱可能比分配频谱少,导致网络容量使用无法达到最优。当带宽需求高于频谱带宽时,无法提供频谱进行传输。

(2) 半弹性频谱分配

在半弹性频谱分配策略[13,14]中,频谱中心频率保持固定,但分配的频谱宽度可以在不同时间段中变化。不同数量的频隙被分配给光路以适应带宽需求。同时,未使用的频隙可用于后续的连接请求。这种频谱分配策略能够比固定的频谱分配策略提供更高的频谱灵活性。

(3) 弹性频谱分配

在弹性频谱分配策略[13,14]中,频谱中心频率和频谱宽度可以在每个时间间隔中改变。这一频谱分配策略为以前的策略增添了新的自由度。它不仅可以随时改变每个光路的频隙,还可以改变频谱中心频率。

2. 单链接频隙分配

在进行单链接频谱分配时,可以使用以下分配策略之一来执行单个链接请求的频隙分配。

(1) 首次命中

在首次命中频谱分配策略[15,16]中,通过对频隙进行索引,保存空闲或可用频隙的索引列表。此策略始终尝试从可用频隙列表中选择索引最小的频隙,并将其分配给光路以提供链接请求带宽。当请求结束后,该频隙将返回到可用频隙列表。通过以这种方式选择频谱,可以尽量将链接按频谱顺序使用,留下更多数量的频隙供将来使用。实施这项策略并不需要全网信息。由于首次命中频谱分配策略的呼叫阻塞概率和计算复杂度较低,因此被认为是最好的频谱分配策略之一。

(2) 随机命中

在随机命中策略[2,15]中,维护一个空闲或可用频隙列表。当链接请求到达网络时,该策略会从可用频隙列表中随机选择一个频隙,并将其分配给用于链接请求的光路。在为光路指定频隙后,该频隙将被从空闲列表中删除。请求结束后,频隙将重新添加到空闲或可用频隙列表中。通过随机方式选择频谱,可以降低多个链接选择相同频谱的可能性,此方法适用于分布式执行频谱分配。

（3）末次命中

该策略[2,17]总是尝试从可用频隙列表中选择索引最大的频隙,并将其分配给光路以提供链接请求。

（4）首尾匹配

在首尾频谱分配策略[16]中,每个链路的所有频隙可以划分为多个分区。在奇数分区中,策略尽量选择索引最小的可用频隙;在偶数分区中,策略尽量选择索引最大的可用频隙。

（5）最少使用

最少使用的频谱分配策略[2,18],从网络中光纤链路所使用的频谱最少的列表中为光路分配一个频隙。以这种选择频谱的方法试图将负载均匀分布在所有的频隙中。

（6）精确拟合

精确拟合分配策略[15]根据链接请求的频隙数目搜索确切可用的频谱块(多个连续频谱的集合)。如果存在与请求频隙数准确匹配的资源块,则此策略将分配该频谱块给该需求。否则,根据首次命中分配策略为该需求分配频谱。通过这种方式选择频隙,可以减少光网络中的碎片问题。

3. 单链接频隙分配策略的比较

研究表明,最少使用分配策略比其他分配策略具有更高的时间复杂性。这种频谱分配策略需要全网信息。像随机命中、首次命中、末次命中、精确拟合、首尾匹配的频谱分配策略具有较低的时间复杂度,根据不同业务负载下的阻塞概率,得到这些频谱分配策略的性能。仿真数值结果表明[19],首尾匹配比其他频谱分配方案具有更低的阻塞概率,因为它比其他频谱分配策略提供更少的分段。精准拟合的阻塞概率要高于首尾匹配的阻塞概率,但其阻塞概率要低于其他频谱分配策略的阻塞概率。首先命中和末次命中的频谱分配策略提供了几乎相似的性能,随机命中的阻塞概率在所有频谱分配策略中最高。

1.4.3　联合策略

除了分别进行路由和频谱分配,许多研究人员通过同时考虑路由选择和频谱分配提出了联合 RSA 策略[20-22]。他们通常使用矩阵来描述链路或路径频谱状态,同时考虑了频谱连续性和邻接约束,并从所有可用矩阵候选中选择最佳性能。

Liu 等人[21]提出了一种基于层的方法来设计集成多播路由和频谱分配（MC-RSA）的算法,以高效地服务多播请求,并最小化弹性光网络中的带宽阻塞概率。同样,Yin 等人提出了两种联合路由和频谱分配算法以减轻光路供应过程中的频谱碎片化[22],即支持分片的 RSA 和支持拥塞避免的分片的 RSA。另一些研究[23-25]着重于通过调制选择来实现联合策略 RSA。这种类型的问题被称为路由、调制和频谱分配（RMSA）问题。在这个方向上,Zhou 等人[24]为弹性光网络引入了 RMLSA 问题。在他们的工作中,作者为 RMLSA 算法引入了整数线性规划（ILP）,该算法使用于服务流量矩阵的频谱最小化。

利用联合 RSA 策略,能够解决多种规划中的关键问题,下面我们按问题分类,对研究情况进行介绍。

1. 频谱碎片问题

为了克服由于动态建立和拆除连接可能会产生频谱碎片[23,26]问题,许多 RSA 方法已经被提出[23,27-30]。在这个方向上,Kadohata[31]和 Zhang 等人[20]通过考虑绿地规划场景提出了链接重新路由的带宽碎片整理方案。Patel 等人[32]针对弹性光学网络中制定碎片整理问题提出了考虑频谱连续性和连续性约束条件的 ILP 模型,提供最佳碎片整理方案。他们提出了两种启发式算法,即贪婪碎片整理法和大规模网络的最短路径碎片整理法,以最大化频谱利用率。可识别碎片的 RSA 算法或碎片整理方法可分为两类,即主动式碎片感知(RSA)和碎片整理(RSA)。

(1)主动式碎片感知(RSA)

当网络新的连接请求到达时,主动式碎片感知 RSA 技术会尝试阻止或最小化网络中的频谱碎片。Wang 等人[16]提出了四种频谱分配技术,用于为不同数据速率的链接分配频谱资源。在他们的方法中,所有连接都使用首次命中的频谱分配策略。Christodoulopoulos 等人提出了类似的频谱预留概念[23]。

(2)碎片整理(RSA)

在动态环境中,碎片问题不可能完全被消除。因此,碎片整理 RSA 算法试图恢复网络中的资源连续性。碎片整理的主要目标是重新配置现有连接的频谱分配,以便将频隙进行整合,为即将到来的连接请求提供更多连续的频隙资源。文献中的大多数方法[16,23,26-30]都是在子载波频隙发生带宽割裂后执行带宽碎片整理。这意味着在执行带宽碎片整理时,链接会因重新路由而中断。使用链接重新路由的带宽碎片整理增加了链接延迟和系统复杂性。为了克服这个严重的问题,Wang 和 Mukherjee[33]提出了一种避免带宽碎片而不执行任何连接重新路由的方案。采用基于频谱划分的预防性准入控制方案来实现更高的配置效率。同样,Fadini 等人[34]提出了用于弹性光网络中频谱分配的子载波时隙划分方案。它会减少未对齐的可用频隙的数量,而无须链接重新路由,这样就减少了网络中的带宽阻塞概率。

2. 调制

传统固定栅格光网络将频谱资源分配给连接时,不考虑调制技术的选择。这导致频谱利用效率低下。最近关于基于调制的频谱分配的研究[35-37]表明,与弹性光网络中基于固定调制的频谱分配相比,这种类型的频谱分配方案增加了频谱利用率,为 9%～60%,与基于固定调制的频谱分配方案相比,这可以更好地利用频谱资源。在基于调制的频谱分配方案中[27,38],适配考虑了物理条件,同时确保了所需的数据速率。Jinno 等人[27]提出了一种距离自适应频谱分配方案通过对长距离路径采用高级调制格式,以及对较短路径采用高级调制格式。这是由于 64-QAM 的光信噪比(OSNR)容限低于 QPSK,所以它适合更短距离的光路。

基于调制的频谱分配方案可以分为两类,即基于离线调制频谱分配和基于在线调制频谱分配。

(1)基于离线调制频谱分配

Christodoulopoulos 等人[23]提出了一种基于离线调制的频谱分配方案。在他们的方案中,根据请求的数据速率和端到端路径的距离将每个需求映射到调制级别,他们提出了基于路径的 ILP 公式,然后将问题分解为两个子问题,即路由和调制级别和频谱分配。他们依次使用 ILP 解决了子问题。最后,提出了一种顺序算法来逐个为连接提供服务,并依次解决规划问题。

（2）基于在线调制频谱分配

大多数基于在线调制的频谱分配研究[36,37,39,40]已经引入了启发式算法来处理随机到达的链接请求。这些算法为每个源-目的节点对计算多个固定备用路径,并按照其端到端路径长度的降序进行排列。紧接着通过考虑备用路径路由和调制,频谱分配策略用于为每个链接请求分配光路径。

3. 传输质量

灵活光网络架构提供了选择调制格式和信道带宽以适应传输距离和所需传输质量的能力。基于在线调制的频谱分配方案(称其为传输质量感知 RSA),Beyranvand 等人[40]提出了一种传输质量的在线 RSA 方案,并用于灵活光网络。此方案采用三个步骤来构建完整的框架,即路径计算、路径选择和频谱分配。Dijkstra 和 k-最短路径算法适用于计算路径;而损耗和物理层上的非线性影响被建模来估算给定路由的 QoT。S. Yang 等人[39]已经提出了考虑 QoT 感知的 RSA 方案,以便为每个请求选择一条可行路径,并通过使用适合的传输范围和请求数据速率的调制格式分配频隙。

4. 生存性

灵活光网络有能力支持每路 400～1 000 Gbit/s 的数据速率[41],每条光纤链路的吞吐量可达到 10～100 Tbit/s。因此,网元(如光纤或网络节点)的故障会中断数百万用户的通信,会导致数据和收入的巨大损失。例如,2004 年,由于光网络故障,Gartner 研究小组损失了大约 5 亿美元[42]。因此,生存性已经成为多维光网络的基本要求。故障恢复[43]在这里被定义为在故障情况下通过在故障后重新路由不同设备上的信号来重新建立流量连续性的过程。灵活光网络的生存性机制我们将分保护和恢复进行介绍。

（1）保护

本章后的文献[44-48]中介绍的保护技术是在故障发生后使用备用路径传送光信号。备份路径在故障发生之前计算,但在发生故障后会重新配置。Klinkowski 等人[48]提出了一种静态业务需求专用保护 RSA 方法来解决此问题。尽管专用保护可以提供更高的可靠性,但由于保护频隙在故障发生前就被分配空闲,因此无法有效利用频隙。为了克服这个问题,研究人员[44,45]提出了一种共享保护方案:如果相应的工作路径是链路不相关的,那么通过在链路上两个相邻路径之间共享备份频隙来增强频谱利用。

（2）恢复

在恢复[11,49-54]算法中,故障发生后,根据链路状态信息动态计算备份路径,因此与保护相比可提供更高的资源利用效率。Ji 等人[55]提出了三种算法用于动态预置环(p 圈)配置,以便为灵活光网络提供 100% 的单链路故障恢复。Paolucci 等人[54]提出了一种恢复技术,能够在弹性光网络中实现多径恢复和比特率压缩。他们将问题作为 ILP 模型制定,最后提出了一种启发式算法:通过沿多条路线利用有限的频谱资源部分来有效地恢复网络故障。由于在故障发生后才寻找备份路径,它提供的恢复比保护慢。根据所使用的重新路由类型,可将恢复视为由三类组成,即链路恢复、路径恢复和基于段的恢复。

5. 节能

近几年,研究人员[56-58]专注于弹性光网络的节能 RSA 方案。在这个方向上,Fallahpour 等人[56]提出了一种动态节能的 RSA 算法,该算法考虑了再生器放置来抑制总的网络能量消耗。此外,通过在可能的候选路径中找到最节能的路径来服务新到达的链接请求。同样,Zhang 等人[58]提出了节能动态配置,显著降低能耗同时有效利用频谱资源。

◆ 参考文献 ◆

［1］Takayuki M，Hidehiko T，Akihide S，et al.. Dense Space-Division Multiplexed Transmission Systems Using Multi-Core and Multi-Mode Fiber［J］，IEEE Journal Of Lightwave Technology，January 2016，34(2).

［2］Mukherjee B. Optical WDM Networks. Berlin，Germany：Springer Verlag，2006.

［3］Ramamurthy R，Mukherjee B. Fixed-alternate routing and wavelength conversion in wavelength-routed optical networks，IEEE/ACM Trans. Netw，2002，10(3)：351-367.

［4］Cormen T H. Introductions to Algorithms. New York，NY，USA：McGraw Hill，2003.

［5］Jue J，Xiao G. An adaptive routing algorithm for wavelength routed optical networks with a distributed control scheme，in Proc. IEEE 9th ICCCN，2002：192-197.

［6］Chatterjee B C. ，Sarma N. ，Sahu P. P. Review and performance analysis on routing and wavelength assignment approaches for optical networks，IETE Tech. Rev，2013，30(1)：12-23.

［7］Chatterjee B C，Sarma N，Sahu P. P. A priority based wavelength assignment scheme for optical network，in Proc. IWNMA，2011：1-6.

［8］Chatterjee B C，Sarma N，Sahu P P. Dispersion-reduction routing and wavelength assignment for optical networks，in Proc. 2nd IConTOP，2011：456-463

［9］Chatterjee B C，Sarma N. ，Sahu P P. "A heuristic priority based wavelength assignment scheme for optical networks，" Optik Int. J. Light Electron. Opt，2013，123(17)：1505-1510.

［10］Ruan L，Xiao N. Survivable multipath routing and spectrum allocation in OFDM-based flexible optical networks，IEEE/OSA J. Opt. Commun. Netw，2013，5(3)：172-182.

［11］Ruan L，Zheng Y. Dynamic survivable multipath routing and spec-trum allocation in OFDM-based flexible optical networks，IEEE/OSA J. Opt. Commun. Netw，2014，6(1)：77-85.

［12］Zhang M，Shi W，Gong L，et al. Multipath routing in elastic optical networks with distance-adaptive modulation formats，" in Proc. IEEE ICC，2013，：3915-3920.

［13］Klinkowski M，et al. "Elastic spectrum allocation for time-varying traffic in flexgrid optical networks，IEEE J. Sel. Areas Commun，2013，31(1)：26-38.

［14］Garcia A A. Elastic spectrum allocation in flexgrid optical networks，Univ. Politècnica Catalunya，Catalunya，Spain，Tech. Rep，2012.

［15］Rosa A，Cavdar C，Carvalho S，et al. Spectrum allocation policy modeling for elastic optical networks，in Proc. 9th Int. Conf. HONET，2012：242-246.

［16］Wang R，Mukherjee B. Spectrum management in heterogeneous bandwidth optical networks，Opt. Switching Netw. ，2014，11：83-91.

[17] Fadini W,Oki E. A subcarrier-slot partition scheme for wavelength assignment in elastic optical networks, in Proc. IEEE Int. Conf. HPSR,2014:7-12.

[18] Siva R M C,Mohan G. WDM Optical Networks: Concepts, Design and Algorithms. UpperSaddleRiver, NJ,USA:Prentice-Hall,2003.

[19] Chatterjee B C,Oki E. Performance evaluation of spectrum allocation policies for elastic optical networks, in Proc. 17th IEEE ICTON, Budapest, Hungary, 2015, to be published.

[20] M Zhang, W Shi and L Gong, et al. "Bandwidth defragmentation in dynamic elastic optical networks with minimum traffic disruptions," in Proc. IEEE ICC, 2013, pp. 3894-3898.

[21] Liu X, Gong L, Zhu Z. Design integrated RSA for multicast in elastic optical networks with a layered approach, in Proc. IEEE GLOBECOM, 2013:2346-2351.

[22] Yin Y,et al. Spectral and spatial 2D fragmentation-aware routing and spectrum assignment algorithms in elastic optical networks [Invited], EEE/OSA J. Opt. Commun. Netw. , 2013,5(10):100-106.

[23] Christodoulopoulos K, Tomkos I,Varvarigos E. Elastic bandwidth allocation in flexible OFDM-based optical networks,J. Lightw. Technol, 2011,29(9):1354-1366.

[24] Zhou X, Lu W, Gong L, Zhu Z. Dynamic RMSA in elastic optical networks with an aadaptive genetic algorithm, in Proc. IEEE GLOBECOM, 2012:2912-2917.

[25] Yin Y, Zhu Z, Yoo S, et al. Fragmentation-aware routing, modulation and spectrum assignment algorithms in elastic optical networks, presented at the Optical Fiber Communication Conf. , Anaheim,CA, USA, 2013, Paper. OW3A-5.

[26] Khodashenas P S, Comellas J Spadaro S, et al. Using spectrum fragmentation to better allocate time-varying connections in elastic optical networks, IEEE/OSA J. Opt. Commun. Netw. , 2014,6(5):433-440.

[27] M. Jinno,et al. Distance-adaptive spectrum resource allocation in spectrum-sliced elastic optical path network [topics in optical communications], IEEE Commun. Mag. , 2010,48(8):138-145.

[28] Zhang M, You C, Jiang H el at. Dynamic and adaptive bandwidth defragmentation in spectrum-sliced elastic optical networks with time-varying traffic, J. Lightw. Technol, 2014,32(5):1014-1023.

[29] Wang Y, Cao X,Pan Y. A study of the routing and spectrum allocation in spectrum-sliced elastic optical path networks, in Proc. IEEE INFOCOM, 2011:1503-1511.

[30] Sone Y, Hirano A, Kadohata A. el al. Routing and spectrum assignment algorithm maximizes spectrum utilization in optical networks, in Proc. ECOC, 2011:1-3.

[31] Kadohata A,et al. Multi-layer greenfield re-grooming with wavelength defragmentation, IEEE Commun. Lett. , 2012,16(4):530-532.

[32] Patel A N, Ji P N, Jue J P el at. Routing, wavelength assignment, and spectrum allocation algorithms in transparent flexible optical WDM networks, Opt. Switching Netw, 2012,9(3):191-204.

［33］ Wang R,Mukherjee B. Spectrum management in heterogeneous bandwidth networks, in Proc. IEEE GLOBECOM, 2012:2907-2911.

［34］ Fadini W,Oki E. A subcarrier-slot partition scheme for wavelength assignment in elastic optical networks,in Proc. IEEE Int. Conf. HPSR, 2014:7-12.

［35］ Zhang G, De Leenheer M, Morea A, et al. A survey on OFDM-based elastic core optical networking, IEEE Commun. Surveys Tuts, 2013,15(1):65-87.

［36］ Takagi T,et al. Algorithms for maximizing spectrum efficiency in elastic optical path networks that adopt distance adaptive modulation,in Proc. ECOC, 2010, pp. 1-3.

［37］ Takagi T,et al. Dynamic routing and frequency slot assignment for elastic optical path networks that adopt distance adaptive modulation,presented at the Optical Fiber Communication Conf. , Los Angeles, CA, USA, 2011, Paper OTuI7.

［38］ Ding Z, Xu Z, Zeng X, et al. Hybrid routing and spectrum assignment algorithms based on distance-adaptation combined co-evolution and heuristics in elastic optical networks, Opt. Eng,2014,53(4).

［39］ Yang S,Kuipers F. Impairment-aware routing in translucent spectrum sliced elastic optical path networks, in Proc. 17th IEEE Eur. Conf. NOC, 2012:1-6.

［40］ Beyranvand H,Salehi J. A quality-of-transmission aware dynamic routing and spectrum assignment scheme for future elastic optical networks,J. Lightw. Technol. , 2013, 31 (18):3043-3054.

［41］ Winzer P. Beyond 100 G Ethernet, IEEE Commun. Mag, 2010,48(7)26-50.

［42］ Fawaz W. ,Chen K. Survivability-oriented quality of service in optical networks, in Quality of Service Engineering in Next Generation Heterogenous Networks, A. Mellouk, Ed. London, U. K. : Wiley, 2010:197-211.

［43］ Bouillet E. , Ellinas G. , Labourdette J. -F. , et al. . Path routing in mesh optical networks. Hoboken, NJ, USA: Wiley, 2007.

［44］ Liu M. , Tornatore M. ,Mukherjee B. . Survivable traffic grooming in elastic optical networks—Shared protection,J. Lightw. Technol. , 2013,31(6):903-909.

［45］ Shen G, Wei Y, Bose S K. Optimal design for shared backup path protected elastic optical networks under single-link failure, IEEE/OSA J. Opt. Commun. Netw, 2014,6(7): 649-659.

［46］ Walkowiak K, Klinkowski M, Rabiega B. ,et al. Routing and spectrum allocation algorithms for elastic optical networks with dedicated path protection,Opt. Switching Netw, 2014,13:63-75.

［47］ Wu J, Liu Y, Yu C,et al. Survivable routing and spectrum allocation algorithm based on P-cycle protection in elastic optical networks,Optik—Int. J. Light Electron. Opt. , 2014,125(16):4446-4451.

［48］ Klinkowski M,Walkowiak K. Offline RSA algorithms for elastic optical networks with dedicated path protection consideration, in Proc. 4th ICUMT Control Syst. Workshops, 2012:670-676.

［49］ Giorgetti, Paolucci F, Cugini F, et al. Fast restoration in SDN-based flexible optical networks, presented at the Optical Fiber Communication Conf. , San Francisco, CA, USA, 2014, Paper Th3B-2.

[50] Wei Y, Shen G,Bose S K. Span-restorable elastic optical networks under different spectrum conversion capabilities, IEEE Trans. Rel, 2014,63(2):401-411.

[51] Chen B. ,et al. Multi-link failure restoration with dynamic load balancing in spectrum-elastic optical path networks, Opt. Fiber Technol, 2012,18(1):21-28.

[52] Sone Y,et al. Highly survivable restoration scheme employing optical bandwidth squeezing in spectrum-sliced elastic optical path (SLICE) network, presented at the Optical Fiber Communication Conf. 2009, Paper OThO2.

[53] Sone Y, et al. Bandwidth squeezed restoration in spectrum-sliced elastic optical path networks (SLICE), IEEE/OSA J. Opt. Commun. Netw,2011,3(3):223-233.

[54] Paolucci F, Castro A, Cugini F,et al. Multipath restoration and bitrate squeezing in SDN-based elastic optical networks [Invited], Photon. Netw. Commun, 2014,28(1): 45-57.

[55] Ji F, Chen X, Lu W,et al. Dynamic P-cycle configuration in spectrum-sliced elastic optical networks, in Proc. IEEE GLOBECOM, 2013:2170-2175.

[56] Fallahpour A,Beyranvand H,Nezamalhosseini S A. ,et al. . Energy efficient routing and spectrum assignment with regenerator placement in elastic optical networks,J. Lightw. Technol, 2014,32(10):2019-2027.

[57] Zhang J,et al. Energy-efficient traffic grooming in sliceable-transponder-equipped IP-over-elastic optical networks [Invited], IEEE/OSA J. Opt. Commun. Netw, 2015,7 (1):142-152.

[58] Zhang S,Mukherjee B. Energy-efficient dynamic provisioning for spectrum elastic optical networks, in Proc. IEEE ICC, 2012:3031-3035.

第 **2** 章

多维光网络技术

◆ **2.1　多维光网络概述** ◆

近年来,随着移动互联网与数据中心的快速发展,网络带宽需求快速增长。2017 年,思科在白皮书《泽字节(Zettabyte)时代:趋势与分析》中预测,全球 IP 流量预计将从 2016 年每月 96 EB 增长到 2021 年的每月 278EB,增长接近三倍。24%的年复合增长率(图 2-1)略高于 2015—2020 年 22%的复合增长率。如此快速的流量增长要求作为基础传输网的光网络提供足够的带宽与容量。同时,随着技术的进步,单根光纤的传输容量增长速度非常快。在 2010 年,商业系统中的光纤传输容量已达到了 10 Tbit/s,比 1980 年的传输容量增长了 100 000 倍,这的确在很大程度上满足了迅速增长的流量对网络容量增长的要求。然而,Essiambre 等人利用香农的非线性光纤信道容量的理论,得出单模光纤系统传输容量具有由于单模光纤的非线性效应及其单模核心的功率限制所导致的上限的结论[1,2]。目前实验室中的单模光纤传输容量已经接近了其理论极限,商用系统预计在 2020 年也会达到该理论极限。因此,为了应对即将出现的网络带宽危机,下一代光纤通信技术只有挖掘全新的领域,利用光纤传输通道上最后一个的物理维度,即空间维度,才能实现光网络传输容量的再一次飞跃性发展。空分复用(Space Division Multiplexing,SDM)技术在这种情况下得到越来越多的关注,逐渐成为近期光纤通信技术的研究焦点[4]。

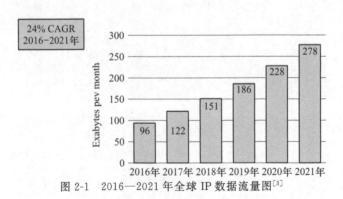

图 2-1　2016—2021 年全球 IP 数据流量图[3]

资料来源:思科 VNI2016—2021 年全球 IP 流量预测。

另外,波分复用技术将频分复用技术引入光网络,大大地提高了网络容量并掀起全光网研究热潮。但波分复用在带宽分配和性能管理上采用"一刀切"模式,存在灵活性差,资源利用率低等问题,因此频谱灵活、支持更高带宽、资源利用效率更高的灵活栅格光网络在这样的背景下应运而生。灵活栅格光网络具有更灵活的带宽粒度,可根据网络业务量和客户需求量灵活分配带宽,能有效适应用户需求。而空分复用技术,通过在空间上扩展信道数量,增加了光纤的传输容量,是解决网络大容量需求的关键技术。同时基于电交换的时分交换技术又能够为光网络带来更高的灵活性与资源利用空间。因此当前结合时分、频分、空分多维资源综合应用的多维光网络技术将成为光网络发展的必然趋势。

对于多维光网络规划与优化方面研究的关键点主要集中在以下两点。

(1) 资源结构复杂,系统建模困难

在多维光网络中,由于空分维度的加入,网络资源形式变得更多。灵活频谱、传输模式、光纤核数、波分复用端口、空分复用端口、不同粒度的交叉容量等都将成为资源模型中的资源对象,尤其它们之间又存在着复杂的关联从属等关系。传统的光网络资源模型往往采用线性模型描述网络资源,同时资源从属关系通过包含等线性关系等来描述,多维光网络建模则面临资源维度的提升带来的网络资源模型对象与结构变化。

(2) 路由与资源策略约束条件增多

由于空分复用的引入,纤芯模式的连续性、纤芯模式的一致性、纤芯模式之间的转换、O-OFDM 中子载波与空间模式的耦合、串扰、损耗等一系列新的约束成为多维光网络资源高效利用亟需要解决和面对的新需求。通过合适的路由和资源分配算法可以减少纤芯间串扰、通过空频联合的路由与资源分配策略可以减少空间碎片和频谱碎片,提高资源利用效率等。针对众多约束条件进行设计,需要在进行路由和资源分配时充分联合利用空频资源,从而在最大限度地保障用户的服务质量的同时,保证开通率,使资源得到更加高效地利用。

本章将对多维光网络中涉及的同步数字体系(Synchronous Digital Hierarchy,SDH)、光传送网(Optical Transport Network,OTN)、灵活栅格光网络、空分光网络等光传输网络及其特点进行介绍与分析,了解与掌握各种网络的技术特点及拓扑特点等能够为多维光网络及各网络的规划优化提供充分的基础。

2.2 SDH 网络技术与特点

2.2.1 SDH 网络概述

随着光纤通信在电信网中的普及应用,开发高速数字系列的光纤同步网成为世界各国的共识。1985 年,美国贝尔通信研究所 Bellcore 实验室(后更名为 Telcorida)最早提出同步光网络(SONET)的概念;1988 年原国际电报电话咨询委员会(CCITT,即 ITU-T 的前身)将其发展成为同步数字体系(SDH),并建立了世界性的统一标准[63]。此后,SDH 网络开始在各国被大规模建设,标志着现代光网络的兴起。

SDH 传送网是指由 SDH 网元组成,在传输介质上(如光纤、微波等)进行同步信息传输、复用、分插和交叉连接的网络。SDH 由一整套分等级的标准数字传送结构组成,称为同步传送模块[63]。如图 2-2 所示,不同业务在进入 SDH 帧结构时需要经过三个基本步骤,即映射、定位和复用。SDH 提出了完整而严密的传送网解决方案体系,是目前传送网应用最成功的范例之一。

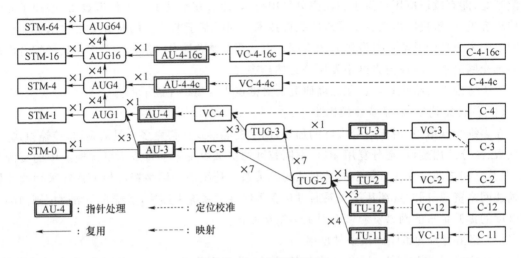

图 2-2　SDH 的复用结构

SDH 体系以其良好的性能得到了举世公认,但它代表的毕竟是一项 20 世纪 80 年代末的传送技术,在今天看来它的很多做法都明显带有那个时代的印迹以及认知上的局限性。SDH 之所以十余年来一直焕发着勃勃生机,一方面应归功于其优异的性能表现、业界的一致认同和广泛应用,还有一个重要原因就是 SDH 拥有"自身造血"的本领,其开放化的体系结构、层次化的组织方式和模块化的处理过程,都保证了在 SDH 已有范畴之内,能够通过直接引入新的技术,或者与其他一些先进技术相融合,提供原先不具备的网络传送功能,开辟出新的应用领域,从而推动了 SDH 技术的可持续发展[63]。

SDH 未来的演变趋势可以概括为如下三个方面。

（1）高速化。光电器件的最新进展加快了 SDH 迈向超高速应用领域的步伐,大容量和高速化的新一代 SDH 设备成为主流[64]。

（2）数据化。IP 业务爆炸式增长,使得当前网络业务已由传统的语音服务向数据方向转变,IP 业务已经成为网络中的主体业务。为了满足 SDH 网充分支持分组数据传输的要求,一系列技术概念和解决方案脱颖而出,正推动 SDH 向新一代的数据化多业务传送平台的方向不断发展。

（3）智能化。随着 ASON 概念的提出,支持自动交换智能的新型传送网解决方案逐步形成,并且在全球开始掀起一场新的高潮[63]。

SDH 技术作为典型的时分复用（Time Division Multiplexing,TDM）技术,为多维光网络中的高效资源应用提供了充分的时间维度复用能力。SDH 技术作为多维光网络的重要组成部分,其技术与结构特点将直接影响多维光网络的规划优化性能。下面将对 SDH 的拓扑结构与技术特点进行介绍。

2.2.2 SDH 网络环形结构

SDH 网是由 SDH 网元设备通过光缆互连而成的,网络节点(网元)和传输线路的几何排列就构成了 SDH 网络的拓扑结构。网络的有效性(信道的利用率)、可靠性和经济性在很大程度上与其拓扑结构有关。在具体应用中 SDH 网由于其环保护机制的优异性,网络结构主要为环形拓扑。SDH 环网结构是 SDH 网络技术区别于其他网络技术的突出组网特点,在具体网络规划优化中往往是典型约束条件。在本小节中,我们将对网络中的常见网络结构、SDH 网中的典型结构与环保护机制等进行介绍。

1. 网络拓扑结构

(1) 链形网

链形网络拓扑是将网络的所有节点一一串联,而首尾两端开放。这种拓扑的特点是比较经济,其在 SDH 网的早期使用较多。图 2-3 所示是链形网拓扑示意图。

图 2-3 链形网拓扑示意

(2)星形网

星形网络拓扑的特点是可以通过特殊节点来统一管理其他网络节点,利于分配带宽并节约成本。但存在特殊节点的安全保障和处理能力的潜在"瓶颈"问题。此种拓扑多用于本地网接入网和用户网。图 2-4 所示是星形网拓扑示意图。

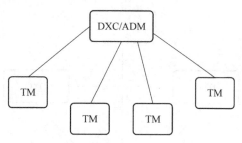

图 2-4 星形网拓扑示意

(3)树形网

树形网络拓扑可以看成是链形拓扑和星形拓扑的结合,也存在特殊节点的安全保障和处理能力的潜在"瓶颈"。图 2-5 所示是树形网拓扑示意图。

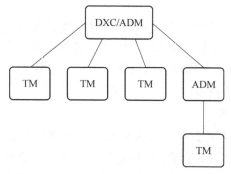

图 2-5 树形网拓扑示意

（4）环网

环网拓扑实际上是指将链形拓扑首尾相连，从而使网上任何一个网元节点都不对外开放的网络拓扑形式，主要是因为它具有很强的生存性，即自愈功能较强。环形网常用于本地网接入网和用户网接入网。图 2-6 所示是环网拓扑示意图。

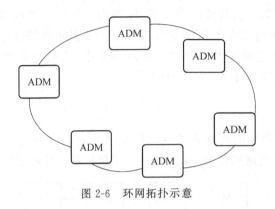

图 2-6　环网拓扑示意

（5）网状网

将所有的网元节点两两相连就形成了网状网网络拓扑，这种拓扑传输路由，为两网元节点间提供多个传输路由，使网络的可靠性更强，不存在"瓶颈"问题和失效问题，但是由于系统的冗余度高必会使系统有效性降低，成本高且结构复杂。网状网主要用于长途网中，以提供网络的高可靠性。图 2-7 所示是网状网拓扑示意图。

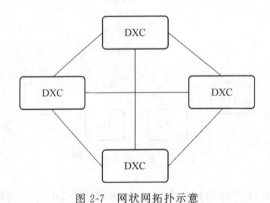

图 2-7　网状网拓扑示意

2. SDH 网典型结构

当前 SDH 网用得最多的网络拓扑是链形和环形，通过它们的灵活组合，可构成更加复杂的网络。随着传输技术的快速发展，目前 SDH 技术主要应用于接入层与汇聚层，采用环链结构。利用环状网的恢复性能有效保障网络抗毁性能。在汇聚层往往呈现一个汇聚环链接多个接入环的汇聚结构，如图 2-8 所示。

3. SDH 环保护恢复机制

SDH 环保护恢复机制主要表现为自愈功能。自愈功能是指在网络出现故障时无须人为干预，网络就能在极短的时间内自动恢复业务的功能。自愈环保护的目的是提高网络的安全性、可靠性和网络的生存能力[5]。自愈环结构可以划分为两大类共四种，即通道保护

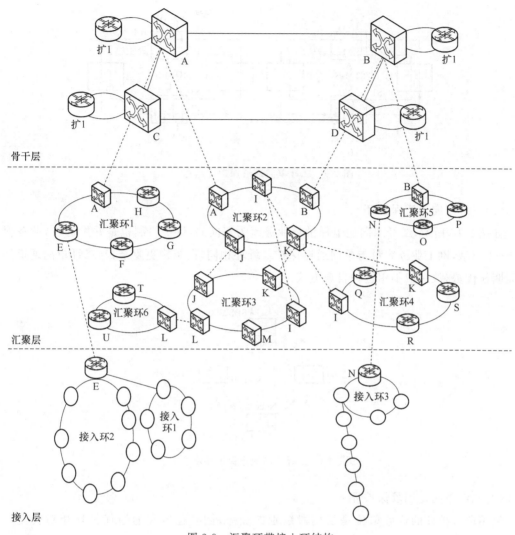

图 2-8　汇聚环带接入环结构

环和复用段保护环,分别包括二纤单向通道保护环、二纤双向通道保护环、二纤双向复用段保护环、四纤双向复用段保护环和二纤双向复用段保护环。其中二纤单向通道保护环和二纤双向复用段保护环是在实际应用中最常见的两种保护方式。下面将介绍不同的 SDH 环保护机制。

(1) 二纤单向通道保护环

如图 2-9 所示,二纤单向通道保护环由主环 S1 和备环 P1 两个部分组成。整个装置是通过并发选收的机制实现的,S1 和 P1 并发反向的业务流,平时网元支路板"选收"主环下支路的业务。当 B-C 光缆段的光纤同时被切断时,业务由 A 到 C,光纤 P1 上的业务无法传到 C,由于网元 C 默认选收主环 S1 上的业务,这时网元 A 到网元 C 的业务并未中断,网元 C 的支路板不进行保护倒换。但当 C-B 光纤被切断,C 会立即切换到选收备环 P1 光纤上的 A 到 C 的业务,完成环上业务的通道保护。

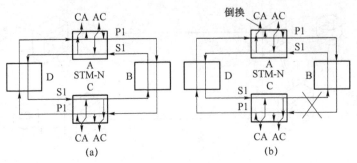

图 2-9　二纤单向通道保护环示意[61]

（2）二纤双向通道保护环

如图 2-10 所示，二纤双向通道保护环业务流为双向的，保护机制也是并发选收，业务保护是1＋1类型，网上业务容量与单向通道保护二纤环相同，但结构更复杂，与二纤单向通道环相比无明显优势，故一般不用这种自愈方式。

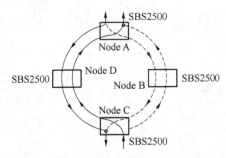

图 2-10　二纤双向通道保护环示意[61]

（3）二纤单向复用段保护环

复用段保护环的业务单位是复用段级别的业务，倒换速度和通道保护环相对较慢。如图 2-11所示，业务传送不是1＋1而是1∶1，主环 S1 上传送主用业务，备环 P1 上传送备用业务。二纤单向复用段保护环由于业务容量与二纤单向通道保护环相差不大，故优势不明显[6]。

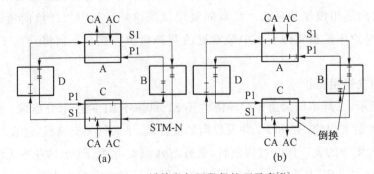

图 2-11　二纤单向复用段保护环示意[61]

（4）四纤双向复用段保护环

为了克服以上三种保护环资源浪费的情况，图 2-12 所示的四纤双向保护的方法出现了。

四根光纤分别为 S1、P1、S2、P2。其中,S1 和 S2 为主纤传送主用业务;P1 和 P2 为备纤传送备用业务。注意,S1、P1、S2、P2 光纤的业务流向:S1 与 S2 光纤业务流向相反(一致路由,双向环);S1 和 P1 与 S2 和 P2 两对光纤上业务流向也相反;S1 和 P2 与 S2 和 P1 两对光纤上业务流向相同。当网元节点越多,容量也越大,因此得到了普遍的应用。

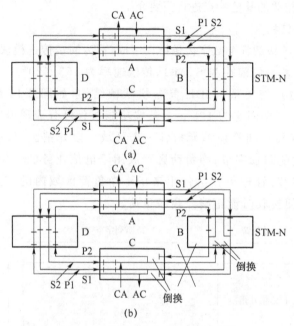

图 2-12　四纤双向复用段保护环[61]

(5)二纤双向复用段保护环

由于四纤双向复用段保护环成本较高,因此出现了二纤双向复用段保护环。在四纤中,光纤 S1 和 P2 与 S2 和 P1 的业务流向相同,那么我们可以使用时分技术将这两对光纤合成为两根光纤——S1/P2 与 S2/P1。这时将每根光纤的前半个时隙用来传送主用业务,后半个时隙用来传送额外业务,也就是说一根光纤的保护时隙用来保护另一根光纤上的主用业务。因此在二纤双向复用段保护环上无专门的主、备用光纤,每一条光道,两根光纤上业务流向相反,光纤的前半个时隙是主用信道,后半个时隙是备信道,两根光纤上的业务流向相反[7],如图 2-13 所示。

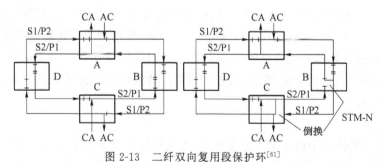

图 2-13　二纤双向复用段保护环[61]

2.2.3 SDH 网络技术特点

SDH 网络技术与规划优化相关的关键特点主要集中在：分级同步与帧结构、环网结构与保护、通道结构与虚级联等。其中环网结构与保护在 2.1.2 中已经作了介绍，下面将对 SDH 网络技术与规划优化相关的其他特点进行简要介绍。

1. 分级同步与帧结构

SDH 由一整套分等级的标准数字传送结构组成，称为同步传送模块 STM-N（$N=1$，4，16，64，…）。其中最基本的模块为 STM-1，传输速率为 155.520Mbit/s；相邻等级的模块速率之间保持严格的 4 倍关系。SDH 具备块状帧结构，如图 2-14 所示，每帧包含 $9\times270\times N$ 字节，帧重复周期固定为 125 μs。其按功能划分可分成段开销（再生段开销和复用段开销）、STM-1 净负荷和管理单元指针三个区域。段开销区存放与网络运行、管理、维护和指配功能相关的附加字节；净负荷区存放用于电信业务的比特及少量用于通道维护管理的通道开销字节；管理单元指针用来指示净负荷区域内的信息首字节在 STM-N 帧内的准确位置，以便接收时能正确分离净负荷。

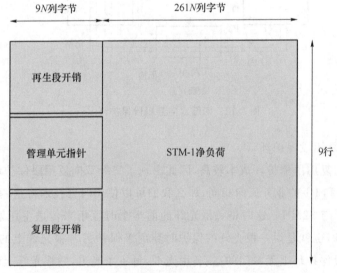

图 2-14 SDH 帧结构

如图 2-2 所示，不同业务在进入 SDH 帧结构时需要经过三个基本步骤，即映射、定位和复用。映射是一种在 SDH 网络边界处使各支路适配进虚容器的过程，其实质是各支路信号与相应的虚容器同步，以便使虚容器成为可以独立地传送、复用和交叉连接的实体；定位是一种将帧偏移信息收进支路单元或管理单元的过程，它通过支路单元指针或管理单元指针功能来实现；复用是一种把多个低阶通道层信号适配进高阶通道层或者把多个高阶通道层信号适配进复用段层的过程。

2. 通道技术

SDH 通道层支持一个或多个电路层网络，为电路层网络节点之间提供透明的通道连接。包括低阶通道层和高阶通道层，其传送实体分别是不同种类的虚容器。传输介质层支持一个或多个通道层网络，为通道层网络节点之间提供合适的传输容量。通道层包括段层和物理层。

其中,段层涉及为提供通道层节点间信息传递的所有功能,其又可细分为复用段层和再生段层;物理层涉及具体支持段层网络的物理介质类型,与开销无关。

3. 指针技术

指针技术是 SDH 的重要创新。SDH 网中复用抖动技术与传统的 PDH 网中的复用抖动有很大的不同。在 PDH 网中,主要抖动的成分是来自码速调整的塞入抖动,经过低通滤波器处理后,影响不是很大。现在已有很成熟、很有效的方法来消除它。但是 SDH 网的情况完全不同了,SDH 是靠指针来支持网同步的,且指针调整按字节进行,一次至少调整一个字节,甚至是三个字节[8]。

4. 虚级联技术

SDH 虚级联是指用来组成 SDH 通道的多个虚容器($VC-n$)之间并没有实质的级联关系。它们在网络中被分别处理、独立传送。只是它们所传的数据具有级联关系。这种数据的级联关系在数据进入容器之前即做好标记,待各个 $VC-n$ 的数据到达目的终端后,再按照原定的级联关系进行重新组合。虚级联传送只需要终端设备具有相应的功能即可。因此易于实现。

SDH 虚级联通过将多个 VC-12 或者 VC-4 捆绑在一起作为一个虚级联组(VCG)形成逻辑链路。这样 SDH 的带宽就可以为 $N \times 2$ Mbit/s 或者 $N \times 155$ Mbit/s,一般地,以 VC-12 为单位组成的 VCG,一般被称为低阶虚级联。每个 VC-12 称为一个成员(Member)。同样,以 VC-4 为成员的虚级联称为高阶虚级联。为了标识同一个虚级联组中的不同的成员,VC 虚级联技术在 SDH 帧的通道开销中定义了复帧指示器(MFI)和序列指示器(SQ)。有了这些标识,虚级联组中的各个成员就可以通过不同路径到达接收端。接收端通过这两个指示器可以将经过不同路径、有着不同时延的成员正确地组合在一起[9]。

5. 时钟技术

数字网的同步性能对网络能否正常工作至关重要。当网络工作在正常模式时,各网元同步于一个基准时钟,网元节点时钟间只存在相位差而不会出现频率差,因此只会出现偶然放入指针调整技术。当某网元节点丢失同步基准时钟而进入保持模式或自由震荡模式时,该网元节点的本地时钟与网络时钟将会出现频率差,导致连续的指针调整。SDH 网络是整个数字网的一部分,它的定时基准应是这个数字网的统一定时基准。通常,某一个地区的 SDH 网络以该地区的高级别局的转接时钟为基准定时源,而这个 SDH 网与这个基准的时钟保持同步[10]。

2.2.4　SDH 网络在国内外的应用情况

由于具备统一的网络接口,标准而且灵活的复用结构,完善的保护机制以及强大的网络维护管理能力,SDH 技术在 20 世纪末便获得了巨大的成功。特别是在电信网中部署广泛,应用时间长,存量网络占比大。

从全球网络投资来看,SDH 在 1995—2000 年快速增长,在 2000 年达到投资高峰,年投资超过 220 亿美元;2000—2003 年投资快速下滑;2004—2010 年投资保持稳定,每年投资保持在约 70 亿美元;2010 年,SDH 投资再次下滑。从 2011 年起,随着 PTN 等分组技术的成熟和大规模的商用,SDH 的衰退开始加速。SDH 网络上的应用不断消亡。电信运营商迅速将大部分业务迁移到了分组网络和 WDM 网络。SDH 网络存量现今已下降到其高峰时期的 5% 左右。

我国的 SDH 的网络结构分为四个层面:第一层面为省际干线网,在主要省会城市装有 DXC4/4,其间由高速光纤链路 STM-16/STM-64 连接,形成一个大容量、高可靠的网状骨干网结构,并辅以少量的线性网。这一层面能实施大容量业务调配和监控,对一些质量要求很高的业务量,可以在网状网基础上组建一些可靠性更好、恢复时间更快的 SDH 自愈环;第二层面为省内干线网,在主要汇接点装有 DXC4/4、DXC4/1、ADM,其间由高速光纤链路 STM-16/STM-64 连接,形成省内网状网或环形网,并辅以少量的线性网。对于业务量很大且分布均匀的地区,可以在省内干线网上形成一个以 VC-4 为基础的 DXC 网状网,但多数地区可以以环形网为基本结构。省内干线网层面与省际干线网层面一般应保证有两个网关连接点;第三层面为中继网,可以按区域划分为若干个环,由 ADM 组成 STM-4/STM-16/STM-64 的自愈环,这些环具有很高的生存性,又具有业务疏导能力。环形网主要采用复用段保护环方式。如果业务量足够大,那么可以使用 DXC4/1 沟通,同时 DXC4/1 还可以作为长途网与中继网及中继网与接入网的网关或接口;第四层面为接入网,接入网处于网络的边界,业务量较底,而且大部分业务量汇接于一个节点上,因此通道环和星形网都十分适合于该应用环境。

在 SDH 高峰时期,语音、带宽、专线、移动等业务都曾经在其网络上承载,目前仅存的业务类型主要是专线业务。SDH 网络上仍然承载有大量的高价值专线业务,这就使得运营商在找到一种更合适的传送技术来接替 SDH 之前,必须维持 SDH 网络的运营,而不能任其消亡。

◆ 2.3　OTN 网络技术与特点 ◆

2.3.1　OTN 网络概述

近年来,随着通信业务 IP 化,由光网络负责的传输分组业务量迅速增长,多维光网络必须提供高带宽,以适应这种增长。更重要的是,它要求传输网络具有快速灵活调度、完善和便捷的网络维护和管理功能,以满足服务的需求。长期以来,光传输网是以 SDH ＋ WDM 为基本形态,但这种形态存在很多的限制。WDM 系统暴露了光层管理和光层组网能力方面的劣势,SDH 无法突破"电子瓶颈"的限制,传输容量紧张。在巨大的网络流量挑战面前,SDH 和 WDM 虽然都有一定的优势,但是都不足够满足日益增长的业务传输需求,于是融合了 SDH 和 WDM 优点的新一代光传送技术——光传送网(Optical Transport Network,OTN)产生了。OTN 是以波分复用技术为基础、在光层组织网络的传送网。它跨越了传统的电域(数字传送)和光域(模拟传送),是管理电域和光域的统一标准。

OTN 技术发展的背景和驱动力体现在以下三个方面:第一,持续增长的业务带宽需求使得光传输网朝着大容量的方向发展。随着 4G 网络的发展和三网融合的推进,使得移动网络流量迅速增长,进一步加大了传输网的带宽需求和网络应用的宽带化。传输网单波速率向着 100 GB/s 方向发展,从而促进了 OTN 技术的发展。第二,网络与相关业务呈现着全 IP 化的趋势,要求网络应当进一步扁平化与融合化。第三,光电子与微电子的技术进步使大容量交叉实现高集成度和低能耗变成可能,并为 OTN 技术的实现打下了技术基础,使得 OTN 技术能够应用到产品研发及商用推广上。

经过十多年的发展,目前已形成了一系列的 OTN 技术的标准体系,并日趋完善,标准内容如表 2-1 所示。

表 2-1　光传送网标准体系

项目	标准	标准定义的内容
体系架构	G.872	光传送网络的架构
	G.8080	自动交换光网络(ASON)的架构
物理层特征	G.959.1	光传送网络物理层接口
	G.693	用于局内系统的光接口
	G.664	光安全规程和需求
结构与映射	G.709	光传送网接口
	G.7041	通用成帧规则(GFP)
	G.7042	虚级联信号的链路容量调整机制(LCAS)
设备功能特征	G.798	OTN 体系设备功能块特征
	G.806	传送设备特征、描述方法和一般功能
网络保护	G.873.1	线形保护
	G.873.2	环形保护
抖动和性能	G.8251	抖动和漂移控制
	G.8201	多运营商国际通道的误码性能参数和指标
设备管理	G.874	网元的管理特性
	G.874.1	网元级协议中的管理信息模型

（1）体系架构标准

G.872 标准定义了 OTN 网络的功能架构,并从网络层的角度概述了 OTN 网络的主要功能,包括 OTN 网络的分层结构、业务层的特征信息、客户层与服务器层之间的层次关联规则;G.8080 标准定义了 OTN 网络的网络功能结构、复用结构、选路策略、监控功能及网络生存性等功能[11]。

（2）物理层标准

G.959.1 标准规定了传送网物理层的域间物理接口(IrDI),它的主要目的是实现两个管理域之间接口的横向兼容性;G.693 标准规定了光网络的域内物理接口。G.664 标准规定了 OTN 中光接口处于安全工作状态的技术要求[17]。

（3）结构与映射标准

G.709 标准规定了光传送网的网络节点接口规范,以保证光传送网络间的互联互通和多种客户信号的接入。还规定了客户信号的帧结构和开销功能,映射方法以及复用规范[12]。G.7041标准是 OTN 光网络的通用成帧规范。G.7042 标准规定了虚级联信号的链路容量调整机制(Link Capacity Adjustment Scheme,LCAS),用来规范如何增加或减少 OTN 网络的网络容量[13-14]。

（4）设备功能特征标准

G.806 标准规定了传送网设备的特征、分析方法和设备的一般功能。G.798 标准规定了在 G.872 和 G.709 中涉及的基础设备的组成与设备功能进行了总体性的描述。主要功能包括光传送网的用户接口和网络接口相关的功能[15]。

（5）网络保护

G.873.1 标准主要定义了基于光通道层的光数据单元相关的线性保护；G.873.2 标准定义了基于光通道层的光数据单元相关的共享保护环功能[16]。

（6）抖动和性能标准

G.8251 标准定义了光传送网的抖动和漂移的指标。G.8201 标准定义了光传送网内的多运营商国际通道的差错性能参数和指标[17]。

（7）设备管理标准

G.874 标准规定了光传送网中单层内或层与层之间负责传送的网元。描述了网元管理层操作系统和网元管理设备的功能。内容包含计费、故障、配置、性能和安全管理。该标准还描述了网元与操作系统相互通信的网络管理模型[18]。G.874.1 标准定义了光传送网元的信息模型，包括被管理对象的特征和层级。这些信息模型可以作为专用协议信息模型的基础。

2.3.2　OTN 分层网络结构

一个完整的 OTN 结构由光层和电层（客户层）两个部分组成。在光层中，OTN 借鉴了传统的 WDM 的技术体系并进行了改进，在电层中，OTN 借鉴了 SDH 的嵌入式开销、映射、复用、交叉等概念[19]。所以根据以上的调查中我们可以发现，在设备和通信传输技术两项的技术中，OTN 能够有效地进行业务传送能力的优势，并且能够对以前使用的网络设备进行进一步的改善，然后再加以运用。这样的做法不仅能够提升光网络设备的应用性能，还能够进一步增加它的使用优势。

OTN 网络采用了网络分层结构，分层结构如图 2-15 所示。按照不同的传输信号类型，ITU-T 在 G.872 标准中，将 OTN（网络的光层）分为三个子层，分别为光通道层（Optical Channel Layer，OCh）、光复用段层（Optical Multiplex Section Layer，OMS）和光传输层（Optical Transmission Section Layer，OTS）。

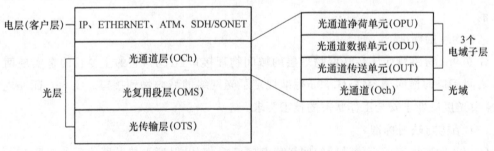

图 2-15　OTN 分层结构图

光通道层负责为来自电复用段层的各种格式用户信号进行路由选择、分配波长，为传送业务信号提供节点间端到端的通道（以波长为交换单元）链接，以实现灵活的网络选路功能；同时，它可以进行开销处理，确保适配信息的完整性，为光通道层提供管理检测功能。在发生网络故障时，通过重新选路来实现光层的保护倒换与恢复功能。

光复用段层可以保证相邻的两个波分复用传输设备间多波长信号的完整性传输，在光层实现业务信号的波分复用，为信号提供网络功能。其功能主要包括：为多波长网络提供光复用段层连接以实现网络选路；进行光复用段的开销处理，以保证波分复用设备在复用段具有完整的适配信息；提供光复用段层检测、控制、管理等功能。

光传输层在不同类型的光传输媒介上为复用的光信号提供传输功能,通过检测和监控光放大器和中继器,解决 EDFA 增益控制、色散的积累和补偿、功率均衡等问题。

同时为透明传送 ATM、SDH、IP 等各类格式的用户信号,提供光通道层端到端连网,ITU-T 6709 标准进一步将光通道层引入 3 个电域子层:分别为光通道净荷单元(OCh Payload Unit,OPU),其通过具有一定帧结构的信息结构来承载业务信号,提供客户信号的映射功能;光通道数据单元(OCh Data Unit,ODU),提供用户信号的数字包封与踪迹监控、通用通信处理、OTN 的连接保护倒换等功能;光通道传送单元(OCh Transport Unit,OUT),提供 FEC 纠错处理、OTN 成帧、光段层保护和监控等功能。

2.3.3　OTN 网络技术特点

OTN 技术得到了越来越广泛的应用,其具有的不同于其他网络传输技术的特点,从而使其在规划优化中具有独特的建模与路由约束要求。相关特点如下所述。

(1) OTN 支持多种客户信号封装和透明传输

OTN 支持多种客户的信号透明传送,例如 GE、40 Gbit/s 和 100 Gbit/s 等。OTN 技术定义地 OPUk 容器在传送客户的信号时不改变净荷与开销信息,采用异步映射模式,有效地保证客户信号的定时信息透明。这使得 OTN 网络在建模时,业务模型粒度与其他网络相比有较大改变。

(2) 多层运用灵活

OTN 在环境比较复杂的网络中的可以更加灵活的运用。随着 OTN 环网保护技术的日益增强和完善:一方面它可以通过其上所承载的 SDH(或基于 SDH 的 MSTP)网络中的电层保护用于保护小颗粒的业务,在不降低业务保护级别的前提下,延长原来业务网络的扩容间隔;另一方面,它可以承载于 WDM 波分结构之上,增强网络的频谱维度资源利用效率。这一特点使得在规划优化网络建模中层级关系更加灵活。

(3) 提高网络承载效率

OTN 技术支持交叉体系,各种型号的映射体系支持各种业务宽带的应用。另外 G.709 协议中所规定的子波长,有效地节省了波段资源的使用。OTN 提供了三种交叉颗粒:ODU1(2 Gbit/s)、ODU2(10 Gbit/s)与 ODU3(40 Gbit/s)。因为高速率交叉颗粒有着更高交叉效率,所以设备大的交叉连接更易实现,从而降低了设备的成本。同时,这也使得 OTN 网络规划在优化时,业务的汇聚与拆分优化问题显得尤为重要。

(4) 多种保护方式

大容量 OTN 支持多种保护方式,在光层的保护技术有光通道 1+1 保护,复用段 1+1 保护;在电层的保护技术有通道共享保护、通道 1+1 保护、通道 1+N 保护和环网保护。还支持基于 GMPL 控制平面的保护与恢复技术和设备级的保护技术。

(5) 虚拟化方向发展

数据、视频业务的发展促使 OTN 向更高速度、更长距离和更大容量演进;业务的 IP 分组化促使 OTN 向多业务综合承载发展。在大容量 OTN 技术蓬勃发展的今天,软件定义光网络(Software Defined Optical Network,SDON)概念的出现为 OTN 的未来提供了新的发展方向,促使了业界在 OTN 网络虚拟化方面的研究[20]。

2.3.4　OTN 网络在国内外的应用情况

2000 年业界开始制定 OTN 标准,是为了满足核心网传输的应用和实现光电混合的传送。ONT 技术在纠错能力、扩展性和与光层结合等方面已经成熟。由于通信业务 IP 化的发展,OTN 技术有了大规模的应用机会和挑战。OTN 技术有待完善的是 OTN 帧结构对 GE 支持效率较低,支持 10 GE 速率存在着匹配问题,以及实际设备没能够实现技术上的优势。OTN 的业务互通、智能控制以及端到端的监控等一系列机制会逐渐完善。

近年来,我国三大电信运营商——中国电信、中国移动、中国联通均加快了光纤接入建设的步伐和推进光纤接入发展。各地广电运营商借三网融合的趋势全力推进 OTN 和光纤接入的发展,对接入网的升级提速导致了对城域网与骨干网提速。OTN 应用的技术包括光电交叉技术、光复用技术、光器件技术、网络管理技术等。其中 OTN 电交叉技术具有 ODUk 级别的电路交叉功能,为 OTN 网络提供灵活的电路调度与保护。OTN 电交叉技术能够和 OTN 终端复用功能相结合,可以提供光复用段与光传输段功能并支持 WDM 传输。

在 OTN 技术不断发展的今天,作为传送网络的主流技术,为了更好地迎合业务分布情况,适应经济条件的变化,以及引入新的网络概念,进行合理地网络规划和设计具有一定的必要性,这也是光网络走向智能化、高效化发展的重点研究方向之一。

◆ 2.4　灵活栅格光网络技术与特点 ◆

2.4.1　灵活栅格光网络概述

为了解决传统 WDM 频谱效率不高的问题,灵活栅格光网络的概念被提了出来。灵活栅格光网络技术是将传统固定栅格频分复用扩展为非固定的灵活栅格的频分复用技术。图 2-16 所示为传统 WDM 与灵活栅格光网络的频谱的区别。它缓解了 WDM 网络滞留带宽问题,并且可以高效地支持多种速率数据的通信。

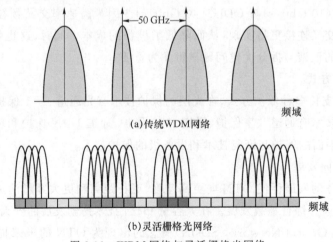

图 2-16　WDM 网络与灵活栅格光网络

灵活栅格光网络 WDM 网络架构中符合 ITU-T 标准的固定波长栅格细分为更小的频谱单元(Frequency Slot, FS),这可以通过 OOFDM(Optical Orthogonal Frequency-Division Multiplexed,光正交频分复用)技术来实现,在正交的条件下,OOFDM 技术允许相邻子载波间频谱的重叠,因而提高了系统的频谱利用率[21]。当前,固定波长栅格的大小是 50 GHz,对于 FS 的大小有三种标准,即 25 GHz、12.5 GHz 和 6.25 GHz[22]。这样灵活栅格光网络可以根据用户需求和业务量大小,动态灵活地分配频谱资源,实现子载波、超级信道和多速率业务的传输。

对于灵活栅格光网络的研究,始于 2008 年,针对传统 WDM 网络中存在的缺陷,日本 NTT 网络创新实验室的 M. Jinno 等人首次提出了 SLICE(Spectrum Sliced Elastic Optical Path Networks,频谱切片弹性光路径网络)的概念,其目标是通过在光域引入灵活粒度,来提供 100 Gbit/s 业务的高效频谱传输,从 40～400 Gbit/s 的弹性光路径实验成功证明了该网络的带宽灵活性[23]。随后,美国和欧盟也分别提出了 FWDM[24](Flexible Optical WDM,灵活波分复用网络)和 EON[25](Elastic Optical Network,弹性光网络)来克服传统 WDM 网络的问题。我国在此领域也开展了大量研究,为了支撑灵活光网络的带宽可变特性,BV-OXC(Bandwidth Variable-Optical Cross Connect,带宽可变光交叉器)和 BV-T(Bandwidth Variable-Transponder,带宽可变光转发器)是两个必不可少的关键技术[21]。

BV-OXC 能够根据业务带宽动态灵活地分配端到端的弹性光路径,如图 2-17 所示。BV-OXC 是一个在发送端使用光分器(Optical Splitters),在输出端口使用 WSS(Wavelength Selective Switches,波长选择开关)的广播选择开关。WSS 是一个 $1 \times N$ 的开关或者说是滤波器,它能够提供连续可调谐和可变的无缝频谱传输。BV-OXC 的结构使得它能够将任意频谱带宽的信道转发到任意输出端口,并具有上下路和广播功能[26,27]。

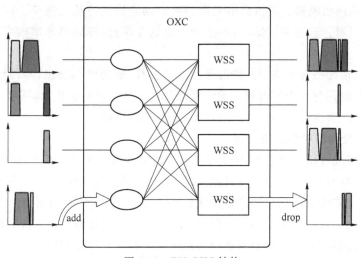

图 2-17　BV-OXC 结构

BV-T 必须在频域提供可变粒度并且能够根据业务需求动态调整容量。BV-T 可以采用单载波调制方式(如 QAM,QPSK),而当需要维持高频谱效率传输时,为了实现信号的灵活带宽适应性,需要采用 OOFDM 调制。OOFDM 信号由多个子载波信号组成,每个子载波被调制在低于信道总比特速率,子载波在频域是光复用的,这是代替电域使用傅里叶反转变换产出 OFDM 信号的方法,这种方法削弱了电子发射器的数模转换器引起的光通道容量限制[26]。

随着构成灵活光网络架构的关键技术不断发展完善,灵活光网络被越来越多的关注和应用。

2.4.2　灵活栅格光网络特点与关键问题

1. 灵活栅格光网络特点

与传统栅格网络相比,灵活栅格光网络的基础功能单独或共同作用所具备的高级功能,使得其资源具有多种优势。其中比较突出资源特点如下所述。

(1) 比特率适配。分配给光路的资源是针对客户侧的数据流量动态优化的。例如,使用 100 GE接口的 30%线路容量进行连接的客户端,在光域中将被分配 30 Gbit/s 的光通道。当客户端流量发生变化,光通道的容量将进行相应的调整。码率适配降低了传统 WDM 分配效率低下而导致滞留的光带宽资源的缺点。

(2) 带宽适应性。灵活栅格光网络适应用户流量的能力使光路在转发器和光节点将被分配恰到好处的频谱带宽。这使得网络能够在任意带宽粒度上针对一条链路中光路的整体传输资源优化。

(3) 距离适应性。在光网络中的距离适应的高效的频谱分配取决于光路的跳数和原宿节点位置及路由算法。不同跳数的路径经过传输所增加的损伤是不同的。灵活栅格光网络选择调制格式时不是假设在所有的光路的最坏情况下的,而是根据其给定的路径所承受的损伤进行选择,进而分配带宽。一个抗耗较高但频谱效率较低的调制格式可用于较长的路径,一个抗耗较低但频谱效率较高的调制格式可用于较短的路径。

(4) 动态适应网络流量。灵活栅格光网络可以动态地支持从低速率 10 Gbit/s 到高速率 400 Gbit/s 等的需求。若速率较低,则不必经过电的复用;同样如果速率较高,也不必经过解复用。

综上所述,灵活栅格光网络中的资源使用方法多样,资源特点突出,与传统光网络资源相比复杂、高效。其使用过程中不可避免地需要资源优化技术进行优化,其网络规划优化技术应针对其比特率适配、带宽适应、距离适应等特点展开具体措施。

2. 灵活栅格光网络中的关键问题

对于灵活栅格光网络来说,如何能够使有限的资源满足业务要求并更加有效地传送信息,是其网络中的关键问题之一。路由与资源分配方法的优化正是解决这一问题的重要方法。通过路由与资源分配方法的优化更加高效快速地传送信息、提高资源利用率。当前灵活栅格光网络中资源优化的关键技术主要集中在路由与资源分配。通过路由与资源分配算法可以解决网络运营使用、抗毁生存、新建扩容等各种使用场景中的资源优化问题。

传统的固定栅格路由与资源分配解决方案需要路由和波长分配(Routing and Wavelength Assignment,RWA)算法的应用。这些算法保证所有的源节点到目的节点对之间的业务需求具有正确的路由和资源分配策略。RWA 算法在网络资源分配过程中施加了一定限制,如波长的连续性(即对于同一链接在各个链路使用相同的波长)和单波长分配(即每条链路上,每个波长仅可以承载一个链接)等。这些限制保证路由与资源分配策略的有效性。算法能够解决固定栅格网络中包括使用单一类型转发器的单线速网络(Single-Line-Rate,SLR)和具有一个以上速率转发器的多线速率(Multi-Line-Rate,MLR)网络中的资源优化问题。优化目标常设置为使用最少的波长或转发器的成本最低。

对于灵活栅格光网络,RWA 算法不再适用。分配给每个链接的资源不是固定的波长,而是一定数量的连续频谱片,频谱的宽度是不定的,可理解为比波长更小的很多的波长片。此外,这些频谱以与固定栅格中类似的方式应保证资源的连续性。灵活栅格光网络中的路由与频谱分配是指为灵活栅格光网络中确定首末点的光链接请求计算路由并分配频谱资源。

RSA 问题可以分为两个阶段:第一个阶段是计算生成链接首末节点路由;第二个阶段是为请求在路由经过的链路和节点上分配资源。分配资源时应符合请求从首节点至末节点频谱连续,并根据首末节点距离与请求速率使用合适的调制格式。在已有研究中有一些算法通过从一个未使用频谱资源池中选择连续频谱资源的方法来实现资源分配,并通过尽可能地使用尽量连续的频谱资源来减少碎片。最简单典型的一种方法就是"First Fit"算法,该方法将频谱序号从高到低排序,从低向高寻找能够满足要求的频谱,选择搜索过程中第一个遇到的能够使用的频谱,这就保证了所使用的频谱尽量向低序号靠拢。

根据网络中业务的情况,RSA 可分为静态 RSA 和动态 RSA。静态 RSA 中请求的链接方向和粒度都是已知固定的,可针对性地进行算法设计和求解。静态 RWA 问题的线性规划模型属于一个 NP-Complete(完备)问题,对于较小规模的网络可以直接采用,对于较大规模的网络则不太适合。另外用线性规划的方法来求解,优化目标比较固定,且灵活性较差。为了解决这些问题,人们还提出了一些启发式的算法。动态 RSA 中请求动态到达,链接动态建立和拆除。在这种条件下考虑资源占用后剩余资源的情况就显得尤为重要,这是由于占用后的剩余资源的连续性等将直接决定后续业务的资源使用。同时由于其通道的频繁拆建也引入了频谱碎片问题,引申出碎片整理的资源优化方法。由于在动态场景中请求的数量和带宽是未知不固定的且随时变化,以资源使用量或成本为目标已不能反映算法性能和实际需求。因此动态 RSA 常以业务阻塞率为优化目标。

2.4.3 灵活栅格光网络中的碎片问题

由于网络中业务的动态建立与拆分及频谱一致性的约束,使得灵活栅格光网络中存在频谱碎片问题。频谱碎片就是一些频谱资源由于相邻链路上的同频谱段被占用或本身频谱片过小等原因无法或很难在网络中被利用,而浪费的频谱资源。为了实现更高的频谱效率,频谱碎片问题必须被考虑。频谱碎片最常用的衡量方法是阻塞率,即已经阻塞的业务和总业务的比值。如果阻塞率很低,那么碎片的影响也很小。然而,阻塞率并不是完全的碎片衡量方法,因为还存在其他系统参数的影响,如资源不足、传输质量和等待时间等。当光路上的一个或多个不相同链路的空闲频隙不相同时,出现不对齐的空闲频隙。当一个或多个空闲频隙彼此不相邻时,在频谱中创建不连续的空闲频隙。这些不对齐的和不连续的空闲频隙可能被用来满足未来的光路请求。当光路请求所需的频隙不满足时,不允许光路请求,导致网络中的呼叫阻塞。

图 2-18 所示的频隙分布示意图显示了频谱碎片对频谱效率的影响,链路(a)和链路(b)均有 3 个空闲频隙(频隙代表一定宽度的频谱)。但是当一个需要三个频隙的业务到达时,由于

链路(a)的频隙是不连续的频谱碎片,所以链路(a)不可用,而链路(b)可用。

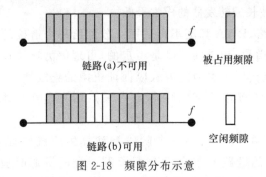

图 2-18　频隙分布示意

碎片管理是用于处理频谱碎片,并增加网络可接受的业务量的方法。在近年来的研究中主要有两个方法来解决碎片问题[28-32],一个是避免产生碎片;另一个是碎片整理,即将这些不连续的频谱结合起来变成连续频谱。第一个方法需要使用考虑碎片的动态路由和频谱分配等方法[28-30]。第二个方法需要通过重路由、信道再调制等方法实现[21,22]。

(1)非碎片整理方法

在非碎片整理方法中,需要预先管理频谱以避免碎片的出现。非碎片整理方法具有吸引力,因为它们提供较低的资本支出(CAPEX)和运营支出(OPEX),也是非常重要的规划优化方法。

一些学者已经在路由频谱分配的研究过程中考虑了减少频谱碎片的方法。这种方法引入了一个新的维度即频谱碎片维度,这样在原有的路由、频谱分配以及调制格式的选择上增加了频谱碎片问题。还有一些学者的工作是引入了分割频谱,其基本思想是:当一个大的请求由于其距离长度的限制或者没有合适的频谱资源时,分割频谱是通过将一个大的请求分割成多个小的请求,这其实是取消了频谱连续性限制。以此来减少碎片的产生。

(2)碎片整理方法

碎片整理方法是指通过调整路由或资源分配,填补利用网络中碎片资源的方法。这些方法通常分为两个主要方面:一方面是被动式和主动式。当新的光路请求到达网络时,通常会触发被动式碎片整理方法。另一方面是应用主动碎片整理方法无须等待新的光路请求。主动式和被动式碎片整理方法再次分为两种类型:一种类型,是否对现有光路重新路由。重新路由方法通过改变路由来重新分配现有的光路到相同或不同的频谱时隙,以避免碎片效应。另一种类型,没有重路由的方法不允许对现有的光路改变路线,但可以允许频谱重新分配。

2.4.4　国内外研究现状

2008 年,日本网络创新实验室就提出了一种高效的新型网络架构弹性频谱光通路网络(Spectrum Sliced Elastic Optical Path Networks,SLICE)[33-36],该网络可以根据业务的流量大小和距离来按需分配合适的光网络资源,这一思想迅速被广泛关注。自此,灵活栅格光网络已成为国际和国内学术研究的热点。日本、美国以及欧洲的科研机构和设备制造商在积极开展弹性频谱光网络和相关设备的研究。我国的 863 计划中也确立了相关方向的研究课题。

伦敦大学的 Savvas Nicholas 等人通过 BT 核心网络拓扑结构上的仿真证明,与采用波长逆复用的固定频谱栅格分配方式相比,灵活栅格分配能支持更多的连接请求,不同速率下支持连接速率请求数目高达 31%～208%。美国的 Sashisekaran Thiagarajan 等人对动态灵活栅格光网络下的超级信道频谱效率的研究表明,灵活栅格光网络对超波长业务的阻塞大于子波长业务,但是采用逆复用可以缓解不同数据速率业务被阻塞概率上的不公平性问题。T. Takagi 等人在 7×7 网格网络,COST266 网络两种拓扑结构下的仿真实验均表明,采用距离自适应技术,可以进一步提高灵活栅格光网络的频谱利用效率。

灵活栅格光网络中的频谱分配技术也吸引了很多国内外研究人员的注意。希腊的 K. Christodoulpoulos 在理论上证明了灵活栅格光网络中的静态 RSA 问题是 NP 完全问题,他提出一种启发式算法,依次为流量矩阵中的每个连接请求选择路由,分配频谱,将 RSA 问题转化为流量矩阵的连接排序和频谱分配两个子问题。

我国的北京邮电大学的赵永利、张杰等人第一次在基于 OFDM 的灵活栅格光网络中引入 PCE(Path Computation Element,路径计算单元)的概念,并提出了两种基于 PCE 的频谱资源分配算法:PFF(PCE-based First Scheme,基于路径计算单元的第一优先安排算法)和 PRF(PCE-based Random Scheme,基于路径计算单元的随机安排算法)。仿真结果表明,这两种算法都有效缓解了频谱分配中的冲突问题。

◆ 2.5　空分光网络技术与特点 ◆

2.5.1　空分光网络概述

空分复用(Space Division Multiplexing,SDM)是指利用空间的分割实现复用的一种方式。将多根光纤集合成束实现空分复用,或者在一根光纤中实现空分复用。在过去的几十年中,电时分复用(Electrical TDM)、掺铒光纤放大器(EDFA)、波分复用技术(WDM)和数字相干检测(Digtal Coherent)等光纤通信技术的创新发展和应用,使得光纤的传输能力以每年 2 dB 的速度呈几何级的增长,从最初的 100 Mbit/s 增长到 100 Tbit/s,提升了将近 60 dB,如图 2-19 所示。在未来的 30 年内可能需要同样的增长趋势来应对不断增长的网络容量需求,然而,众所周知,通信信道容量的提升不是没有限制的,其不能超过香农极限。已有近期研究表明,WDM 系统容量的提升已经开始有了明显的减速趋势,面临"瓶颈"效应,甚至接近单模光纤传输的非线性香农极限。也就是说,我们需要找到另外的解决方法来增大通信容量。未来,随着 400 Gbit/s 和 1 Tbit/s 等超 100 Gbit/s 高速光传输技术的演进和发展,提升光通信带宽容量的技术路线将面临越来越大的困难。业界普遍认为单模光纤传输容量的极限约为 100 Tbit/s,进一步提升的空间已十分有限[40]。

为了不断提升光网络的传输容量,经过多年的精心研究,人类已经充分发掘了单模光纤中光波的多种物理维度,采用一系列新技术来增大光网络传输容量。如图 2-20 所示,利用时间维度的时分复用技术,通过不同的时间切片承载不同的业务,增加了每一个波长信道所能承载的信息量;利用频率维度来实现频分复用的 WDM、DWDM 技术,极大地提升了系统的信道

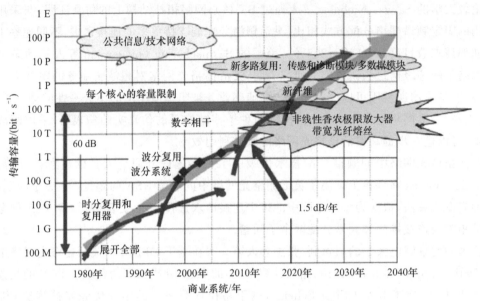

图 2-19　光纤传输技术及容量演进[39]

数量,从而大大增加单根光纤的传输容量;利用光纤中正交的偏正态维度实现偏振复用,从而提高了频谱效率,使得 WDM 系统在原有的基础上容量加倍;利用编码调制技术,实现高阶正交调制格式替代简单的幅度调制格式,如 M-QAM,OFDM 等,提高了系统的频谱效率,同时增加了系统的容错能力。这些相关技术的出现,已经充分利用了光纤传输通道上越来越多的正交物理维度,使得光纤通信系统具有很高的频谱效率,更高的传输带宽。为了应对未来即将出现的网络带宽危机,只有挖掘下一代光纤通信技术全新的领域,利用光纤传输通道上最后一个物理维度即空间维度,才能实现光网络传输容量的再一次飞跃性发展。SDM 技术在这种情况下得到越来越多的关注,逐渐成为近期光纤通信技术的研究焦点。

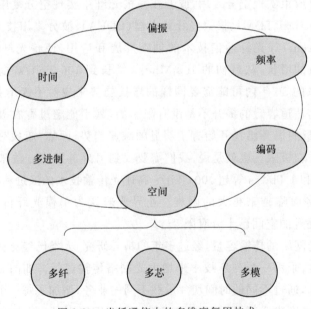

图 2-20　光纤通信中的多维度复用技术

所谓的空间维度,传统意义上指的是单模光纤的数量,而目前随着多芯光纤和多模光纤的研究发展,空间维度渐渐地转变为多芯和多模两个物理维度。传统的 SDM 技术,就是单纯地通过叠加现有单模光纤的数量来达到提高系统容量的目的。这种方法虽然比较简单且容易实现,但如果在现实中不加限制地使用将会带来严重的问题。首先,单纯地累加系统中的光纤数量,相关器件很难集成化,不利于系统长期发展;其次,随着通信容量的增长而不断增加所需要的光纤数量,系统的设备数、体积、成本、能耗也会随之成比例的增长,这种不加限制的增长,最终会导致系统面临毁灭性的结果;最后,简单地使用单模光纤作为网络交换维度会导致网络交换结构变得极其复杂,为大规模网络的管理和维护带来极大的困难。因此,开发基于多芯和多模物理维度的更加成熟的 SDM 技术变得至关重要。SDM 技术是应对未来光网络带宽危机行之有效的方法,能够成倍地提高网络传输容量,它的相关技术和在实际光网络中的应用已经成为当前光纤通信技术研究领域令人瞩目的前沿课题。

接下来我们将介绍光纤通信中的 SDM 的几种具体技术,主要包括在同一光纤包层内部放置多个纤芯的多芯复用(Multi-Core Multiplexing,MCM)方式,在同一纤芯内部同时传输若干线偏振(Linear Polarization,LP)模式的少模复用(Few-Mode Multiplexing,FMM)方式等。

2.5.2 核分光网络技术

多芯复用技术是依靠多核光纤为载体的一种复用技术,而多核光纤的结构设计是影响其性能的主要因素。通过新型 MCF 结构设计,能够在控制芯间串扰的条件下增加纤芯复用数量,但提升纤芯数量和芯间距将导致包层直径的增加,降低多核光纤的机械性能与制造可靠性,目前可实用化 MCF 的最大纤芯复用数量为 30～50 芯。如图 2-21 展示了一些在多核光纤中典型的纤芯分布。理论上来讲,有 N 个核芯的光纤可以实现 N 倍的传输容量,但是由于多核光纤中的一些物理损伤,传输容量并没有达到理想值。在芯分光纤组网应用中,影响性能的主要是由于物理因素产生的传输约束。

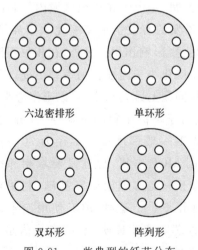

图 2-21 一些典型的纤芯分布

影响多核光纤传输容量的主要物理因素是核间串扰。对于 MCF 串扰的研究有很多。2010 年,Tetsuya HAYASHI 等人发布的研究成果表明,光纤弯曲是影响纤芯间串扰的最主要因素[42]。他们使用两种结构不同的 MCF 进行了 MCF 串扰测量的实验,这两种 MCF 除了纤芯的直径不同外,其余参数都是相同的。实验结果表明,MCF 纤芯间串扰是依赖于光纤的弯曲半径和光纤结构的。同时,他们还基于耦合模式理论分析了串扰的产生机理,印证了实验结果的正确性,同时表明由于光纤弯曲和扭转的影响,MCF 的串扰是一个随机值。在文献[43]中,为了进行 MCF 的设计和分析,研究人员修改了耦合模式理论和耦合能量理论。第一次证明了弯曲 MCF 的统计特性在相位匹配区域和相位不匹配区域是不同的,并且串扰与长度是正相关的。这些研究成果对低串扰光纤制作、分析以及串扰计算具有极大的指导意义。

  根据模式耦合理论,当相邻纤芯的有效折射率轻微不同的时候,在纤芯间传输的最大的标准化能量就能够被有效抑制,纤芯间串扰就能相应减小[41]。基于这个理论,异类 MCF 被制作出来。异类 MCF 的相邻纤芯是不同类别的,纤芯间的传输常数是互不相同的。但是在实际应用中发现理论预测和测得的串扰值之间有较大的差异[43]。Tetsuya HAYASHI 等人表示产生这个差异的原因是实际的 MCF 中存在的较大的扰动,并且弯曲扰动对于预测异类 MCF 中的串扰至关重要。这是因为当纤芯间的有效折射率有一定偏差时其相位匹配耦合就能在一定程度上被抑制,然而,如果弯曲扰动足够大,就会使得已经做过相位偏移的纤芯间重新发生相位匹配共振[44,45]。同时通过实验发现,在弯曲的异类 MCF 中,当弯曲半径小于指定值时,串扰和弯曲半径的关系与同类 MCF 相同;当弯曲半径大于指定值时,串扰急剧减小。这是弯曲和扭转效应使得外围纤芯的等价传输常量发生变化引起的[42,46]。在光纤弯曲和扭转效应的影响下,相邻纤芯间的传输常量差异是与传输距离相关的,并且在传输过程中的很多位置会变为 0[46,47]。指定值 R_{pk} 为

$$R_{pk} = \frac{n_{eff}\Lambda}{\Delta n_{eff}} \tag{2-1}$$

式中,n_{eff} 和 Δn_{eff} 分别是每个纤芯的有效折射率和纤芯间的有效折射率差;Λ 是纤芯间距。串扰在弯曲半径小于 R_{pk} 时能被抑制,是由于在这个区域内纤芯间的折射率是相位匹配的[42]。在这个相位匹配区域内,弯曲诱发的有效折射率变化大于异类 MCF 纤芯间内在折射率差 Δn_{eff},因此光纤弯曲对串扰起主要影响作用。另外,在相位不匹配区域即弯曲半径大于 R_{pk} 的区域,弯曲诱发的有效折射率变化小于内在折射率差 Δn_{eff},因此,串扰符合一般的统计特性。在相位非匹配区域,在串扰问题上异类 MCF 可以当作弯曲敏感光纤。

  由此可以看出,由于串扰对于弯曲半径的依赖性,在异类 MCF 中对弯曲半径的小心处理是很必要的。实际中,MCF 一般都缠绕在半径为 70~150 mm 的绕线器上,纤芯结构必须有较大差异才能够抑制 MCF 串扰,也就是要求相邻纤芯间的光学特性要有极大不同。为了突破这些限制,基于一定的理论研究基础,利用被弯曲诱发的相位不匹配来抑制串扰的同类 MCF 被研制出来[41]。这种 MCF 使用纯净硅纤芯来减小传输损耗,并且采用能够降低串扰的沟槽式纤芯。实验证明,它的串扰值是目前所有光纤中最小的。从实验测量和理论推理的基础上估计传输 10 000 km 后中间纤芯受到外围纤芯的串扰值将低于 −30 dB。

而当相同波长的两个光信号在 MCF 中的相邻核芯传播并沿着传播路径累积时,产生核间串扰。如果在接收机处累积的串扰超过阈值,就无法识别信号,从而恶化了光通道的传输质量。如图 2-22 所示,当核芯(Core)2 和核芯 3 利用相同的波长传输时,由于它们是相邻的核芯,就会产生核间串扰;核芯 3 和核芯 4 虽然也是相邻核芯,但是由于它们利用的是不同的波长,因此不会产生核间串扰;核芯 2 和核芯 4 虽然利用相同的波长,但是由于它们并不相邻,因此也不会产生核间串扰。

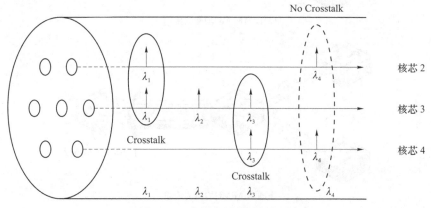

图 2-22　多核光纤的核间串扰

　　针对多核光纤的核间串扰问题的主要解决方法目前有两个:一是通过适当地分配核和频谱资源来最小化核芯间串扰的影响;二是在接收端进行基于 MIMO 的串扰抑制。

　　对于解决方法一,其中一个思路是利用多核光纤的双向传输。图 2-23(a)所示为单向分配的正常 MCF 利用方法,其中两个核芯中的信号在相同方向上传播;图 2-23(b)所示为双向分配中的 MCF 利用方法,其中两个核芯中的信号具有相反的传播方向。

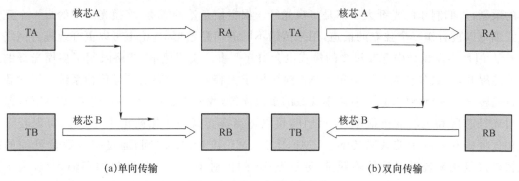

图 2-23　多核光纤双向传输

　　对于解决方法二,可采用 MIMO 均衡器来抑制串扰。当两个光信号由相同的波长在一个 MCF 的相邻核芯传输时,MCF 中产生核间串扰,可以忽略不同波长的核芯间串扰或不相邻核芯之间的串扰。在光网络中,在每个物理链路上产生的核芯间串扰将沿着路由路径累积,并且可能超过可以在接收端识别信号的阈值。然而若使用 MIMO 技术,则使用相邻核芯的同一光纤上携带的不同业务可以在相同的波长上分配,如图 2-24(b)所示,因为可以在它们共同的接收端进行信号处理来消除核芯间串扰。

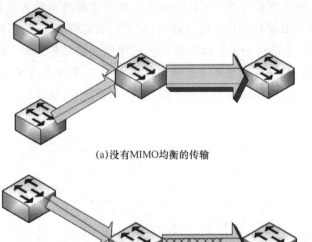

(a)没有MIMO均衡的传输

启用多输入/多输出

(b)采用MIMO均衡的传输

图 2-24　采用 MIMO 串扰抑制[62]

2.5.3　模分光网络技术

为了不断提升网络容量,光纤通信技术已充分开发利用了光纤属性中的时间、幅度、相位、偏振态等多种物理维度。目前尚未被利用的唯一物理维度只剩下空间维度,包括多模和多芯,成为了人们新的关注焦点。其中多模并不是一个新的概念。最初,由于无法突破光纤制作工艺的限制,人们制作的光纤大多都是多模光纤。根据信息论的观点,多模光纤中的每一个正交模式都可以被看作一个独立的信道,用来传输不同的信息数据,理论上可以更好地提升网络容量[48]。但是多模光纤中存在过多的模式也会引起严重的模间色散,严格限制了多模光纤的通信性能提升,导致多模光纤不适用于越来越多要求大容量、长距离的信号传输系统。因此我们将目光转向一种新型的、具有有限模式数的多模光纤,我们把它称为"少模光纤"(FMF),即通过对光纤芯区和包层的折射率进行设计,可以适当提高其归一化截止频率(V),实现若干个线偏振模式在光纤中的共同传输。FMF介于 SMF 和 MMF 之间,通过引入数量可控的线偏振模式复用来提升光纤传输容量,通过 FMF 的折射率设计及接收机的多输入/多输出数字信号处理(MIMO-DSP)来限制和补偿模式耦合和模间色散带来的不利影响,以保证其传输距离。

之前对少模光纤的研究,绝大多数工作都集中在非传输技术的领域。近年来,由于光纤通信技术演进的需要,越来越多的研究工作集中到采用少模光纤的传输技术上来,其中最引人瞩目的便是基于少模光纤的模式复用技术。该技术通过利用少模光纤拥有的少量但稳定的模式来进行模式复用,这样既可以成功减小模间色散,又能够充分利用其中的多个正交模式作为独立的信道来进行信息传输,最终能成倍地提升网络的传输容量,为解决单模光纤中未来可以预见的"带宽瓶颈"提供良好的解决方案。另外,与单模光纤相比,少模光纤的模式具有更大的模场面积,因此其非线性容限也非常高,能够很好地抵抗非线性效应对系统的干扰,从而进一步提高基于少模光纤的模分复用系统的传输能力。

从提高传输容量的方式来看,模分复用技术与 WDM 技术非常类似,都是在单根光纤中复用 M 个并行信道,随着技术的发展使得模间串扰变得可控,就能将传输的容量扩展 M 倍。只要技术的发展使得 M 数足够大,就能够满足未来网络的容量需求,极大提高频谱利用率。

如图 2-25 所示,一个简化的基于少模光纤的模分复用系统大致包括光发射模块、链路传输模块、光接收模块以及信号处理模块。整个系统信号传输的流程如下:首先,光发射模块将待传输电信号进行预处理,对其进行编码、调制,最后将其转换为光信号;然后,处理后的光信号通过模式转换器,将基模信号转换成少模光纤所支持的不同高阶模式信号;接着通过模式复用器将多个不同模式信号复用耦合到同一根少模光纤链路中进行传输,并通过模式放大器放大信号实现长距离传输;最后,在光接收模块中,传输信号通过模式复用器和模式转换器,还原成各个基模所携带的光信号,再对光信号进行数字信号处理等操作,最终得到原始信号[49]。

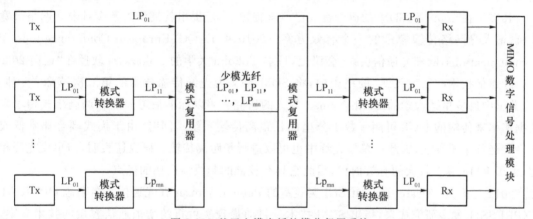

图 2-25　基于少模光纤的模分复用系统

模分复用技术还能与波分复用、偏振膜复用等技术相结合,从而使系统传输容量获得更大的提升。按照是否需要大规模 MIMO-DSP 均衡处理,可以将 FMF 的设计分为弱耦合和强耦合两类。

1. 弱耦合 FMF

弱耦合 FMF 通常采用阶跃折射率设计,通过提高芯区折射率的方法,增加各 LP 模式之间的折射率差异和差分模式时延(DMD),从而降低模间串扰,实现各个 LP 模式的独立探测和接收,对于每种 LP 模式仅需 2×2 或 4×4 的 MIMO 均衡对偏振复用或模式简并进行处理。2×2 (for LP_{01} mode) or 4×4 (for $LP_{11}ab$ / $LP_{21}ab$ / $LP_{31}ab$ modes)MIMO。在背对背场景中,LP_{01}、$LP_{11}ab$、$LP_{21}ab$、$LP_{31}ab$ 所需要的抽头数一样,但是经过 81 km 传输的场景中,LP_{01} 和 $LP_{11}ab$ 所需要的抽头数仍然很小,为 40。但是 $LP_{21}ab$ 为 60,而 $LP_{31}ab$ 的抽头数已经有 240 之多。因此,弱耦合 MDM 系统中的 MIMO 复杂度取决于退化模式之间的 DMD。为了克服这个问题,需要通过特殊光纤设计来抑制退化高阶模式之间的 DMD,以进一步降低 MIMO 处理复杂度[50]。

2. 强耦合 FMF

强耦合 FMF 依靠接收机的均衡处理来补偿 LP 模式耦合串扰,对于 N 个偏振复用的传输模式,需要 $2N\times2N$ 规模的 MIMO-DSP。此外,强耦合 FMF 设计中需要尽量降低 LP 模式之间的 DMD,以减小 MIMO-DSP 中对多路信号时延进行缓存的要求。由于存在 DMD 和 MDL(模式相关损耗)的限制,强耦合 FMF 的模式复用数量的极限是 12-LP 模式(21 组传输模式),而与之对应的 42×42 规模的 MIMO 均衡处理要求也超出现阶段 DSP 的集成度水平。在强耦合 FMF 模式复用中,各 LP 模式间的串扰在模式相关损耗(MDL)可忽略的条件下,满足线性耦合的正交酉变化要求,在接收端可以采用基于 MIMO 线性矩阵求解其逆变换的方法进行均衡。

2.5.4　国内外发展现状

近几年来,SDM 技术不断发展,MCF 制作技术不断提高,具有更好光学特性和传输性能的 MCF 不断研制成功。在这样的条件下,证明 MCF 具有大容量、长距离传输潜能的实验也成功了。

其实早在 2009 年,SDM 的概念性就已经被提出,一经提出就被认为是应对未来网络带宽危机,增大光网络传输容量的一个有效方案。2010 年 ECOC(European Conference Optical Communications,欧洲光通信会议)会议上,日本 Tokohu 大学的 Nakazawa 教授在"迈向 2030 年光纤通信技术的巨大飞跃"的报告中,将 SDM 定义为光纤传输技术的第二次革命[51]。同年,美国中佛罗里达大学的 Fatih Yaman 等人的研究表明以标准信道间隔和调制格式传输高数据速率来传输的 FMF 可用于数千公里的长距离传输系统。同时,由于模式耦合非常低或在少模光纤中不存在,因此在单模光纤中也可以进行长距离传输。研究还表明,与单模光纤相比,由于 FMF 具有较大的有效面积,因此它具有较低的非线性损伤的优点。

2011 年 8 月,Alcatel-Lucent Bell 实验室的 Peter J. Winzer 在光通信著名杂志 OPTICAL EXPRESS 上发表研究成果,指出 SDM 技术是目前最现实可行的增加通信容量的技术方案,基于多芯光纤的芯分复用技术或基于少模光纤的模分复用技术能够将现有网络容量提升 N 倍[52]。

日本国家技术与通信技术协会的 J. Sakaguchi 等人在 MCF 传输的实验研究上处于国际领先水平。2011 年,他们使用沟槽式 7 纤芯 MCF 传输系统实现了速率为 109-Tbit/s、距离为 16.8 km 的信号传输。由于低串扰 MCF 和复用器(MUX)/解复用器(DEMUX)的使用,在接收端的信号几乎没有偏差。2012 年,他们又使用 19 纤芯 MCF 传输系统实现了速率为 305 Tbit/s、距离为 10.1 km 的信号传输。

2011 年,在 ECOC 会议上,NEC 美国实验室、康宁公司等多家研究机构联合,完成了将 $88\times3\times112$ Gbit/s 信号传输 50 km 的少模光纤传输试验[53]。试验中首次使用了少模光纤放大器、相位板和自由空间光纤,进一步扩展了相关技术的研究领域,传输速率达 26.4 Tbit/s 的创新性成果创造了当时模分复用的纪录。

2012 年,在 OSA 年会上,美国贝尔实验室的 Roland. Ryf 等人采用 12×12 MIMO 信号处理算法,完成了将 3.8 Tbit/s 的调制信号在少模光纤中传输 130 km 的试验[54]。

2012 年,贝尔实验室成功实现了波分复用 10 路频谱间隔为 50 GHz、传输速率为 128 Gbit/s 的 PDM-QPSK 信号在低串扰的 7 芯光纤中进行空分复用,传输距离长达 2 688 km 的多跨段传输的试验[55],这是 SDM 技术在长距离传输上取得的重大突破。

2013 年,德国慕尼黑工业大学与英国南安普顿大学等机构合作,利用最新研制的少模光纤成功完成了速率为 337.5 Gbit/s 的 MDM-8QAM-OFDM 信号传输 150 km 的试验[56]。

2014 年,日本接入网络服务系统实验室的 Hanzawa N. 等人提出了一种基于 PLC 的具有非对称平行波导的模式复用解复用器,并通过该模式复用解复用器成功地在两模光纤中传输了四波长的两种模式光,同时达到小于 1 dB 的损耗要求[57]。

2015 年,在 OFC 会议上,NTT 联合其他大学等机构,在离线处理方式下,采用并行的 MIMO 频域均衡技术补偿模式的差分时延,成功完成了 12 芯光纤中 3 个模式的信号 527 km 的环回链路传输试验[58]。

2016 年,在 ACP 会议上,Mai .F. Banawan 等人在 MCF 系统的背景下,研究了 APA 的收敛速度,并与 NLMS 和 RLS 算法进行了比较。与 RLS 算法相比,增加 APA 顺序可以大大提高收敛速度和可容忍的端到端 XT 的计算复杂度。同时还比较了它们之间的复杂度[59]。

2017 年,在 OFC 会议上,清华大学的 Yao Li 等人在采用 MIMO 均衡的情况下,探讨了 SDM 光网络中的 DSP 复杂度与串扰抑制的关系。结果表明,引入基于 MIMO 的串扰抑制会增大所需要的 DSP 复杂度。因此在高空间维度的 SDM 中,最好不要使用基于 MIMO 的串扰抑制。同时为了达到最大可达网络容量,高空间维度适合小规模,而低空间维度适合大规模[60]。

在我国,关于 SDM 技术的相关研究尚处于起步阶段,相关的研究成果及文献非常少。目前北京邮电大学、北京大学、华中科技大学、复旦大学和吉林大学等各大高校都在积极开展相关研究工作,主要研究工作集中在模式激励与模式转换、少模光纤、多芯光纤等 SDM 关键技术的理论研究和计算机仿真分析。作为一种新的光纤通信技术,其研究刚刚起步,许多问题的研究尚不够系统和深入,大量的基础科学、技术问题亟待解决,SDM 技术研究任重道远。

◆ 2.6　本章小结 ◆

本章主要介绍多维光网络技术及几种不同维度的典型复用网络。多维光网络是时域、空间、频域等多种光维度资源协同应用的复杂网络。其中时分复用以 SDH 技术为典型代表;频分复用以 OTN、WDM 为应用典型,灵活栅格光网络是频分复用光网络近年来的研究热点与未来发展的重要方向;以核分与模分复用为代表的空分复用技术是突破光网络带宽上限的重要技术方向。本章 2.2 节介绍了 SDH 的出现所解决的问题以及 SDH 拓扑与技术特点;2.3 节介绍了在 OTN 的关键技术、网络结构和应用现状;2.4 节介绍了灵活栅格光网络的概念以及这项技术所带来的新问题,如碎片问题等。2.5 节从物理层的多核复用和少模复用等空分复用角度入手来增大光纤的容量,同时也介绍了目前 SDM 技术所遇到的物理层损伤的"瓶颈"问题,SDM 作为一种新的技术还有很大空间供我们进一步研究。

◆ 参考文献 ◆

[1] Yin Shan，et al．"Survivable Multipath Routing and Resource Assignment with SR-LG in Virtual Optical Networks"，OFC，Optical Fiber Communication Conference and Exposition，2016．

[2] Yin，Shan，et al．"Inter-Core Crosstalk-Aware Routing，Spectrum And Core Allocation In Multi-Dimensional" OECC 2017．

[3] Cisco. The Zettabyte Era：Trends and Analysis. 2017，https：//www．cisco．com/c/en/us/solutions/collateral/．

[4] Huang H，Guo B，Li X，et al．Crosstalk-aware virtual network embedding over inter-datacenter optical networks with few-mode fibers[J]．Optical Fiber Technology，2017，39：70-77．

[5]吴彦文，郑大力，仲肇伟. 光网络的生存性技术[M].北京:北京邮电大学出版社,2003.

[6]华为传输产品日常维护与故障分析[Z].华为技术有限公司.

[7]肖萍萍.SDH 原理与技术[M].北京:人民邮电出版社,2008.

[8]林燕. 关于 SDH 指针调整抖动技术的研究[J]. 长沙:长沙通信职业技术学院学报，2003 (2)：23-27.

[9]周芳. SDH 虚级联技术的实现与仿真[J]. 北京:光通信研究，2004(5)：19-22.

[10]智慧. SDH 时钟与同步[J]. 合肥:电脑知识与技术，2007 (22)：1032-1034.

[11]Rec I. G. 872，[J]．Architecture of optical transport networks，1999．

[12]Rec I. G. 709，[J]．Interfaces for the optical transport network（OTN），2001．

[13]Rec I. G. 7042，[J]．Link Capacity Adjustment Scheme（LCAS）for Virtual Concatenation，2001．

[14]郎为民，刘克中，张碧军，等. ASON 标准化进展[J]. 北京:电信工程技术与标准化，2006，19(8)：37-44.

[15]Rec I. G. 798，[J]．Characteristics of Optical Transport Network Hierarchy Equipment Functional Blocks，2010．

[16]Abbas G．Network Survivability [M]// Optical Networking Standards：A Comprehensive Guide．Springer US，2006：295-319．

[17]Rec I. G. 874，[J]．Management Aspects of the Optical Transport Network Element，1998．

[18]张成良. 光联网技术标准化体系及其现状[J].合肥:中兴通讯技术，2002,8(4):6-9.

[19]ITU-T Study Group 13．ITU-T 6．872．Architecture of Optical Transport Networks．

[20]赵小强，王迎春，李勇. 100 G WDM/OTN 技术及工程设计研究[J]. 北京:邮电设计技术,2013,5:004.

［21］鞠卫国.灵活栅格光网络中的频谱碎片整理与动态路由算法［D］.北京：北京邮电大学,2013.

［22］Ajmal Muhammad，Georgios Zervas，Dimitra Simeonidou,et al. Routing，Spectrum and Core Allocation in Flexgrid SDM Networks with Multi-core Fibers,ONDM，May 2014：192-197.

［23］Jinno M，Takara H，Kozicki B,et al. Demonstration of Novel Spectrum-Efficient Elastic Optical Path Networkwith Per-Channel Variable Capacity of 40 Gbit/s to Over 400 Gbit/s，ECOC,Vol 7，Th. 3. F. 6,September 2008：49-50.

［24］Philip N Ji, Ankitkumar N. Patel. FLEXIBLE WAVELENGTH DIVISION MULTIPLEXING(FWDM) NETWORKS.

［25］Olivier Rival，Annalisa Morea. Cost-efficiency of mixed 10-40-100 Gbit/s networks and elasticoptical networks，Optical Society of America,OTuI4,2011.

［26］Bartlomiej Kozicki，Hidehiko Takara,Yukio Tsukishima,et al. Experimental demonstration of spectrum-slicedelastic optical path network（SLICE），OPTICS EXPRESS，2010,18：22105-22118.

［27］Kozicki，Hidehiko Takara，Masahiko Jinno . Enabling technologies for adaptive resource allocation in elastic optical path network（SLICE），2010 IEEE,23-24.

［28］Patel A N,et al. Defragmentation of Transparent Flexible Optical WDM（FWDM）Networks，OFC2011，OTuI8.

［29］Tatsumi Takagi. Disruption Minimized Spectrum Defragmentation in Elastic Optical Path Networks that Adopt Distance Adaptive Modulation，ECOC2011.

［30］Yu，Xiaosong et al. Spectrum Compactness based Defragmentation in Flexible Bandwidth Optical Networks，OFC2012.

［31］Cugini F,et al. Push-Pull Technique for Defragmentation in Flexible Optical Networks，OFC2012.

［32］Ju Weiguo，Huang Shanguo，Guo Bingli,et al. Node Handling Capacity Based Spectrum Fragmentation Evaluation Scheme in Flexible Grid Optical Networks，OFC2013.

［33］Jinno M，Kozicki B，Takara，H,et al. . Distance-adaptive spectrum resource allocation in spectrum-sliced elastic optical path network［Topics in Optical Communications］［J］. Communications Magazine，IEEE，2010,48(8)：138-145.

［34］Jinno M，Takara H，Kozicki B,et al. Spectrum-efficient and scalable elastic optical path network：architecture，benefits，and enabling technologies［J］. Communications Magazine，IEEE，2009，47(11)：66-73.

［35］Jinno M，Takara H，Kozicki B,et al. Dynamic Optical Mesh Networks：Drivers，Challenges and Solutions for the Future，in Proc. of ECOC2009，Paper 7. 7. 4.

［36］Sone Y，Watanabe A,Lmajuku W，et al. Bandwidth Squeezed Restoration in Spectrum-Sliced Elastic Optical Path Networks(SLICE)，Journal of Optical Communication Network，2011,3(3).

［37］Guoying Zhang，De Leenheer M．，Morea A，et al．．A Survey on OFDM-Based E-lastic Core Optical Networking［J］．Communications Surveys & Tutorials，IEEE，2013，15（1）：65-87.

［38］Christodoulopoulos K，Tomkos I，Varvarigos E．．Dynamic bandwidth allocation in flexible OFDM-based networks［M］．Los Angeles，CA，2011：1-3.

［39］Morioka T．．Recent progress in space-division multiplexed transmission technologies［C］//Optical Fiber Communication Conference．Optical Society of America，2013：OW4F. 2.

［40］QIAN D，HUANG M F，IP E，et al．101. 7-Tb/s（370×294-Gbit/s）PDM-128QAM-OFDM Transmission over 3×55-km SSMF using Pilot-based Phase Noise Mitigation［C］//Optical Fiber Communication Conference and Exposition，March 6-10，2011，Los Angeles，USA. New Jersey：IEEE Press，2011：1-3.

［41］Tetsuya Hayashi，Toshiki Taru，Osamu Shima kawa，et al. Design and fabrication of ultra-low crosstalk and low-loss multi-core fiber，OPTICS EXPRESS，Vol. 19，August 2011 ,16576-16592.

［42］Tetsuya HAYASHI，Takuji NAGASHIMA，Osamu SHIMAKAWA，et al. Crosstalk Variation of Multi-Core Fibre due to Fibre Bend，ECOC ，We. 8. F. 6，September2010.

［43］Masanori Koshiba，Kunimasa Saitoh，Katsuhiro Takenaga，et al. Multi-core fiber design and analysis：coupled-mode theory and coupled-power theory，OPTICS EXPRESS，B10312,Vol. 19,December 2011.

［44］Katsunori Imamura Kazunori Mukasa Takeshi Yagi . Investigation on Multi-Core Fibers with Large Aeff and Low Micro Bending Loss，OSA / OFC/NFOEC 2010,OWK6.

［45］Sasaki1 Y，Amma1 Y，Takenaga1 K，et al. Investigation of Crosstalk Dependencies on Bending Radius of Heterogeneous Multicore Fiber，OFC/NFOEC Technical Digest ，OTh3K. 3,2013 OSA.

［46］Katsuhiro Takenaga，Yoko Arakawa，Yusuke Sasaki，et al. A large effective area multi-core fiber with an optimized cladding thickness，OPTICS EXPRESS，Vol. 19，December2011,B543-B550.

［47］尹珊. 灵活光网络中的资源优化［D］.北京：北京邮电大学,2014.

［48］Shah A R，Hsu R C J，Tarighat A，et al. Coherent optical mimo (COMIMO)［J］. Lightwave Technology，Journal of，2005，23(8)：2410-2419.

［49］Arik S O，Askarov D，Kahn J M. Effect of mode coupling on signal processing complexity in mode-division multiplexing［J］. Lightwave Technology，Journal of，2013，31（3）：423-431.

［50］Daiki Soma，Yuta Wakayama，Koji Igarashi，et al. Weakly coupled Few-mode Fiber Transmission with Partial MIMO DSP,Photonic Networks and Devices,2017.

［51］Nakazawa M. Giant leaps in optical communication technologies towards 2030 and beyond［C］. Proc. ECOC. 2010，10.

［52］Winzer P J，Foschini G J. MIMO capacities and outage probabilities in spatially multiplexed optical transport systems［J］. Optics express，2011，19(17)：16680-16696.

［53］Ip E，Bai N，Huang Y K，et al. 88×3×112-Gbit/s WDM transmission over 50-km of three-mode fiber with inline multimode fiber amplifier［C］//European Conference and Exposition on Optical Communications. Optical Society of America，2011：Th. 13. C. 2.

［54］Ryf R，Fontaine N K，Mestre M A，et al. 12×12 MIMO transmission over 130-km few-mode fiber［C］//Frontiers in Optics. Optical Society of America，2012：FW6C. 4.

［55］Chandrasekhar1 s，et al. WDM/SDM Transmission of 10×128 Gbit/s PDM-QPSK over 2 688 km 7 Core Fiber with a per-Fiber Net Aggregate Spectral-Efficiency Distance Product of 40,320 km. bit/s/Hz，ECOC2011，Th. 13. C. 4.

［56］Inan B，Jung Y，Sleiffer V，et al. Low computational complexity mode division multiplexed OFDM transmission over 130 km of few mode fiber［C］//Optical Fiber Communication Conference. Optical Society of America，2013：OW4F. 4.

［57］Uematsu T，Hanzawa N，Saitoh K，et al. PLC-type LP 11 mode rotator with single-trench waveguide for mode-division multiplexing transmission［M］//OFC 2014. 2014.

［58］汤瑞，赖俊森，赵文玉. 基于少模光纤的模分复用系统研究［J］. 北京：电信网技术，2015，10：17.

［59］Banawan M，El-Sahn Z，Shalaby H M H. MIMO Equalization for Multi-Core Fiber-Based Systems Using the Affine Projection Algorithm［C］//Asia Communications and Photonics Conference. Optical Society of America，2016：ATh2C. 5.

［60］Li Y，Hua N，Zheng X. A capacity analysis for space division multiplexing optical networks with MIMO equalization［C］//Optical Fiber Communications Conference and Exhibition (OFC)，2017. IEEE，2017：1-3.

［61］张勇，谢守明. SDH 的自愈环及保护机制研究［J］. 武汉：舰船电子工程，2009 (4)：129-132.

［62］Li Y，Hua N，Zheng X. Routing，wavelength and core allocation planning for multi-core fiber networks with MIMO-based crosstalk suppression［C］//Opto-Electronics and Communications Conference (OECC)，2015. IEEE，2015：1-3.

［63］张云满. 现代移动通信技术论文集［M］. 北京邮电大学出版社，2005.

［64］陈佳佳. 本地 SDH 传输网组网设计.

第 3 章

路由与资源分配技术

◆ 3.1 路由与资源分配 ◆

3.1.1 路由与资源分配问题概述

在光网络规划方面的研究中,路由与资源的选择与计算问题是非常关键与重要的,即如何为给定的业务链接请求合理地选择路由并分配资源。路由与资源的计算和选择将直接影响网络的各方面性能,一个好的解决该问题的策略将能够有效地提高网络性能,充分地利用网络能力。在传统的 WDM 光网络中,资源就是指的波长资源,所以涉及路由选择与资源分配的问题被称为路由波长分配(Routing and Wavelength Assignment,RWA)问题。具体来说,就是如何为业务请求建立光通路链接的过程,是按照一定策略在网络的物理拓扑结构中,为业务请求计算并选择一条从源节点到宿节点的路由,并为该路由所经过的链路分配波长资源的问题。在多维光网络中资源形式更为多样,包括波长资源、频谱资源、空分资源和时序资源等,这也使得多维光网络中的路由与资源分配问题更加复杂。但万变不离其宗,路由与资源分配问题的主要约束思想与解决方法具有相似性。本章将综合介绍路由与资源分配技术中所需解决的关键问题与主要方法。

路由与资源分配问题通常分为静态路由与资源分配问题和动态路由与资源分配问题,两者的主要区别是业务类型以及链接请求方式不同。静态路由与资源分配问题是指对于一组已经预先确定的、需要建立链接的业务请求计算并选择路由进行资源分配的问题,整个过程是非实时的,所以它对时间的要求不高,其目标就是达到资源分配结果的最优化。动态路由与资源分配问题是指对于一组实时到达的,需要建立链接的业务请求计算并选择路由进行波长资源分配的问题。由于业务请求是动态到达的,而且每条业务请求的链接需要在维持一段时间后拆除,故其计算实时性要求较高;此外,需要建立链接的业务请求的数量是随机的,根据实际情况的要求,其优化目标不再是资源优化,而是降低业务阻塞率。静态路由与资源分配问题,对于阶段性的网络规划建设、网络优化设计等具有更大的指导作用,动态路由与资源分配问题主要适用网络管控场景中的业务动态分配策略的研究等。在多维光网络规划优化中,工作更多地倾向于静态路由与资源分配问题的研究。

3.1.2　路由与资源分配技术概述

解决路由与资源分配问题的路由与资源分配技术主要可以分为路由计算与选择技术和资源的分配选择技术。两者在不同策略中有时是完全分离进行的,有时是统一结合进行的。通过路由与资源分配问题的分离,可以在一定程度上减少问题的复杂度,降低解决问题所需的空间和时间复杂度,但同时也带来了问题解决方案最优化程度有限等缺点。这使得路由与资源分配策略在实际设计应用中选择分离或者结合需要根据具体问题进行具体的分析。本小节将分别对路由技术与资源分配技术进行概述。

1. 路由选择算法

在路由与资源分配问题中,分离式路由与资源分配策略中,路由计算通常采用预计算的方式,以此来总体规划优化所需要的时间。接下来我们将对常见的预计算路由算法进行介绍。

1) 固定路由(Fixed Routing,FR)算法

FR 算法的基本实现过程是:根据当前全网拓扑情况,提前在网络中所有的源、宿节点对之间计算出一条路由,并将其存在路由表中。当业务请求到达时,根据业务请求源、宿节点对查找路由表并选择路由。这种算法的复杂度的较低,但由于任意源、宿节点对之间的路由是预先计算已经固定了的,缺乏灵活性,容易造成网络阻塞。

2) 固定备选路由(Fixed-Alternate Routing,FAR)算法

FAR 算法是针对 FR 算法的改进算法,其基本实现过程是:提前在网络中所有的源、宿节点对之间计算出多条备选路由,按照一定的策略设置每条路由的优先级,然后将其顺序存入路由表中。当业务请求到达时,根据每条路由预先设置好的优先级为该业务请求从中选择路由,若优先级高的路由阻塞,则考虑优先级较低的路由。相较于 FR 算法,该算法能够更好地利用网络资源,但其复杂度也较高。

3) 自适应路由(Adaptive Routing,AR)算法

前面提到的 FR 算法和 FAR 算法在路由计算选择的过程中都没有充分考虑当前网络的状态,AR 算法改善了这一缺陷,能够在业务请求到达时根据当前网络具体的资源情况动态地为业务请求进行计算并选择路由。AR 算法具体分为受限 AR 算法和非受限自适应路由(Alternate Unconstrained Routing,AUR)算法,其算法复杂度最高,但其性能远优于 FR 算法和 FAR 算法,在减少网络资源占用的同时能够实现网络资源的负载均衡。

2. 资源分配算法

目前常用的资源分配算法大致可以分为三类:基于局部信息的首次命中(First-Fit,FF)资源分配算法、随机(Random-Fit,RF)资源分配算法等;基于全局资源信息的最大使用(Most-Used,MU)资源分配算法、最小使用(Least-Used,LU)资源分配算法等;基于全局通路信息的最大总和(Max-Sum,MS)资源分配算法、最小影响(Least Influence,LI)资源分配算法、相对容量损失(Relative Capacity Loss,RCL)资源分配算法以及相对最小影响(Relative lease Influence,RLI)资源分配算法等。

这里着重介绍一下基于局部信息的 FF 算法和 RF 算法,这两种算法由于其算法复杂度较低且适用性较广,因此在实际网络规划优化中的使用机会较多。

RF 算法的基本实现过程是:将网络中全部的资源遍历一遍,从中找出在已经指定的路由

上的所有可用的资源来构成备选集合,接着从该备选集合中随机地选取一个资源,再将该资源分配给已经选定的路由,进行资源配置。

FF 算法的基本实现过程是:将网络中全部的资源遍历一遍,按照一定的规则统一进行编号,接着依次检查每个资源状态,找到第一个空闲的可用资源并用它来为业务请求建立光通路,进行资源分配。同 RF 算法不同的是,FF 算法是按顺序检查网络中所有的资源直到找到第一个空闲的资源;而 RF 是在所有的可用资源里面随机等概率地选择一个资源。

3.1.3 路由与资源分配技术分析

路由与资源分配算法一般分为线性规划映射算法、启发式算法和最短路径算法三类。线性规划映射算法是最通用的方法。但是一般的线性规划方法由于需要采用近似于穷举的分支定界法,导致计算所需要的内存和计算时间随着网络规模的增大呈指数增长,不适合于规模较大的网络。因此对于节点规模较大的网络,一般采用启发式算法或者最短路径算法,启发式算法或者最短路径算法在牺牲一定的复杂度条件下能够获得可接受的解决方案。但是线性规划映射算法提供的最优化解决方案能够在一定的程度上提供一个启发式算法(得到的解决方案一般不是最优解)可以参考的、并且判断其算法效率的基准,具有在一定程度上不可替代的作用。

1. 线性规划映射算法

光网络的静态路由与资源分配问题实际是从最优化理论中的多商品流问题衍生而来,因为静态业务预先确定,所以可以从整体的角度为业务分配路由和波长。这样,可以使整个网络的资源达到最优,解决静态 RWA 问题首先要根据实际网络情况和优化目标建立一个合理的线性规划模型,这种线性模型是非确定多项式-完全(Nondeterministic Polynomial-Complete,NP-C)问题。对于最优解的求解需要一定的时间,但是静态业务对时间的敏感度不高,所以可以牺牲算法的时间复杂性来换取结果的最优化。由于具有能得到全局最优解这种不可替代的优点,用线性规划的方法求解路由与资源分配问题在多维光网络规划优化中得到了广泛的应用。该算法的主要思路就是通过将光网络中的相关问题用一系列数学变量和线性公式来建立线性模型,并设定目标函数以及约束条件,通过仿真软件进行求解,进而得到所求问题的最优解。线性规划就是在满足线性约束下,求线性函数的极值[16]。

基本的线性规划的优化算法如下。

1) 穷举法

穷举法基本的数学思想是在所有可行解的集合中依次遍历所有元素,找出绝对最优解。穷举法为最简单的搜索算法,在求解任意一个网络规划问题时,该方法需要枚举所有可行的规划方案,并判断所有可行方案是否匹配网络约束条件,这需要非常大的计算量。在不考虑计算量的情况下,利用穷举法能找出确切的最优解。但是在硬件资源的限制下,穷举法适用于可行解有限且评估标准简单的网络中。

2) 单纯形法

单纯形法是 1947 年由美国数学家 George Bernard Dantzig 提出的,单纯形法的创建标志着线性规划问题的诞生。单纯形法的基本思想是在问题解的可行域的边界点先找到一个初始的基本可行解,并验证这个基本可行解是否满足所有约束条件的最优解,当其不满足时,寻找另一个优于前者的基本可行解再进行验证,直至找到解决问题的最优解。迭代寻找的过程一般沿着可行域的某个可行的下降的方向寻找。因为基本可行解的个数有限,所以经过有限次迭代,一定可以得到问题的最优解。如果问题无最优解也可以用这种方法判别。

3) 内点法

内点法是基于单纯形算法改进而来,与单纯形算法的边界遍历寻找思路不同,其基本方法是从可行域的内部的某个点出发寻找可行解,根据约束条件和算法目标进行迭代计算,得到一个可行的寻找方向并在可行域内获得最优解。与单纯形法对比,内点法将降低了算法复杂度,寻优过程的迭代次数不随着约束和变量的增加而上升。内点算法有一点不足之处是当迭代点到达可行域的边界附近时,算法的效率将急剧下降,所以需要一定的优化技术保障其能不断收敛直到找到最优解。

4) 分支定界法

分支定界法是由 Land、Doig 和 Dakin 等人于 20 世纪 60 年代初提出,用来求解整数规划广泛使用的一种方法。其关键是将原问题分解为一系列规模较小的子问题,然后对这些子问题进行求解,原问题的可行域也被不断分支为越来越小的子域,分支定界法为每个子域的可行解界定一个范围,若问题为求最大解,则定一个上界,反之为下界。通过删除那些界限不优于已知可行解的那些子集,知道问题不能再分解并找到最优解为止。分支定界法大大提高了规划问题的收敛速度,因此在大型规划问题如旅行商问题等方面得到广泛运用。

5) 割平面法

割平面法的基本思想与分支定界法类似,一般用于整数线性规划中。它将问题解的可行域看成一个有界的平面,将不满足约束条件的整数可行解的那一部分切割掉,继续寻找最优整数解,直至求得最优整数解为止。

以上几种线性算法都是在解决静态路由与资源分配问题运用的常用的规划算法。但是用线性算法解决问题时基本都会用到迭代来寻找结果,所以需要一定的计算量。因此解决大型网络规划优化问题时,需要详细、正确地建立数学模型,以免出现计算量过大或者找不到最优解的情况。

2. 启发式算法

启发式算法是相对于求解最优解的线性规划算法提出的,启发式算法在求解过程中引入某种特定的规则,这些规则往往是人们从实际生活中的具体经验而得来,例如在日常的生产生活和科研工程中,我们往往借用前人的成功经验,但这些经验并没有严格计算或证明,但我们依然相信这些经验的准确性,这便是启发式算法的基本思想。启发式算法的最重要意义便是大大缩减了寻找合理规划方案的时间,不同于求最优解算法的严谨计算和验证,融合了实践经验的启发式算法牺牲最终规划方案的质量换取了算法的计算时间。但由此带来的结果,便是最终解与最优解的差异,当算法提供的启发质量较差时,得到的近似解不能作为最终规划方案。当规划要求中约束条件和变量过多时,算法的高复杂度带来的时间开销又必须以近似解代替最优解来弥补,因此在启发质量可控的情况下,启发式算法需要对近似解的误差进行约束,以保证牺牲的准确度在可以接受的范围内。常见的启发式算法有蚁群算法、遗传算法、模拟退火算法和禁忌搜索法等。下面对这些算法的原理进行简单的介绍:

1) 蚁群算法

蚁群算法(Ant Colony Optimization,ACO)是由 Marco Dorigo 等学者提出的一种用来在图中寻找优化路径的自适应算法。蚁群算法通过蚂蚁在寻找食物和发现食物所寻找的路径的行为得到启发,算法初始为摸索阶段,蚂蚁选择路线的概率平均分布,然后通过蚂蚁反馈找到一条最佳路径,最后走到最佳路线的蚂蚁越来越多,这样这条路线就区别其他路线被选择出来。蚁群算法在初始摸索阶段费时较多,并且可能会遇到算法收敛过快而终止于局部最优解的情况。

2）遗传算法

遗传算法是以达尔文进化论为基本思想,将优胜劣汰和适者生存的自然法则引入数学计算中,是在确定个体概率的情况下进行选择的一种算法。遗传算法中通过一个适应度函数来衡量结果的好坏。经过复制、交叉、突变等操作后,产生的符合适应度函数的下一代的解,并逐步淘汰掉适应度函数值低的解,增加适应度函数值高的解。这样经过几代的进化后就有很大可能找到适应度很高的个体。遗传算法优点明显,它是对各种问题都可以使用的通用算法,特别是在分布均衡的情况下。遗传算法的优点是覆盖面大、更易求得最终解,优于其他由个体开始的算法;但是,遗传算法的缺点同样明显,由于基于选择和交叉计算,其对新空间的探索能力非常有限,往往导致收敛到局部最优,我们称之为“早熟”;其次,面对规模较大的数据时很难处理和优化,在非线性规划中又消耗大量资源用于惩罚因子,导致算法的整体收敛速度和计算能力较差。因此,当需要使用遗传算法时,通常联合其他算法处理以逼近最优结果,例如最短路算法或局部搜索算法与遗传算法联合计算。

3）模拟退火算法

模拟退火算法由 Kirk Patrick 于 1982 年提出,他将热力学中的热平衡问题的思想引入到优化问题的求解过程中,试图模拟高温物体退火过程,提出一种求解大规模组合优化问题的方法。在模拟退火算法中,如果模拟降温的过程足够缓慢,得到最优解的概率会比较大;但是如果模拟降温的过程过快,很可能得不到全局最优解。

4）禁忌搜索法

禁忌搜索法是为克服边缘改良法的局限性而提出的。禁忌搜索算法会先建立一个禁忌列表,然后根据不同的禁忌原则将淘汰的解添加到列表当中。例如,在算法遍历可行解的同时,利用约束条件对可行解进行筛选,被淘汰的解放入禁忌列表,在未来的运算中这些解将不再验证和判断,类似进入了黑名单。在每一次操作后,禁忌列表都会被更新一次,算法的遍历空间和遍历方向受到更多限制,直至最终规划方案之外其他解都被送入禁忌列表。

3. 最短路径算法

最短路径算法是在给定的网络拓扑中为给定的首末节点寻找最短路径路由选择算法。其衍生出来的还有基于权重的最短路径和 K-最短路径算法等。最短路经算法是应用最多且实现最为简单的路由选择算法,一般结合随机波长选择、首次命中波长选择等资源分配算法来共同解决路由与资源分配问题。

3.1.4　国内外技术发展概述

在多维光网络技术不断发展的今天,为了更好地迎合业务分布情况,适应经济条件的变化,以及引入新的网络概念,进行合理地网络规划和设计具有一定的必要性,这也是多维光网络走向智能化、高效化发展的重点研究方向之一。

目前在光传送网规划问题研究方面,国内外研究主要集中在最优化函数建模与规划优化算法等方面。最优化函数建模主要是利用网络不确定因子,对规划问题建立数学模型,确立函数关联与限制条件,并给出相应目标函数,通过优化算法求解使得目标函数最优。

一般的网络规划建模属于多目标优化过程,全面性的建模对规划与优化算法的提出提供了有效性保障。

在多维光网络规划与优化算法方面,国内外研究主要集中在解决路由与资源计算选择问题上,其中目前比较常用的路由算法主要有最短路径(SP)算法、K-最短路径(KSP)算法以及平衡最短路径(BSP)算法等;而对于资源分配算法主要有首次命中(First-Fit)算法、最大使用(Most Used)算法、最小使用(Least Used)算法等;同时,还有不少研究采用典型的启发式算法来解决路由与资源分配问题,如贪婪算法、遗传算法、模拟退火算法、禁忌搜索算法等。

在规划与优化工具方面,国外涌现了不少优秀的光网络规划与优化软件,如 DETECON、VPI Systems、OPNET 等,这些软件技术相对较成熟,算法和机制较完善;同时,国内的中兴、华为等大公司也相继开发了自己的规划仿真软件,更好地契合了国内市场。

2009 年,北京邮电大学光通信与光波技术教育部重点实验室采用蚁群算法解决了光网络中动态分布式 RWA 的问题。在该算法中,基于波长连续性限制条件,每只蚂蚁在移动过程中不仅携带禁忌表而且还带有一张标志可用波长的波长表[18]。

2014 年,Hideki Tode 等人根据多芯光纤中是否有核间串扰,提出了串扰感知的和趋于优先概念的频谱核芯分配方法[23]。

2016 年,Piotr Lechowicz 等人提出了在弹性光网络中基于遗传算法的 RSA 分配策略。在该策略中,采用了适应距离的传输准则。仿真结果显示,与适应性频谱分配启发式算法和最大化频谱优先启发式算法相比,频谱碎片明显降低[24]。

2016 年,Yuanyuan Sun 等人将光网络中基于蚁群算法的优化 RWA 方法。主要的思想是当一个业务确定了它的路由后,这个路由上的其他链路不能使用这个波长[20]。

2017 年,Cristina Rottondi 等人考虑了低复杂度的 MIMO DSP 用于接收端的均衡。针对空间灵活和空间频谱灵活两种策略,探究了路由、模式调制、波特率和模式分配的 RSA 问题[21]。

2017 年,Andrew S. Gravett 等人基于蚁群算法提出了具有传输损伤的分布式 RWA 问题。该论文主要描述了在全光网络灵活频谱中使用光突发交换波长连续性约束下,一个动态 RWA 的分布式框架,其中 ACO 考虑了线性和非线性对突发传输的影响[19]。

从上述国内外研究现状来看,无论是在关键技术方面,还是在规划算法等研究方面,都取得了很多的研究成果。然而随着网络技术和设备不断更新发展,网络结构趋向于庞大、复杂化,业务规模和种类不断变化,在实现不同光网络规划需求的算法设计方面,仍须完善和存在研究空间。

◆ 3.2　最优化建模及求解 ◆

3.2.1　最优化问题及建模方法概述

多维光网络的路由与资源分配问题是一个典型的最优化问题,通过对该问题的建模及求解将有希望获得最优的策略方案。其中线性规划是进行这一问题最优化建模时最常用的一个典型方法,本小节将对线性规划的基本概念与应用进行简要介绍。

1. 运筹学的研究与发展

运筹学(Operations Research)是近代应用数学的一个重要分支,起源于 20 世纪 30 年代末的第二次世界大战时期,当时用于战争资源调配调度方案的设计。随着战争的结束,这门学科并没有消失,而是取得了长足的发展,现在它是一门研究将实际运筹问题进行数学抽象的提炼,使用运筹学方法进行求解,并最终找到解决问题的最佳方案的重要学科。通常,它利用统计学、数学模型和算法等方法,在一个可行的范围内寻找复杂问题的最优解,因此,只要能建立合理的数学模型,就能在运筹学的帮助下找到解决问题的重要依据。随着运筹学的不断发展,产生了众多的分支学科,如:数学规划(其中包含线性规划;整数规划;非线性规划等)、图论、网络流、排队论、库存论、博弈论等。运筹学在解决大量实际问题过程中形成了以下工作步骤。

(1) 提出和形成问题:要弄清问题的目标、可能的约束、问题的可控变量以及有关参数,搜集有关资料。

(2) 建立模型:把问题中的可控变量、参数、目标与约束之间的关系用一定的模型表示出来。

(3) 求解:用各种手段(主要是数学方法,也可用其他方法)将模型求解。解可以是最优解、次优解、满意解。复杂模型的求解需用计算机,解的精度要求可由决策者提出。

(4) 解的检验:首先检查求解步骤和程序有无错误,然后检查解是否反映现实问题。

(5) 解的控制:通过控制解的变化过程决定对解是否要作一定的改变。

(6) 解的实施:是指将解用到实际中必须考虑到实施的问题,如向实际部门讲清解的用法,在实施中可能产生的问题和修改。

2. 线性规划的一般模型以及基本概念

线性规划(Liner Programming, LP)实际上是一种数学理论和方法,具有一般数学方法的通用模型。现将线性规划数学模型以及相关概念介绍如下。

1) 线性规划的数学模型

目标函数:

$$\max(\mathrm{mix})z = c_1 x_1 + c_2 x_2 + \cdots + c_n x_n \tag{3-1}$$

约束条件:

$$s.t. \begin{cases} a_{11}x_1 + a_{12}x_2 + \cdots + a_{1n}x_n \leqslant (\text{或} \geqslant, =) b_1 \\ a_{21}x_1 + a_{22}x_2 + \cdots + a_{2n}x_n \leqslant (\text{或} \geqslant, =) b_2 \\ \qquad\qquad\qquad \vdots \\ a_{n1}x_1 + a_{n2}x_2 + \cdots + a_{mn}x_n \leqslant (\text{或} \geqslant, =) b_n \\ x_1, x_2, \cdots, x_n \geqslant 0 \end{cases} \tag{3-2}$$

式中,$x_j(j=1,2,3,\cdots,n)$ 为线性规划问题的决策变量,其向量形式记作 $\boldsymbol{X} = (x_1, x_2, x_3, \cdots, x_n)^{\mathrm{T}}$。目标函数 $c_1 x_1 + c_2 x_2 + \cdots + c_n x_n$ 可记作 $\sum\limits_{j=1}^{n} c_j x_j$,目标函数系数 $c_j(j=1,2,\cdots,n)$ 为价值系数,$\boldsymbol{C} = (c_1, c_2, \cdots, c_n)$ 为价值向量。约束条件中所有系数 a_{ij} 构成的矩阵被称为系数约束矩阵 $\boldsymbol{A}$。

一般情况下,线性规划问题总可以写成一种标准形式,因其具有形式上的固定性,在对解法算法的讨论中比较方便,因此被广泛应用。线性规划问题标准形式如下:

$$\min \sum_{j=1}^{n} c_j x_j \tag{3-3}$$

$$\text{s. t. } \sum_{j=1}^{n} a_{ij} x_j = b_i, i = 1, 2, \cdots, m \tag{3-4}$$

$$x_j \geqslant 0, j = 1, 2, \cdots, n \tag{3-5}$$

上述标准形式还可以用矩阵形式表示为

$$\min \boldsymbol{CX} \tag{3-6}$$

$$\text{s. t. } \boldsymbol{Ax} = \boldsymbol{b} \tag{3-7}$$

$$\boldsymbol{X} \geqslant 0 \tag{3-8}$$

式中,A 是 $m \times n$ 矩阵;C 是 n 维行向量;b 是 m 维列向量。为了使所有线性规划问题均可以转化为标准形式,引入松弛变量概念。使得约束中变量分为两部分,一部分是本来存在的、起决定作用的变量被称为结构变量,另一部分为辅助变量。

2) 线性规划解的基本概念

针对线性规划标准形式式(3-3)~式(3-5),具有如下几个基本概念。

(1) 可行解:可以满足线性规划问题所有约束条件的解 $\boldsymbol{X} = (x_1, x_2, x_3, \cdots, x_n)^{\text{T}}$ 均为问题的可行解,所有可行解组成的集合称其为可行域。

(2) 最优解:在问题可行域中使目标函数取的最小值的解被称为最优解,线性规划的最优值即在最优解处取到。

(3) 基本可行解:在辅助变量全为 0 时,可以得到一个线性方程组,该方程组可以得到一个满足线性规划问题的解,这个解被称为基本可行解,在单纯形等多种线性规划算法中,将得到基本可行解作为寻找最优解的第一步。

3.2.2　路由与资源分配的最优化模型

在用线性映射算法解决波分复用 OTN 网络中规划与优化问题时,大家研究的重点都在于如何建立合理的整数线性规划模型或者混合整数线性规划模型。不同的规划和优化问题有其自身独有的特征,对于一个优秀的算法,需要针对其特点建立模型并利用线性方法描述这个 RWA 问题。RWA 的本质即是给定一些业务和网络资源,如何安排这些业务所经过的光通路来使这些连接占用的资源最少。建模时,用数学标号的方法能很清楚地标出链路与波长的匹配关系。这样,我们需要这么一组变量,变量含有几个参数,用来表述波长和链路,并且在网络优化问题经常遇到的流量守恒原则和光网络的拓扑或者波长连续性限制条件都很容易转化为线性方程。紧接着,就可以通过现有的大量 ILP 数学软件包进行求解。

数学模型的建立一般分为:变量和参数的选择、优化目标函数的确定和约束条件的建立三步。在路由与波长分配问题中,常用的优化目标一般有网络资源利用率和业务阻塞率等;链路、业务的源宿节点对和业务的光通路是三个基本的参数。对 RWA 进行数学建模时,常常依据参数的侧重不同来进行模型描述,加拿大蒙特利尔大学的 Brigitte Jaumard 教授等提出和总结了几种常用的 ILP 优化模型,Brigitte Jaumard 教授将解决路由与波长分配问题的数学模型分为基于链路的 ILP 模型、基于光通道的 ILP 模型和基于业务流的 ILP 模型三类。其他优化问题的数学模型基本都是这三种模型的变形以及引申。

在表示网络的逻辑拓扑结构时,一般用矩阵 $\boldsymbol{G} = (V, E)$ 表示,其中节点集合 $V = \{v_1, v_2, \cdots, v_n\}$,每一个 v_i 对应网络拓扑中的一个节点,链路集合 $E = \{e_1, e_2, \cdots, e_m\}$ 中 e_j 对应网络拓扑中的光纤链路。如图 3-1 所示为无向网络逻辑拓扑结构示意。

设 $\omega(v_i)$ 为节点 v_i 的邻边,例如节点 v_1 的邻边集 $\omega(v_1) = \{e_1, e_3\}$。

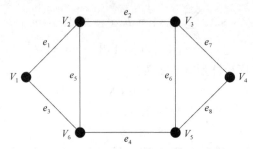

图 3-1　无向网络的逻辑拓扑结构示意

设集合 K 为业务的链接请求,业务 k 由其首节点 s_k 和目的节点 d_k 决定,有

$$s_k, d_k \in V$$

设集合 Λ 为链路的可用波长,$\Lambda = \{\lambda_1, \lambda_2, \cdots, \lambda_W\}$,每条光纤链路最多可承载 $W = |\Lambda|$ 条波长。

1. 基于链路的 ILP 模型

假定网络的拓扑结构和业务信息给定,网络拓扑为单纤 WDM 系统,优化目标可以为业务阻塞率或者网络负载等。

1) 变量

x_k:01 变量,若链接请求 k 建立成功,则 x_k 为 1,否则为 0。

x^λ:01 变量,若波长 λ 被占用,则 x^λ 为 1,否则为 0。

x_k^λ:01 变量,若链接请求 k 占用波长 λ,则 x_k^λ 为 1,否则为 0。

x_{ke}^λ:01 变量,若链接请求 k 占用链路 e 上的波长 λ,则 x_{ke}^λ 为 1,否则为 0。

2) 目标函数

(1) 阻塞率:链接请求被拒绝的概率。其也可称为最大的链接请求数。此目标函数衡量的是在网络容量一定的情况下,网络中可承载的最大链接请求数。其计算式为

$$\min Z_{\text{blocking}} = \frac{|K| - \sum_{k \in K} x_k}{|k|} \tag{3-9}$$

(2) 网络负载:我们假设有足够多的波长来满足所有的光链接请求。虽然每根光纤上可承载 W 个波长,但是不是所有的波长都会被占用。所以网络负载衡量的就是网络中波长的利用率的情况。

式中,m 代表网络中光纤链路的数量。其计算式为

$$\min Z_{\text{load}} = \sum_{k \in K} \sum_{e \in E} \sum_{\lambda \in \Lambda} \frac{x_{ke}^\lambda}{mW} \tag{3-10}$$

3) 约束条件

约束条件依据网络本身结构限制为业务选路和波长分配做出约束。

(1) 波长分配约束条件:如果网络中的节点没有波长转换能力,那么业务在波长分配时必须满足波长一致性原则。也就是说,一条业务在网络中只能占用一个波长。式(3-10)表示,若链接请求 k 建立成功,则 k 在它所经过的光纤链路中需分配相同的波长。其计算式为

$$\sum_{\lambda \in \Lambda} x_k^\lambda = x_k; \ k \in K \tag{3-11}$$

（2）冲突约束条件：在单纤 WDM 系统中，链路上的一个波长不能同时被两条业务占用。公式（3-11）约束的是在同一根光纤上不同业务具有不同波长。其计算式为

$$\sum_{k \in K} x_{ke}^{\lambda} = x^{\lambda}; e \in E, \lambda \in \Lambda \tag{3-12}$$

（3）链接请求选路约束条件：以下三个公式确定了业务路由的选择约束条件，公式（3-12）约束的是若链接请求 k 建立成功，即 $x_k^{\lambda} = 1$ 时，则业务 k 的首末节点的临边集里有且只有一条邻边上有波长被业务 k 占用。式（3-12）和式（3-13）约束了业务 k 的中间节点的临边集被占用的情况。当节点为中间节点时，节点的临边集被占用的情况只有两种，一种是业务 k 未经过这个节点，占用为 0；另一种是业务 k 经过这个节点，占用为 2。

$$\sum_{e \in \omega(v_i)} x_{ke}^{\lambda} = x_k^{\lambda}; \lambda \in \Lambda, k \in K, v_i \in \{s_k, d_k\} \tag{3-13}$$

$$\sum_{e \in \omega(v_i)} x_{ke}^{\lambda} \leqslant 2 x_k^{\lambda}; \lambda \in \Lambda, k \in K, v_i \in V/\{s_k, d_k\} \tag{3-14}$$

$$\sum_{e' \in \omega(v_i), e' \neq e} x_{ke'}^{\lambda} \geqslant x_{ke}^{\lambda}; \lambda \in \Lambda, k \in K, e \in \omega(v_i), v_i \in V/\{s_k, d_k\} \tag{3-15}$$

2. 基于光通道的 ILP 模型

在波分复用光网络中，不管网络中的节点是否有波长转换的能力，业务在传送时都需要建立一条虚拟波长通道。我们称之为光通路，光通路 p 由不同的光纤链路 e 组成。业务 k 与光通路 p 之间是一一对应的关系。我们设定业务的光通路集合为 P_k。对于每条光通路 p，定义参数 b_{ep} 来表示光通路与链路的关系，当链路 e 属于光通路 p 时，$b_{ep} = 1$，否则 $b_{ep} = 0$。

1）变量

x_k：01 变量，若链接请求 k 建立成功，则 x_k 为 1，否则为 0。

x^{λ}：01 变量，若波长 λ 被占用，则 x^{λ} 为 1，否则为 0。

x_k^{λ}：01 变量，若链接请求 k 占用波长 λ，则 x_k^{λ} 为 1，否则为 0。

x_{ke}^{λ}：01 变量，若链接请求 k 占用链路 e 上的波长 λ，则 x_{ke}^{λ} 为 1，否则为 0。

x_{kp}^{λ}：01 变量，若链接请求 k 占用光通路 p 上的波长 λ，则 x_{kp}^{λ} 为 1，否则为 0。

2）目标函数

（1）阻塞率：链接请求被拒绝的概率。其也可称为最大的链接请求数。此目标函数衡量的是在网络容量一定的情况下，网络中可承载的最大链接请求数。其计算式为

$$\min Z_{\text{blocking}} = \frac{|K| - \sum_{k \in K} x_k}{|K|} \tag{3-16}$$

（2）网络负载：我们假设有足够多的波长来满足所有的光链接请求。虽然每根光纤上可承载 W 个波长，但是不是所有的波长都会被占用。所以网络负载衡量的就是网络中波长的利用率的情况。

式中，m 代表网络中光纤链路的数量。其计算式为

$$\min Z_{\text{load}} = \sum_{k \in K} \sum_{e \in E} \sum_{\lambda \in \Lambda} \frac{x_{ke}^{\lambda}}{mW} \tag{3-17}$$

3）约束条件

业务 k、业务 k 占用的光波长 λ 以及承载业务的光通路三者之间是一一对应关系。式（3-17）约束了业务 k、波长 λ 和光通路 p 之间的对应关系。其计算式为

$$x_k^{\lambda} = \sum_{p \in P_k} x_{kp}^{\lambda}; k \in K, \lambda \in \Lambda \tag{3-18}$$

冲突约束条件：(3-18)约束的是链路上的一个波长不能同时被两条业务给占用。其计算式为

$$x_{ke}^{\lambda} = \sum_{p \in P_k} b_{ep} \, x_{kp}^{\lambda} \, ; k \in K, e \in E, \lambda \in \Lambda \tag{3-19}$$

3. 基于业务流的 ILP 模型

从多商品流问题中，我们可以得到启发，将每条业务看作业务流来建立 ILP 模型。此时，网络的逻辑拓扑为有向图。结构为 $\boldsymbol{G} = (V, A)$，其中 A 为有向链路的集合。如图 3-2 所示为有向逻辑。

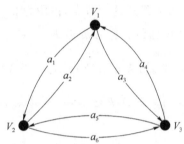

图 3-2　有向逻辑网络拓扑结构示意

由图论知识，我们设节点 v_i 的临边集 $\omega(v_i)$ 中以节点 v_i 为起点的邻边的集合为 $\omega^+(v_i)$，以节点 v_i 为终点的邻边集合为 $\omega^-(v_i)$。例如，$\omega^+(v_1) = \{a_1, a_3\}$，$\omega^-(v_1) = \{a_2, a_4\}$。

1) 变量

x_k :01 变量，若链接请求 k 建立成功，则 x_k 为 1，否则为 0。

x^{λ} :01 变量，若波长 λ 被占用，则 x^{λ} 为 1，否则为 0。

x_k^{λ} :01 变量，若链接请求 k 占用波长 λ，则 x_k^{λ} 为 1，否则为 0。

x_{ka}^{λ} :01 变量，若链接请求 k 占用有向光纤链路 a 上的波长 λ，则 x_{ka}^{λ} 为 1，否则为 0。

2) 目标函数

(1) 阻塞率：链接请求被拒绝的概率。其也可称为最大的链接请求数。此目标函数衡量的是在网络容量一定的情况下，网络中可承载的最大链接请求数。

$$\min Z_{\text{blocking}} = \frac{|K| - \sum_{k \in K} x_k}{|K|} \tag{3-20}$$

(2) 网络负载：我们假设有足够多的波长来满足所有的光链接请求。虽然每根光纤上可承载 W 个波长，但是不是所有的波长都会被占用。所以网络负载衡量的就是网络中波长的利用率的情况。

$$\min Z_{\text{load}} = \sum_k \sum_e \sum_{\lambda} \frac{x_{ke}^{\lambda}}{mW} \tag{3-21}$$

式中，m 代表网络中光纤链路的数量。

3) 约束条件

从业务流向的角度对业务的路由选择进行约束，这与无向拓扑相比，可以将光纤链路 e 在逻辑上看作两条有向的路径 $a(e)$ 和 $\bar{a}(e)$。

式(3-22)约束了业务在中间节点的流出流量与流入流量相等。式(3-23)和式(3-24)约束了业务在首末节点的流量情况。式(3-25)约束了光纤链路 e 和有向链路 a 之间的关系。

$$\sum_{a\in\omega^{+}(v_i)} x_{ka}^{\lambda} = \sum_{a\in\omega^{-}(v_i)} x_{ka}^{\lambda}\,;\ \lambda\in\Lambda, k\in K, v_i\in V/\{s_k,d_k\} \tag{3-22}$$

$$\sum_{a\in\omega^{+}(s_k)} x_{ka}^{\lambda} - \sum_{a\in\omega^{-}(s_k)} x_{ka}^{\lambda} = x_{k}^{\lambda}\,;\ \lambda\in\Lambda, k\in K \tag{3-23}$$

$$\sum_{a\in\omega^{+}(d_k)} x_{ka}^{\lambda} - \sum_{a\in\omega^{-}(d_k)} x_{ka}^{\lambda} = -x_{k}^{\lambda}\,;\ \lambda\in\Lambda, k\in K \tag{3-24}$$

$$x_{ke}^{\lambda} = x_{ka(e)}^{\lambda} + x_{k\bar{a}(e)}^{\lambda}\,;\ \lambda\in\Lambda, k\in K, e\in E \tag{3-25}$$

$$x_{ka}^{\lambda}\begin{cases} =0\,;\lambda\in\Lambda, k\in K, a\in\omega^{-}(s_k) \\ =0\,;\lambda\in\Lambda, k\in K, a\in\omega^{-}(s_k) \\ \geqslant 0\,;\lambda\in\Lambda, k\in K, a\in A \end{cases} \tag{3-26}$$

3.2.3　智能网络映射算法

1. 基于 MILP 的智能网络映射算法

1）问题的提出

目前,基于光传输网络的各种传输技术高速发展,网络中的终端数量和网络所需承载的数据规模与日俱增,这直接导致网络架构和网络维度呈现出更高的复杂程度、网络中的业务和信息表现出突发性、高速率、大容量和不可预估等特点,这对光网络的组网设备、资源规划方案和优化技术提出了新的要求。目前,光网络的发展仍处于 SDH 网络和 OTN 网络混合应用阶段,近几年提出的 ODUflex 等方案由于灵活可变的速率适配技术赢得众多研究人员的关注。然而相对于光网络中越来越高的技术要求,现阶段的路由分配、资源管理和网络规划的方案已经严重滞后,并不能满足现在以及未来的 OTN 网络中对业务调度、交叉配置、路由选择等智能规划系统的需求。

在应用波分复用技术的 OTN 网络中,传统的路由与波长分配算法受物理条件和技术限制,通常给每一个信道分配波长时并不考虑数据带宽的需求,这意味着"同纤不同业务互斥分配",即同一传输链路中的不同业务需要各自占用一个独立波长的分配原则,这直接导致本就有限的信道数量并不能充分利用以及大量传输以致资源浪费。在引入 ODU 复用技术的光网络中,由于波长的可分割性,可以有效减少波长浪费导致的网络阻塞。其次,业务在网络分配的过程中受波长连续性的制约,网络中各业务在工作路由经过的每个链路中都占用相同波长,但在实际网络中的工作路由因为部分链路的波长已被其他业务占用,无法保证业务通过其所有链路段上的波长相同,而被暂时弃用,这些暂时弃用的空闲路由大大降低了分配方案的灵活性和网络传输容量。另外,在常用的路由与波长分配算法中,波长分配问题和工作路由链路选择问题分别都是 NP-C 问题,因此很多方法将任务拆解成路径选择和波长分配两个独立的子问题,以近似解代替最优解,但在实际情况中两者是一个不可分割的问题。

为解决以上问题,混合整数线性规划(Mixed Integer Linear Problem,MILP)算法基于负载均衡的原理,从整体上将光通信网络视为一个节点已知、链路确定的网络结构,在给定的业务信息和最大可用波长数量限制的条件下,合理利用不同粒度的光数据单元对网络信息进行规划,选择和分配最优的波长、链路、带宽,使各条光链路达到业务均衡分配、降低负载集中造成的拥塞概率。其中,该算法所需解决的网络支持业务定义为静态业务,即在给定一组链接请求的情况下,选择和分配波长。此时,对于每一个光链接业务来说,最优解的取得需要同时面对波长信道分配、光数据单元分配和路由分配等过程,不同于其他算法中先选定波长后分配路由的方案。

2) 算法的设计

根据上述问题以及分析,混合整数线性规划算法所需要实现的主要功能是结合智能网络映射算法解决大容量 OTN 网络中的混合整数线性规划问题。

(1) 模拟光传输网络的链路结构,搭建一个节点已知、链路确定的网络拓扑图。

(2) 在某一时刻,有信息已知的多条业务需要通过该模拟链路进行传输,已知传输业务为静态业务。

(3) 传输网络中,每个业务需要分配传输链路,根据业务带宽分配合适的光数据单元以及每条链路占用的波长信道。

(4) 联立路由分配、光数据单元分配和波长分配三个子问题,寻找一个满足要求的分配方案,判断其各链路均衡效果,记作"假设最优解" x^{MILP},对于第(5)步和第(7)步返回的解以及添加的约束条件,对该解进行优化和重新分配。

(5) 添加约束条件,假设 x^{MILP} 为最优解。判断此时在最优解的点是否违反了约束条件,若违反了约束条件,则将该约束添加到第(4)步的联立子问题的寻找方案中,并返回到第(4)步;若假设最优解 x^{MILP} 没有违反约束条件,则调用至下一步。

(6) 对于算法中的整数变量,需要判断可行的假设最优解的确定变量,在判断过程中,对于不是整数解的情况,需要考虑上分支和下分支的情况,相当于在算法中联立两个新的子问题,若满足变量的要求,则存储这个解,若不满足,则调用至下一步。

(7) 如果证明该"假设最优解"不满足整数变量要求,那么需结合割平面约束条件,添加多个整数变量约束条件至第(4)步,同时该解需要送回第(4)步;此外,该方法基于混合整数线性规划,在非全保护链路的规划方案中,部分变量没有整数限制需要单独考虑。

此外,该方法基于混合整数线性规划原理,规划方案中的部分变量没有整数限制,这些变量不在这一步进行约束。

(8) 在第(5)步和第(6)步判断中未被送回的"假设最优解"作为最终结果输出,输出参数包括每条业务经过的链路和节点、分配的波长、占用的光数据单元阶数,以及各条链路的带宽利用率和整个网络中的平均利用率。

3) 参数设计

如表 3-1 所示,列举出了规划方案所需参数和各参数的意义。

表 3-1 规划方案所需参数和各参数的意义

参 数	描 述
$G=(V,E)$	基于已知节点和确定链路的物理网络拓扑图,其为无向图
V	网络中已知节点的集合,$V=\{v_1,v_2,\cdots,v_n\}$
E	网络中确定光纤链路的集合,$E=\{e_1,e_2,\cdots,e_m\}$
T	输入的连接请求(业务)的集合,$T=\{t_1,t_2,\cdots,t_i\}$,其中,每一个业务 t 对应参数(S_t,D_t,B_t)
S_t	连接(业务)请求 t 的发送节点,$t\in T$
D_t	连接(业务)请求 t 的目标节点,$t\in T$
B_t	连接(业务)请求 t 所占的带宽,$t\in T$

续表

参　数	描　述
Λ	光网络中,每条链路可用波长的集合,$\Lambda = \{\lambda_1, \lambda_2, \cdots, \lambda_w\}$
W	光网络中,每条链路可用波长的最大限制,即 $W = |\Lambda|$
B	每个可用波长的最大可分配带宽
$\omega(v_i)$	光网络中,某一节点 v_i 所有临边的集合,$v_i \in V, \omega(v_i) \in E$
K	光数据单元的阶数,$K = \{1, 2, 3, 4\}$,或表示任一业务在光网络中传输所占用的光数据单元阶数

4）变量设计

（1）在实际光网络中,我们设定每个波长能够可靠传输的带宽为 100 GHz,通常用于封装信息的光数据单元一般使用 2.5 Gbit/s、10 Gbit/s、40 Gbit/s 和 100 Gbit/s 四种。考虑到现实应用的情况,我们在仿真时设定每个业务的带宽为 $B_t \in (1 \text{ GHz}, 100 \text{ GHz})$ 之间的一个随机值,封装每个业务所需的光数据单元速率设定为

$$
\text{ODU}_k = \begin{cases} 2.5 \text{ Gbit/s}; k = 1 \\ 10 \text{ Gbit/s}; k = 2 \\ 40 \text{ Gbit/s}; k = 3 \\ 100 \text{ Gbit/s}; k = 4 \end{cases} \tag{3-27}
$$

（2）封装每个业务所需的 ODU 阶数 k 由式（3-28）决定:

$$
k = \begin{cases} 1; 0 \leqslant B_t \leqslant 2.5 \\ 2; 2.5 \leqslant B_t \leqslant 10 \\ 3; 10 \leqslant B_t \leqslant 40 \\ 4; 40 \leqslant B_t \leqslant 100 \end{cases} \tag{3-28}
$$

（3）由参数 X_t 表示业务建立情况:

$$
X_t = \begin{cases} 1, \text{若业务 } t \text{ 建立连接}, t \in T \\ 0, \end{cases} \tag{3-29}
$$

即参数 X_t 值为 1 时表示业务链路成功建立,为 0 时表示拥塞或业务建立失败。但由于该算法基于静态路由分配,规划目标应为所有业务分配成功并使负载均衡效果最优,所以参数 X_t 的值在规划算法成功运行时恒为 1。

（4）由 0,1 变量 $X_t(e)$ 表示业务 t 的工作路由是否经过链路 e,1 表示该业务通过了这条链路,否则为 0。

（5）由 0,1 变量 $X_t(e, \lambda)$ 表示业务 t 的工作路由是否经过了链路 e,并在这条链路上占用了波长为 λ 的光通道,1 表示该业务通过链路 e 并占用波长为 λ 的光通道,否则为 0。

（6）由 0,1 变量 $X_t(e, \lambda, k)$ 表示业务 t 的工作路由是否经过了链路 e,并在这条链路上占用了波长为 λ 的光通道,且业务 t 由光数据单元 ODU_k 承载,1 表示该业务经过链路 e、占用波长为 λ 的光通道并使用 ODU_k 承载,否则为 0。

5）目标函数

该算法旨在实现光传输网络中各链路传输信息业务的平均分配,减少传输网络由于工作路由分配不均导致的网络拥塞或业务传输建立失败的情况,达到各链路负载均衡的功能。因此,该算法的原理是使式（3-30）的值最小:

$$S - \frac{\sum\limits_{e} R_e}{W \cdot B \cdot |E|} \qquad (3-30)$$

式中，S 表示在所有传输链路中，传输业务占用带宽最多的链路的利用率；R_e 表示所有链路 e 上全部传输业务所占带宽之和；W 表示网络中每条链路可用波长的最大限制；B 表示每个波长最大可分配带宽；$|E|$ 表示总链路数。该式表达最高的单条链路利用率与网络的平均链路利用率相减。然而，若以该式取最小值作为目标函数进行负载均衡分配，将导致各链路 R_e 值增加、带来额外的带宽消费，造成链路资源浪费；同时，该式会导致分配方案中出现不可避免的与传输链路无关的独立闭合环路。因此，我们的目标函数以此式为基础进行优化为

$$\min R = S \qquad (3-31)$$

该目标函数令算法取最小 S 值，当网络中每条链路可用波长最大限制和每个波长最大可分配带宽为确定值时，使最大的各条链路全部业务所占带宽之和 R_e 取最小值。当各 R_e 之间差值较大时，高负载链路将部分业务分配到低负载链路传输以降低自身 R_e 值，但不会在低负载链路产生无用的闭环和额外的带宽开销，从而实现各链路利用率平均分配，以达到负载均衡的目的。

6）约束条件

（1）在任意一条链路上，每个可用波长传输的所有业务占用的带宽总和必须小于可用波长的最大可分配带宽，即

$$\sum_{t}\sum_{k}\left[X_t(e,\lambda,k) \cdot ODU_k\right] \leqslant B; e \in E, \lambda \in \Lambda \qquad (3-32)$$

（2）单一业务在工作路由中传输时，所有传输该业务的链路应该为该业务提供相同的波长和相同承载格式的 ODU_k，有

$$\sum_{e}X_t(e,\lambda,k) = \begin{cases} \sum\limits_{e}X_t(e) \\ 0 \end{cases}; t \in T, \lambda \in \Lambda, k \in K \qquad (3-33)$$

（3）单一业务在某一链路 e 中传输时，该业务只能占用一个波长，且只占用单一承载格式的 ODU_k，不考虑分拆业务在多个 ODU_k 中承载传送的情况，有

$$\sum_{\lambda}X_t(e,\lambda) = X_t(e); e \in E \qquad (3-34)$$

$$\sum_{\lambda}\sum_{k}X_t(e,\lambda,k) = X_t(e); e \in E \qquad (3-35)$$

（4）为了有效利用链路和带宽资源，要避免同一个业务两次通过某一节点，即防止传输链路通过的节点处出现闭环的现象，因此对于发送节点和目标节点，应该有且只有一条相邻链路负责传输该业务：

$$\sum_{e \in \omega(v_i)}X_t(e) = X_t; t \in T, v_i \in \{s_t, d_t\} \qquad (3-36)$$

对于业务经过的非发送节点和目标节点，在其相邻链路中，存在该业务的链路不应该超过 2 条，并且当某一节点接收到业务 t 时，必须有另一条不同链路负责将信息再发送：

$$\sum_{e \in \omega(v_i)}X_t(e) \leqslant 2X_t; t \in T, v_i \in V/\{s_t, d_t\} \qquad (3-37)$$

$$\sum_{e' \in \omega(v_i), e' \neq e}X_t(e') \geqslant X_t(e); t \in T, e \in \omega(v_i), v_i \in V/\{s_t, d_t\} \qquad (3-38)$$

（5）为了得到一个衡量各链路利用率平均程度的指标，我们需要借用两个非整形变量，R_e

表示为链路 e 上所有传输业务占用资源的总带宽,记作:

$$R_e = \sum_t \sum_\lambda \sum_k [X_t(e,\lambda,k) \cdot \mathrm{ODU}_k]; e \in E \tag{3-39}$$

在所有链路中,选取链路利用率最高的一条,将这个值记作 S,该变量的约束条件为

$$S \geqslant \frac{R_e}{W \cdot B}, e \in E \tag{3-40}$$

2. 具有保护路由功能的 MILP 智能网络映射算法

1) 参数及变量设计

由于网络的搭设环境、链路故障和自然灾害等原因,我们需要保证光网络在遭受一定程度破坏或故障的情况下依然可以保证发送和接收业务的能力。因此,在业务请求被接收,并分配路由、波长和光数据单元的同时,该算法预留了一定资源的保护路由,该保护路由与业务工作路由经过完全不同的链路。为了使在添加路由保护功能的光网络中保持较高负载的均衡能力,我们需要采用共享保护,即不同业务的工作路由和保护路由可以共享使用多个传输链路。根据实际需求,该算法还分为全路由保护方式和部分路由保护方式;前者占用足额的光数据单元,在故障发生时,业务可以直接由工作路由转换到保护路由传输;后者占用降阶的光数据单元,在故障发生时,保护路由可提供业务的基本数据和部分信息,可辅助判断和确定故障发生位置。

基于上述原因,具有路由保护功能的 MILP 智能网络映射算法应添加的参数如表 3-2 所示。

表 3-2　具有路由保护功能的 MILP 智能网络映射算法应添加的参数

参　数	描　述
P	保护路由中可分配光数据单元的阶数,$P=\{1,2,3,4\}$, 或表示业务在保护链路中传输所占用的光数据单元阶数
$\varepsilon(k)$	路由保护系数,用于确定路由保护方式

与工作路由类似,在保护路由中依然需要为每一个业务分配合适的光数据单元作为承载,记作 ODU_p,$p = \varepsilon(k) \cdot k$。其中,路由保护系数 $\varepsilon(k)$ 表示为

$$
\begin{aligned}
&\varepsilon(k=1) = \{1\} \\
&\varepsilon(k=2) = \left\{1, \frac{1}{2}\right\} \\
&\varepsilon(k=3) = \left\{1, \frac{1}{3}, \frac{2}{3}\right\} \\
&\varepsilon(k=4) = \left\{1, \frac{3}{4}, \frac{1}{2}, \frac{1}{4}\right\}
\end{aligned}
\tag{3-41}
$$

当 $\varepsilon(k)$ 恒为 1 时,表示该算法处于全路由保护状态,当工作路由的链路发生故障时,直接转换至保护路由传输;反之,则为部分路由保护状态,所有业务在保护路由中采用降阶的光数据单元传输。

由参数 P_t 表示保护路由中业务建立情况:

$$P_t = \begin{cases} 1, \text{若业务 } t \text{ 的保护路由分配成功} \\ 0, \end{cases}; t \in T \tag{3-42}$$

即当参数 P_t 值为 1 时,表示保护路由成功建立,为 0 时,表示拥塞或业务建立失败。与参数 X_t

情况相同,由于该算法基于静态路由分配,规划目标应为所有业务和保护数据分配成功并使负载均衡效果最优,所以参数 P_t 的值在规划算法成功运行时也恒为1。

由0,1变量 $P_t(e)$ 表示业务 t 的保护路由是否经过链路 e。1表示该业务的保护数据通过了这条链路,否则为0。

由0,1变量 $P_t(e,\lambda)$ 表示业务 t 的保护路由是否经过了链路 e,并在这条链路上占用了波长为 λ 的光通道。1表示该业务的保护数据通过链路 e 并占用波长为 λ 的光通道,否则为0。

由0,1变量 $P_t(e,\lambda,p)$ 表示业务 t 的保护路由是否经过了链路 e,并在这条链路上占用了波长为 λ 的光通道,且业务 t 的保护数据由光数据单元 ODU_p 承载。1表示该业务的保护数据经过链路 e、占用波长为 λ 的光通道并使用 ODU_p 承载,否则为0。

2) 目标函数与约束条件

与无保护路由的算法类似,为了实现光传输网络中各链路传输信息业务和保护数据的同时平均分配,具有路由保护功能的算法目标函数为

$$\min R = S \tag{3-43}$$

不同于无保护路由算法,此时 S 表示在所有传输链路中,传输业务和保护数据共同占用带宽最多的链路的利用率,该目标函数令算法取最小 S 值,当网络中每条链路可用波长最大限制和每个波长最大可分配带宽为确定值时,使得最大的各条链路传输业务与保护数据所占总带宽之和 R_e 取最小值,从而实现各链路利用率平均分配,以达到负载均衡的目的。

由于保护路由的添加,光网络中的业务数量倍增,又因为工作路由和保护路由的"回避原则",使算法复杂度提升,在保留原有的约束条件下,还需要添加针对保护路由的如下约束条件。

(1) 在任意一条链路上,每个可用波长传输的所有业务和保护数据占用的带宽总和必须小于可用波长的最大可分配带宽:

$$\sum_t \sum_k [X_t(e,\lambda,k) \cdot ODU_k] + \sum_t \sum_p [P_t(e,\lambda,p) \cdot ODU_p] \leqslant B; e \in E, \lambda \in \Lambda \tag{3-44}$$

(2) 在分配某一业务的保护路由时,经过的每条链路应该提供相同的波长和相同承载格式的 ODU_p:

$$\sum_e P_t(e,\lambda,p) = \begin{cases} \sum_e P_t(e) \\ 0 \end{cases}; t \in T, \lambda \in \Lambda, p \in P \tag{3-45}$$

(3) 某业务的保护路由经链路 e 传输时,该保护数据只能占用一个波长,且只占用单一承载格式的 ODU_p:

$$\sum_\lambda P_t(e,\lambda) = P_t(e); e \in E \tag{3-46}$$

$$\sum_\lambda \sum_p P_t(e,\lambda,p) = P_t(e); e \in E \tag{3-47}$$

(4) 与工作路由相同,保护路由依然需要防止通过的节点处出现闭环的现象,因此对于保护路由所经过节点有如下约束:

$$\sum_{e \in \omega(v_i)} P_t(e) = P_t; t \in T, v_i \in \{s_t, d_t\} \tag{3-48}$$

$$\sum_{e \in \omega(v_i)} P_t(e) \leqslant 2P_t; t \in T, v_i \in V/\{s_t, d_t\} \tag{3-49}$$

$$\sum_{e' \in \omega(v_i), e' \neq e} P_t(e') \geqslant P_t(e); \ t \in T, e \in \omega(v_i), v_i \in V/\{s_t, d_t\} \tag{3-50}$$

（5）在添加保护路由的算法中，最重要的是工作路由与保护路由的"回避原则"，即不经过同一链路：

$$\sum_{\lambda} \sum_{k} X_t(e, \lambda, k) + \sum_{\lambda} \sum_{p} P_t(e, \lambda, k) \leqslant 1; t \in T, e \in E \tag{3-51}$$

（6）具有保护路由功能的算法中，链路 e 上全部业务所占带宽之和 R_e 需要考虑保护业务所占带宽，而所有链路中的链路利用率最高值 S 的约束条件并无变化，R_e 可记作：

$$R_e = \sum_{t} \sum_{\lambda} \sum_{k} [X_t(e, \lambda, k) \cdot \mathrm{ODU}_k] + \sum_{t} \sum_{\lambda} \sum_{p} [P_t(e, \lambda, p) \cdot \mathrm{ODU}_p]; e \in E \tag{3-52}$$

3.2.4 线性规划求解工具

目前，可以用作求解线性规划的软件有很多，如 CPLEX、MATLAB、LINGO 等。但由于其商业软件的特性，源代码不开放，所以其扩展性是十分有限的。GUN 线性规划工具包（GUN Linear Programming Kit，GLPK）是由莫斯科航空学院的 Andrew O. Makhorin 开发的一个开源的软件包，是以一个可调用的函数库的方式被使用的。因其开源和使用方式的特性，使其具有了非常良好的二次开发条件和对具体计算算法的研究意义。由于该软件全部使用 ANSIC 码进行编写，使之更容易与实际项目集成，且在偏底层的应用开发时有着很大的优势。下面对其进行简单介绍。

1. GLPK 工具介绍

GLPK 是一款旨在解决线性规划（Liner Programming，LP）问题、混合整数线性规划（Mixed Integer Programming，MIP）问题以及其他相关问题的开源工具。其实现核心是采用 ANSIC 语言编写的一组可调用函数库。这些函数实现了用以解决规划问题的一系列算法以及支撑算法和用户使用的各类功能。

其中最核心的概念是问题对象（Problem Object），它是一个定义为 glp_prob 的数据结构。主要用来存放待解决问题的实体信息（包括待解决问题的辅助变量、结构变量、目标函数、约束矩阵、优化方向以及在解决过程中产生的状态、因式、基础矩阵等信息）。任何操作都是要在此框架内进行的。单从使用角度来讲，用户需要做的就是将待解决问题相关信息输入到问题对象中即可调用算法驱动器进行计算。

GLPK 作为当前重要的开源线性规划解决工具，已能支持很多主流的线性规划算法，且具有很多良好的扩展功能。

（1）问题对象：GLPK 中最重要的数据结构，内部存储了线性规划问题的问题信息、基础状态、具体算法信息和整数规划信息四部分，包含了问题从初始化、计算过程到最终输出计算结果的全部所需信息。此外还提供了一些对以上基本信息进行增删查改的基本功能。

（2）主要算法：GLPK 实现了众多线性规划算法，有代表性的是单纯型算法（Simplex Method）、内点法（Interior-point Method）、分支定界法（Branch and Bound Method）、割平面法（Cutting Plane Method）以及分支切割算法（Branch-and-Cut Method）。本文中解整数线性规划问题使用到的主要是分支切割算法，为此作者对分支切割算法带源代码进行了梳理总结，得到了其内部算法的详细过程，以此验证了算法的可行性。

（3）输入/输出方式：GLPK 支持不同类型的输入/输出形式，主要有 MPS 格式、CPLEX LP 格式、GLPK 格式等进行数据的读入输出，此外 GLPK 还支持 MathProg 语言编程后的规划信息输入，有独立转化 MathProg 语言为 GLPK 问题对象并计算的独立驱动。

（4）一些其他辅助功能：GLPK 还提供了众多辅助功能，其中包括灵活度分析报告、分析控制规划问题中基础因式情况，单纯形表以及针对 MathProg 语言的独立解决器驱动。为线性规划的计算提供了诸多便利和自由度。

2. GLPK 使用简单说明

为了更好地说明 GLPK 的使用，可通过一个简单的线性规划问题的 GLPK 求解过程来进行简要说明。

现有线性规划问题如下：

求方程

$$z = 10x_1 + 6x_2 + 4x_3$$

的最大值。方程须满足以下条件：

$$x_1 + x_2 + x_3 \leqslant 100$$
$$10x_1 + 4x_2 + 5x_3 \leqslant 600$$
$$2x_1 + 2x_2 + 6x_3 \leqslant 300$$

式中，$x_1 \geqslant 0, x_2 \geqslant 0, x_3 \geqslant 0$。

计算过程如下。

首先，将这个线性问题转换为标准形式。因为 GLPK 提供的问题对象输入格式是以标准形式为前提的。因而以上规划问题被转化为以下等价格式。

求方程

$$z = 10x_1 + 6x_2 + 4x_3$$

的最大值。

为约束引入辅助变量 p, q, r 如下：

$$p = x_1 + x_2 + x_3$$
$$q = 10x_1 + 4x_2 + 5x_3$$
$$r = 2x_1 + 2x_2 + 6x_3$$

辅助变量范围为

$$-\infty < p \leqslant 100 \quad 0 \leqslant x_1 \leqslant +\infty$$
$$-\infty < q \leqslant 600 \quad 0 \leqslant x_2 \leqslant +\infty$$
$$-\infty < r \leqslant 300 \quad 0 \leqslant x_3 \leqslant +\infty$$

以上准备工作结束后即可编写代码使用 GLPK 进行求解，代码情况如下：

```
/* sample.c */
# include <stdio.h>
# include <stdlib.h>
# include <glpk.h>
int main(void)
{ glp_prob * lp;
int ia[1 + 1 000], ja[1 + 1 000];
double ar[1 + 1 000], z, x1, x2, x3;
```

```
s1: lp = glp_create_prob();
s2: glp_set_prob_name(lp, "sample");
s3: glp_set_obj_dir(lp, GLP_MAX);
s4: glp_add_rows(lp, 3);
s5: glp_set_row_name(lp, 1, "p");
s6: glp_set_row_bnds(lp, 1, GLP_UP, 0.0, 100.0);
s7: glp_set_row_name(lp, 2, "q");
s8: glp_set_row_bnds(lp, 2, GLP_UP, 0.0, 600.0);
s9: glp_set_row_name(lp, 3, "r");
s10: glp_set_row_bnds(lp, 3, GLP_UP, 0.0, 300.0);
s11: glp_add_cols(lp, 3);
s12: glp_set_col_name(lp, 1, "x1");
s13: glp_set_col_bnds(lp, 1, GLP_LO, 0.0, 0.0);
s14: glp_set_obj_coef(lp, 1, 10.0);
s15: glp_set_col_name(lp, 2, "x2");
s16: glp_set_col_bnds(lp, 2, GLP_LO, 0.0, 0.0);
s17: glp_set_obj_coef(lp, 2, 6.0);
s18: glp_set_col_name(lp, 3, "x3");
s19: glp_set_col_bnds(lp, 3, GLP_LO, 0.0, 0.0);
s20: glp_set_obj_coef(lp, 3, 4.0);
s21: ia[1] = 1, ja[1] = 1, ar[1] = 1.0; /* a[1,1] = 1 */
s22: ia[2] = 1, ja[2] = 2, ar[2] = 1.0; /* a[1,2] = 1 */
s23: ia[3] = 1, ja[3] = 3, ar[3] = 1.0; /* a[1,3] = 1 */
s24: ia[4] = 2, ja[4] = 1, ar[4] = 10.0; /* a[2,1] = 10 */
s25: ia[5] = 3, ja[5] = 1, ar[5] = 2.0; /* a[3,1] = 2 */
s26: ia[6] = 2, ja[6] = 2, ar[6] = 4.0; /* a[2,2] = 4 */
s27: ia[7] = 3, ja[7] = 2, ar[7] = 2.0; /* a[3,2] = 2 */
s28: ia[8] = 2, ja[8] = 3, ar[8] = 5.0; /* a[2,3] = 5 */
s29: ia[9] = 3, ja[9] = 3, ar[9] = 6.0; /* a[3,3] = 6 */
s30: glp_load_matrix(lp, 9, ia, ja, ar);
s31: glp_simplex(lp, NULL);
s32: z = glp_get_obj_val(lp);
s33: x1 = glp_get_col_prim(lp, 1);
s34: x2 = glp_get_col_prim(lp, 2);
s35: x3 = glp_get_col_prim(lp, 3);
s36: printf("\nz = %g; x1 = %g; x2 = %g; x3 = %g\n",
z, x1, x2, x3);
s37: glp_delete_prob(lp);
return 0;
}
/* eof */
```

由以上代码,GLPK 解决线性规划问题步骤总结如下。

创建问题对象，"glp_prob ＊lp；"它是 GLPK 中特有的数据结构，存储线性规划问题，注意使用时的形式，只能依靠指针对其进行操作。

确定优化方向，"glp_set_obj_dir(lp，GLP_MAX)；"其中 GLP_MAX 代表该问题的优化方向为求解目标函数最大值。

接下来为问题对象设置辅助变量 p，q，r 和结构变量 x_1，x_2，x_3，分别通过函数 glp_set_row_name(设置辅助变量名)、glp_set_row_bnds(设置辅助变量范围)、glp_set_col_name(设置结构变量名)、glp_set_col_bnds(设置结构变量范围)、glp_set_obj_coef(设置目标函数中结构变量系数)进行具体设置。

输入约束条件中系数矩阵，先将约束系数存储在二维数组中，再通过函数 glp_load_matrix 进行输入。

至此，关于规划问题的基本信息已经全部存入了对应的问题对象中，该问题比较简单，然后直接调用单纯形法的解决驱动函数 glp_simplex 即完成了对问题的求解。

问题计算后得出的解也被存储在问题对象中的相关位置。

现在，所有的数据已经被存储在了问题对象中，因此语句 s31 调用了例程——一个以解决 LP 问题的单行法的驱动。这个例程找到一个最优的解决方案并将相关信息存储回问题对象。通过函数 glp_get_obj_val 获得最优值，函数 glp_get_col_prim 获得最优解。

最后，通过函数 glp_delete_prob，释放解决问题过程中使用的计算资源(注意：由于 C 语言没有回收机制，这步必须手动操作)。

需要注意的是，GLPK 需在 Linux 环境安装，通过命令行控制执行：

编译：$ gcc-c sample.c

链接：$ gcc-L/foo/bar/glpk-4.15 sample.o-lglpk-lm

运行可执行文件。

3. GLPK 解决器驱动实现算法流程

出于算法实用性和扩展性的考虑，本文对用于解决基于弹性光 Inter-DC 网络中 RMSA 问题的分支切割算法的源码进行了定位以及分析。从数学角度梳理了算法流程图，验证了算法的实际可行性。现总结如下。

算法驱动 glp_intopt 是 GLPK 解决整数线性规划(ILP)问题的关键，其源代码存于路径 glpk/src/ glpapi09.c 中，主要实现函数为内部函数 solve_mip 中驱动 ios_driver。

本文用于解决 RMSA 整数线性规划问题的算法为分支切割法。这种方法将分支定界法和割平面法结合，在分支定界法对问题分割处理的基础上，用割平面法为问题增加割平面约束来使规划更快地向最优解方向收敛。算法步骤如下。

(1)初始化(Initialization)

设 P_0 是待解决的原始 ILP 问题；L 为分支定界法中使用到的活跃列表(即当前仍未验证是否存在最优解子问题的集合)，初始状态为 $L := \{P_0\}$，当前仅有原始问题处于活跃待计算状态。设 z^{opt} 是原始问题 P_0 目标函数的最优值。且在优化方向分别为最小化和最大化时有定界变量 $z^{best} := +\infty$ 和 $z^{best} := -\infty$，其中定界变量 z^{best} 是当前最优值的边界值。

(2)子问题选择(Subproblem Selection)

判断活跃列表 L 是否为空：若为空，则表示当前没有待计算的活跃问题，跳转到第(9)步。若不为空，则选择列表中的一个问题 P，让当前待解决子问题变为选出的 P，即修改 P 状态为活跃。

（3）解决规划问题松弛型（Solving LP Relaxation）

第（2）步选择待计算问题 P 后，先将 P 转化为其松弛型 P^{LP} 进行计算（松弛型即去掉整数限制的整数规划问题）。若松弛型 P^{LP} 没有原始可行解，则跳转到第（8）步；若其存在原始可行解，则将松弛型 P^{LP} 的最优解 z^{LP} 设为 P^{LP} 最优目标值（即整数规划问题最优值边界）。判断此时的 z^{LP} 与 z^{best} 的关系，如果 $z^{\mathrm{LP}} \geqslant z^{\mathrm{best}}$（最小化时），或者 $z^{\mathrm{LP}} \leqslant z^{\mathrm{best}}$（最大化时），即当前找到的边界在已有边界外，说明找到的边界没有意义，算法跳转到第（8）步。否则，即找到了更优的边界值，进行第（4）步。

（4）添加懒惰约束（Adding "lazy" Constraints）单纯形替换约束向量

找到松弛型问题 P^{LP} 的最优解 x^{LP}。验证该最优解是否满足懒惰约束（"lazy" Constraints，懒惰约束是没有被包括在原始 MIP 问题 P_0 中的必要约束），若不满足，则将约束添加至问题 P 中，跳转至第（3）步。若满足约束，则进行第（5）步。

（5）检查完整性（Check for Integrality）

检查松弛型最优解 x^{LP} 中的变量 x_j^{LP} 的整数性，若对于 $x_j^{\mathrm{LP}} \in x^{\mathrm{LP}}$ 均为整数，代表一个更好的整数可行解被找到，存储该解以及相关信息，设 $z^{\mathrm{best}} := z^{\mathrm{LP}}$（当前最优解即为该松弛型最优解），跳转至第（8）步。若 x_j^{LP} 中有非整数变量 x_j，则进行第（6）步。

（6）增加割平面（Adding Cutting Planes）

判断当前松弛型最优解 x^{LP} 是否满足割平面约束，若不满足，则将割平面约束添加至活跃问题 P，跳转至第（3）步；否则进行第（7）步。

（7）分支（Branching）

选择一个松弛型最优解 x^{LP} 中非整数变量 x_j 作为分支变量，由分支变量创建一个新的下分支子问题 P^{D}，下分支子问题与当前子问题 P 是完全相同的，唯一的区别是变量 x_j 的上边界被非整数的 x_j^{LP} 向下取整替换（例如，如果 $x_j^{\mathrm{LP}} = 3.14$，x_j 在下分支中的新上边界是 3），同理创建上分支子问题 P^{U}，其中有变量 x_j 的下边界被 x_j^{LP} 向上取整替换（例如，如果 $x_j^{\mathrm{LP}} = 3.14$，x_j 在上分支中的新下边界是 4）。同时设活跃列表 $L := (L/\{P\}) \bigcup \{P^{\mathrm{D}}, P^{\mathrm{U}}\}$，即从活跃列表 L 中删除当前子问题 P 并加入两个新的子问题 P^{D}，P^{U}，跳转至第（2）步。

（8）修剪（Pruning）

将活跃列表 L 中所有局部边界 $\tilde{z}$ 不优于整体边界 z^{best} 的子问题删除，即该子问题已经得不到更优于当前最优的解，其分解出的子问题也必然不是最优，所以没有继续计算的必要，删除以提高收敛速度。即 $L := L/\{P\}$，P 中 $\tilde{z} \geqslant z^{\mathrm{best}}$（最小化时），$\tilde{z} \leqslant z^{\mathrm{best}}$（最大化时），跳转至第（2）步。

（9）终止（Termination）

判断变量 z^{best}，若发现优化方向为最小化时有 $z^{\mathrm{best}} = +\infty$，或在优化方向最大化时有 $z^{\mathrm{best}} = -\infty$，即表明变量 z^{best} 初始值未变，原始问题 P_0 没有整数可行解。否则，步骤（5）中存储的最后的整数可行解就是原始问题 P_0 的整数最优解，设置 $z^{\mathrm{best}} = z^{\mathrm{opt}}$，找到整数线性规划最优解，规划结束。

以上算法均以一个搜索树为实现基础，搜索树通过二叉分裂的方式存储算法中分之判定后生成的子问题，并采用二叉树遍历的方式对整个求解过程进行管理控制，也正是由于搜索树的存在，导致问题归于复杂时，计算对内存的需求较大。

◆ 3.3 最短路径算法 ◆

3.3.1 最短路径算法概述

最短路径(Shortest Path,SP)算法是目前光网络路由问题中最常被应用的算法。该算法的原理基于 Dijkstra 算法,思路简单,能够在给定的网络结构中为给定的源宿节点对寻求最短路径。最短路径算法是最为基本的算法,基于此算法有很多延展与衍生算法,比如可以通过对路径通道设立不同的权重值,得到最小跳算法(当链路权重为 1 时)和最短长度算法(当权重为链路长度时)等。该算法在路径选择方面具有速度快、效率高、复杂度低等特点,但由于其只能用于单纯的路径计算,并未将网络约束条件以及资源等情况考虑在内,因此,多数情况下需要与其他算法和模型配合使用。

另外,最短路径算法的另一个延伸算法是 K-最短路径(K-Shortest Path,KSP)算法,可以为每一对源和目的节点计算不止一条路径,从而增加了网络路由选择的灵活性。再加上与其他函数的联合使用,可以更好地进行光网络的规划与优化。

3.3.2 数据结构与算法

1. 迪杰斯特拉(Dijkstra)算法

1) 迪杰斯特拉算法简介

迪杰斯特拉算法是典型的用来解决最短路径的算法,也是很多教程中的范例,由荷兰计算机科学家狄克斯特拉于 1959 年提出,用来求从起始点到其他所有点的最短路径。该算法采用了贪心的思想,每次都查找与该点距离最近的点,也因为这样,它不能用来解决存在负权边的图。解决的问题大多是这样的:有一个无向图 $G(V,E)$,边 $E[i]$ 的权值为 $W[i]$,找出 $V[0]$ 到 $V[i]$ 的最短路径。

2) 迪杰斯特拉算法描述

(1)迪杰斯特拉算法思想:设 $G=(V,E)$ 是一个带权有向图,把图中顶点集合 V 分成两组,第一组为已求出最短路径的顶点集合(用 S 表示,初始时 S 中只有一个源点,以后每求得一条最短路径,就将加入到集合 S 中,直到全部顶点都加入到 S 中,算法就结束了),第二组为其余未确定最短路径的顶点集合(用 U 表示),按最短路径长度的递增次序依次把第二组的顶点加入 S 中。在加入的过程中,总保持从源点 v 到 S 中各顶点的最短路径长度不大于从源点 v 到 U 中任何顶点的最短路径长度。此外,每个顶点对应一个距离,S 中的顶点的距离就是从 v 到此顶点的最短路径长度;U 中的顶点的距离是从 v 到此顶点只包括 S 中的顶点为中间顶点的当前最短路径长度。

(2)迪杰斯特拉算法的步骤。

① 初始时,S 只包含源点,即 $S=\{v\}$,v 的距离为 0。U 包含除 v 外的其他顶点,即:$U=\{$其余顶点$\}$,若 v 与 U 中顶点 u 有边,则 $\langle u,v\rangle$ 有权值,若 u 不是 v 的出边邻接点,则 $\langle u,v\rangle$ 权值为 ∞。

② 从 U 中选取一个距离 v 最小的顶点 k，把 k 加入 S 中（该选定的距离就是 v 到 k 的最短路径长度）。

③ 以 k 为新考虑的中间点，修改 U 中各顶点的距离；若从源点 v 到顶点 u 的距离（经过顶点 k）比原来距离（不经过顶点 k）短，则修改顶点 u 的距离值，修改后的距离值的顶点 k 的距离加上边上的权。

④ 重复步骤②和③，直到所有顶点都包含在 S 中。

3）迪杰斯特拉算法举例

如图 3-3 所示的是一个 Dijkstra 无向图。设 A 为源节点，求 A 到其他各顶点（B,C,D,E,F）的最短路径。线上所标注为相邻线段之间的距离，即权值。

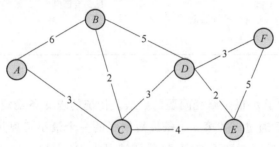

图 3-3　Dijkstra 无向图

迪杰斯特拉算法的具体执行步骤如表 3-3 所示。

表 3-3　迪杰斯特拉算法的具体执行步骤

步骤	S 集合中	U 集合中
1	选入 A，此时 $S=<A>$ 此时最短路径 $A-A=0$ 以 A 为中间节点，从 A 开始找	$U=<B,C,D,E,F>$ $A-B=6$，$A-C=3$， $A-$其他 U 中的顶点为无穷，发现 $A-C=3$ 权值最短
2	选入 C，$S=<A,C>$ 最短路径 $A-A=0$，$A-C=3$， 以 C 为中间节点，从 $A-C=3$ 开始找	$U=<B,D,E,F>$ $A-C-B=5$， （比上面 $A-B=6$ 要小，此时权值更新为 $A-C-B=5$） $A-C-D=6$， $B-A-C-E=7$， $C-A-$其他顶点为无穷， $D-A-C-B=5$ 权值最短
3	选入 B， $S=<A,C,B>$， 此时最短路径 $A-A=0$， $A-C=3$，$A-C-B=5$， 以 B 为中间点，从 $A-C-B=5$ 这条路找	$U=<D,E,F>$ $A-C-B-D=10$（比上面 $A-C-D=6$ 要长） 此时到 D 的权值改为 $A-C-D=6$， $A-C-B-U$ 中其他顶点为无穷，发现 $A-C-D=6$ 权值最短
4	选入 D， $S=<A,C,B,D>$， 此时最短路径 $A-A=0$， $A-C=3$，$A-C-B=5$，$A-C-D=6$， 以 D 为中间节点，从 $A-C-D=6$ 这条路径开始找	$U=<E,F>$ $A-C-D-E=8$（比 $A-C-E=7$ 要长）， 此时到 E 权值为 $A-C-E=7$，$A-C-D-F=9$，发现 $A-C-E=7$ 权值为最短

步骤	S 集合中	U 集合中
5	选入 E， $S=\langle A,C,B,D,E\rangle$， 此时最短路径 $A-A=0$， $B-C=3,A-C-B=5,A-C-D=6,A-C-E=7$， 以 E 为中间节点，从 $A-C-E=7$ 这条路径开始找	$U=\langle F\rangle$ $A-C-E-F=12$ （比 $A-C-D-F=9$ 要长）， 此时到 F 权值改为 $A-C-D-F=9$， 发现 $A-C-D-F=9$ 权值为最短
6	选入 E， $S=\langle A,C,B,D,E\rangle$， 此时最短路径 $A-A=0$， $B-C=3,A-C-B=5,A-C-D=6$， $A-C-E=7,A-C-D-F=9$	U 集合已空

2. KSP 算法

国内外已有很多关于 k-最短路径问题的解法。传统的求 k 条最短路径的方法为：先求得第 $k-1$ 条最短路径，然后通过寻找第 $k-1$ 条最短路径的一个最小背离从而得到第 k 条最短路径。但由于该算法的时间复杂度不够理想（最坏情况为 $O(n^{k+1})$），在实际规模稍大一点的网络中，就失去其应用价值。到目前为止，Yen 算法是求解无圈第 k 条最短路径问题公认的最好算法，它的思想是：先求得从源点到目的节点的第 $1,2,\cdots,k-1$ 条最短路径，然后在 $k-1$ 条最短路径的基础上求第 k 条最短路径，其时间复杂度是 $O(k_n(m+n\log n))$。求最短路径问题中比较经典的有 Dijkstra 算法和 Floyd 算法，同样求 k 最短路径算法的核心也是 Dijkstra 算法，由于本文采用的是 Yen 算法来求解 k 条最短路径，下面就介绍 Yen 算法的思路和算法步骤。

1）Yen 算法的思路

Yen 算法的基本思路是：首先在原图中通过 Dijkstra 算法查找从源节点到目的节点的最短路径，然后依次将最短路径上的边删除，每删除一条边就生成一个子图，再在每个子图中用 Dijkstra 算法求删除边的起始节点到目的节点的最短路径，而后将它与源节点到删除边的起始节点的旧路径拼接起来，形成新的源节点到目的节点的最短候选路径。在计算完所有子图中的最短路径后，对这些候选路径进行排序，选择最短的一条，就对应原图中的次短路径，依此类推，即可求得第 k 最短路径。要实现上述的算法，需要定义两个结构类型：一个是路径备选集合 P，用于存储已找到的所有备选路径；另一个是子图队列 Q，用于存储计算次短路经的子图，子图用在原图中删除相应的边集来表示，以节省存储空间。

2）Yen 算法的具体步骤

Yen 算法的具体步骤如下：

（1）首先运用 D 算法在原图 G 中查找到从源节点 s 到目的节点 t 的最短路径作为第一条路径 $p_i=\{s,p_i[1],p_i[2],\cdots,t\}$，并设置 $n=1$。

（2）分别依次删除路径 p_i 上的边 $(p_i[j],p_i[j+1])$，其中 $1\leqslant j\leqslant|p_i|$（$|p_i|$ 为路径 p_i 的节点个数减去 2），得到剩余图 G'，然后在 G' 中再应用 D 算法查找 $p_i[j]$ 到 t 的最短路径，而后将 s 到 $p_i[j]$ 的旧路径以及 $p_i[j]$ 到 t 的新路径拼接起来形成新的 s 到 t 的最短候选路径，并将其加入到候选路径集合 $\{c\}$ 中。

（3）当候选路径集｛c｝不为空时，对所有候选路由进行排序，选择最短的一条路径，就是对应原图 G 的次短路径 p，并将 n 值加 1，跳转到步骤（4）；当候选路径集合｛c｝为空集合时，网络中找不到新的最短路径，只找到前 n 条最短路径，算法结束。

（4）当 n<k 时，置 $p_i = p$，跳转到步骤（2）；当 n＝k 时，网络的前 k 条最短路径全部找出，算法结束。

3.3.3　多路径综合代价最小算法

线性规划模型可以使我们对要解决的问题有了一个清楚的认识，对问题的解决有其积极意义。然而，ILP 问题是一个 NP-hard 问题。对于小规模网络，可以通过相关的软件进行规划。对于大规模网络的场景下，ILP 无法在时间上满足用户的需求。由此我们提出了一种启发式算法——多路径综合代价最小算法。可以在相对较短的时间内得到相对最优的方案。

多路径综合代价最小（Integrated Minimum Cost Based on KSP，IMC-KSP）算法利用贪婪算法的思想，在对问题求解时，总是做出在当前看来是最好的选择，也就是在进行每一次操作时都保证当前情况下目标是最优的，虽然不一定整体最优，但思路简单，能得到相对较优解。该算法首先通过 K-最短路径（KSP）算法对分配的业务进行多条路径选择，并结合给出的综合代价模型计算每条路径资源分配后的代价值，取综合代价值最小的路径作为该业务的分配路径。

在本算法中利用数学模型中的目标函数作为参考综合代价模型，代价值计算函数如下：

$$\text{Cost} = \text{Cos t}_{E-O} \times \Delta V + \text{Cost}_{\text{wavelength}} \times \Delta W$$

式中，ΔV 表示为某条业务分配路由和资源后，网络新增的线路模块资源；Cost_{E-O} 为该资源对应的平均代价值；ΔW 表示为某条业务分配路由和资源后，网络新增的光纤链路波道资源；$\text{Cos t}_{\text{wavelength}}$ 则为该资源对应的平均代价值，而综合代价模型的代价值就代表了网络承载某新增业务后新增的网络消耗资源代价，这个值越小，说明该新增业务与网络之前承载的业务更好地共享了资源。

多路径综合代价最小算法的步骤如下：

（1）输入待分配业务序列；

（2）从业务序列中依次选出未被分配的业务，通过 KSP 算法为业务选择 k 条最短路径存入路径列表，并设置循环参数 N＝1；

（3）从路径列表中取出第 N 条路径，在网络虚拓扑中更新资源，若资源不足，则跳到步骤（4），否则跳到步骤（5）；

（4）创建新的逻辑拓扑链路满足业务路径请求，更新逻辑拓扑完成逻辑链路映射和资源更新；

（5）根据综合代价模型计算为本条业务按此路径分配后，当前网络状态下的综合代价值，记录代价值 Cost-N；

（6）释放掉该路径刚刚更新的虚拓扑映射和资源，即执行步骤（3）和步骤（4）的逆过程，设置 N＝N+1，判断 N 是否大于 K，若相等，则执行下一步，否则跳回步骤（3）执行；

（7）比较不同 Cost-N 值，选取与最小 Cost-N 值对应的路径作为本条业务的最终路径，并进行虚拓扑资源更新；

（8）判断业务序列是否都已分配完成,若仍有业务未被分配,则跳回步骤(2),否则执行下一步;

（9）得到所有业务分配情况、最终虚拓扑和所占用资源情况,此时得到最终目标函数值;

（10）结束。

该算法流程图,如图 3-4 所示。

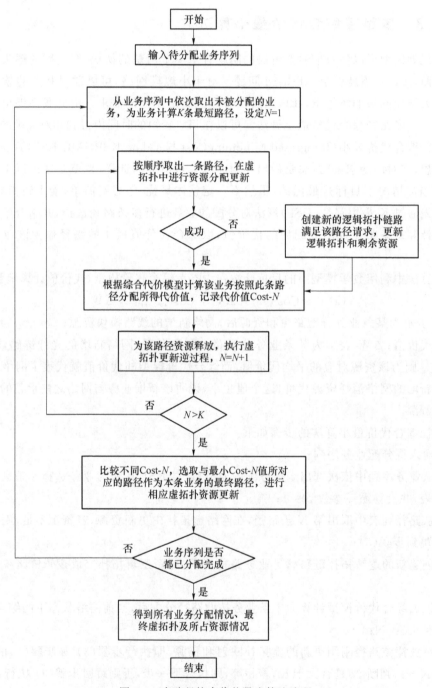

图 3-4　多路径综合代价最小算法流程

多路径综合代价最小算法需改进的地方如下所述。

由于多路径综合代价算法利用贪婪算法思想,用贪婪法设计算法的特点是一步一步地进行,常以当前情况为基础根据某个优化测度作最优选择,而不考虑各种可能的整体情况,正是因为这个原因,算法最终得到的结果并不一定是整体最优解。对于本文中提到的问题,业务请求的选路次序对最后的虚拓扑形成和资源消耗都具有很大的影响,因此,本文对提出的多路径综合代价最小算法利用业务排序模块对算法进行了改进。

要确定业务请求的选路次序,可以从三方面考虑问题:一是针对业务速率大小的排序;二是针对业务首末节点的排序;三是随机乱序。

针对以上提出的问题,本文给出了三种方案:

1. 业务速率优先(Rate-First,RF)

该方案综合考虑了一和二的问题,但将业务速率的大小情况优先考虑,排序处理过程:首先将所有业务按速率从大到小进行排序,这样做的原因是优先为大粒度的业务分配资源后,对于链路剩余的资源可以由后续的小粒度业务进行补充占用,有利于资源的利用;速率降序排列后,对具有同一速率的业务进行分组,同一组内的业务再按业务源宿节点情况进行排序,同时具有同源同宿节点的业务排在前面,其后依次是只具有相同源节点的业务按业务源节点序号排序和只具有相同宿节点的业务按照宿节点序号排序,剩余业务任意排序,得到最终全体业务序列。

2. 业务捆绑优先(Binding-First,BF)

该方案同样综合考虑了一和二的问题,但是将二问题中的首末节点优先考虑,排序处理过程:首先按同时具有同源同宿节点、只具有相同源节点、只具有相同宿节点和剩余业务分别进行顺序分组;分组后对每个组内的业务按业务速率从大到小进行排序,得到最终全体业务序列。

3. N次乱序取最优(Best in N Order,BNO)

在本方案中,采取的策略主要是对业务序列进行 N 次乱序排列,并对每一次序列情况下进行全体业务路由和资源分配,得到并记录目标函数资源代价值,取 N 次中目标函数代价值最优的序列和其对应的虚拓扑及资源消耗情况。

3.3.4 多路径综合代价最小算法仿真分析

为了验证 IMC-KSP 算法的性能,本文采用了 NSFNET 网络模型作为仿真的物理拓扑结构,该结构具有 14 个节点和 21 条直连链路,其拓扑结构示意,如图 3-5 所示。

拓扑中每根光纤链路的单波长容量为 40 G,波长数为 80,初始业务数量为 80,保证各个业务粒度分布和网络分布均匀。为体现业务规模与算法性能之间的关系,业务数量按 80 的速率递增,参照实际设备成本情况,取代价值系数 $Cost_{E-O} = 18$,$Cost_{wavelength} = 10$。

图 3-6 所示为在相同业务数量的情况下,分别通过最短路径算法、IMC-KSP 算法(k分别取 3、6、9 时)得到的网络资源消耗总成本曲线,横坐标为业务数量,纵坐标为网络资源消耗总成本值。从图中曲线可以看到,随着业务数量的增长,网络资源消耗总成本呈

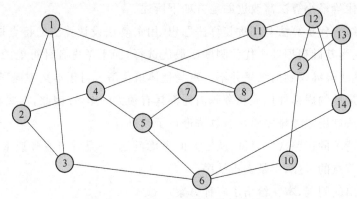

图 3-5　NSFNET 网络拓扑结构示意

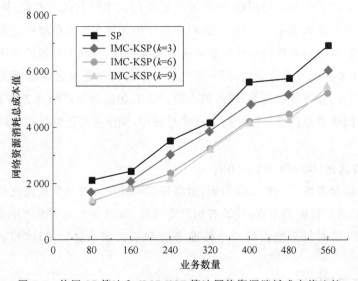

图 3-6　使用 SP 算法和 IMC-KSP 算法网络资源消耗成本值比较

增长趋势,而在相同业务数量的情况下,通过 IMC-KSP 算法得到的网络资源消耗总成本明显少于用 SP 算法求得的成本值,且 k 值越大,资源消耗总成本越少,但是当 k 值增大到一定程度时,网络资源消耗总成本不再减少(如图中 $k=6$ 和 $k=9$ 的情况),这主要是由于 KSP 算法所造成的,由于拓扑连通度等因素限制,使为业务计算的不同路径数目有限,大于最大路径数的 k 值对减少网络资源消耗影响不大。

　　图 3-7 所示为在相同业务数量情况下,采用不同排序改进算法得到的网络资源消耗总成本值柱状图,从图中可以看到,采用不同的排序算法对优化网络资源消耗都起到了作用,其中在业务数量较小的情况下,BNO 算法的优势较明显,但是不稳定,随着业务数量的增多,业务的排列次序呈指数增大,BNO 将无法满足取到最优次序,而 RF 和 BF 效果较明显。另外从图中可以分析得到,业务排序对速率次序的要求要远大于对单一源节点或宿节点相同的要求,这说明通过 IMC-KSP 算法使得后续小粒度的业务有效地补充了大粒度业务占用后的剩余资源,使资源得到合理利用。

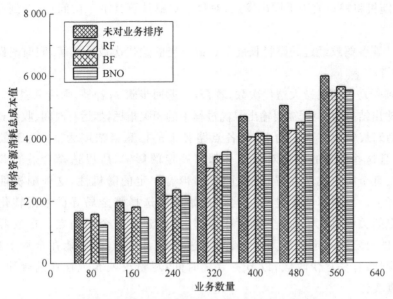

图 3-7　不同排序算法对网络资源消耗成本值比较

<h1 style="text-align:center">◆◆ 3.4　启发式算法 ◆◆</h1>

3.4.1　启发式算法概述

所谓启发式算法,就是从具体问题的规则、经验或者大自然的运行规律中受启发而产生的算法。比较著名的启发式算法有贪婪算法、蚁群算法、遗传算法、模拟退火算法和禁忌搜索算法,它们多半具有仿生学的特点或者来源于经典问题,可以被很好地应用到各个领域的近似问题求解过程中。下面主要介绍在光网络中比较常用的蚁群算法和遗传算法。

1. 蚁群算法

蚁群算法是由意大利学者 M. Dorigo 等人在求解著名的旅行商问题(TSP)时而提出的启发式智能模拟算法,它通过模拟自然界中蚂蚁搜索食物的行为,利用蚂蚁信息素的信息传递来进行最优路径选择。依据不同的约束机制和信息素更新机制,蚁群算法可以分为蚁密模型、蚁周模型和蚁量模型。

蚁群算法具有分布式、正反馈、自组织和稳健性强等特点,同时还具备很强的搜索、数学模型和概率计算能力,能够很好地解决着色图、二次分配和车辆调度等组合优化问题。在光网络动态路由选择等方面,由于业务流量分布的不断变化,网络链路或节点也会随机地失效或重新加入。蚁群的正向反馈机制与自身催化正好符合了这类问题的求解特点,因此,蚁群算法在光网络领域得到一定应用。

蚁群算法的步骤如下。

步骤 1:对相关参数进行初始化,包括蚁群规模、信息素因子、启发函数因子、信息素挥发因子、信息素常数、最大迭代次数等,以及将数据读入程序,并进行预处理:比如点与点之间的距离矩阵。

步骤 2：随机将蚂蚁放于不同出发点，对每个蚂蚁计算其下个访问点，直到有蚂蚁访问完所有城市。

步骤 3：计算各蚂蚁经过的路径长度 Lk，记录当前迭代次数最优解，同时对路径上的信息素浓度进行更新。

步骤 4：判断是否达到最大迭代次数，若否，则返回步骤 2；若是，则结束程序。

步骤 5：输出结果，并根据需要输出寻优过程中的相关指标，如运行时间、收敛迭代次数等。

初始时刻蚂蚁被放在不同的点，且各点路径上的信息素浓度为 0。由于蚁群算法涉及的参数较多，且这些参数的选择对程序又都有一定的影响，所以选择合适的参数组合很重要。蚁群算法有个特点就是在寻优的过程中，带有一定的随机性，这种随机性主要体现在出发点的选择上。蚁群算法正是通过这个初始点的选择将全局寻优慢慢转化为局部寻优的。参数设定的关键就在于在"全局"和"局部"之间建立一个平衡点。在蚁群算法的发展中，关键参数的设定有一定的准则，一般来讲遵循以下几条：尽可能在全局上搜索最优解，保证解的最优性；算法尽快收敛，以节省寻优时间；尽量反映客观存在的规律，以保证这类仿生算法的真实性。

蚁群算法中主要有下面几个参数需要设定。

（1）蚂蚁数量：设 M 表示点的数量，m 表示蚂蚁数量。m 的数量很重要，因为 m 过大时，会导致搜索过的路径上信息素变化趋于平均，这样就不便找出好的路径；若 m 过小，则易使未被搜索到的路径信息素减小到 0，这样可能会出现早熟，找不到全局最优解。一般地，在时间等资源条件紧迫的情况下，蚂蚁数设定为点的数量的 1.5 倍较稳妥。

（2）信息素因子：信息素因子反映了蚂蚁在移动过程中所积累的信息量在指导蚁群搜索中的相对重要程度，其值过大，蚂蚁选择以前走过的路径概率大，搜索随机性减弱；其值过小，等同于贪婪算法，使搜索过早陷入局部最优。实验发现，信息素因子选择[1,4]区间性能较好。

（3）启发函数因子：启发函数因子反映了启发式信息在指导蚁群搜索过程中的相对重要程度，其大小反映的是蚁群寻优过程中先验性和确定性因素的作用强度。过大时，虽然收敛速度会加快，但容易陷入局部最优；过小时，容易陷入随机搜索，找不到最优解。实验研究发现，当启发函数因子为[3,4.5]时，综合求解性能较好。

（4）信息素挥发因子：信息素挥发因子表示信息素的消失水平，它的大小直接关系到蚁群算法的全局搜索能力和收敛速度。实验发现，当属于[0.2,0.5]时，综合性能较好。

（5）信息素常数：这个参数为信息素强度，表示蚂蚁循环一周时释放在路径上的信息素总量，其作用是为了充分利用有向图上的全局信息反馈量，使算法在正反馈机制作用下以合理的演化速度搜索到全局最优解。值越大，蚂蚁在已遍历路径上的信息素积累越快，有助于快速收敛。实验发现，当值属于[10,1 000]时，综合性能较好。

（6）最大迭代次数：最大迭代次数值若过小，可能导致算法还没收敛就已结束；若过大，则会导致资源浪费。一般最大迭代次数可以取 100～500 次。一般来讲，建议先取 200，然后根据执行程序查看算法收敛的轨迹来修改取值。

2. 遗传算法

遗传算法是一种模拟自然进化过程来求解最优化问题的启发式搜索算法，该算法基于达尔文提出的"适者生存"和"优胜劣汰"遗传学进化理论。遗传算法通过概率化的寻优策略，直接对结构对象进行自适应的调整搜索，具有很好的全局优化能力。

1）遗传算法的基本原理和方法

（1）编码和解码。

编码是把一个问题的可行解从其解空间转换到遗传算法的搜索空间的转换方法。

解码（译码）是将遗传算法的解空间向问题空间转换的方法。

编码方法如下所述。

① 二进制编码方法。二进制编码是遗传算法中最常见的编码方法，即使用二进制字符集{0,1}进行编码。该方法具有编码、解码操作简单易行，交叉、变异等遗传操作便于实现，能够利用模式定理对算法进行理论分析等优点。其缺点是存在着连续函数离散化时的映射误差；不能直接反映出所求问题本身的结构特征，不便于开发针对问题的专门知识的遗传运算算子，很难满足积木块编码原则。

② 格雷码编码方法：连续的两个整数所对应的编码之间仅仅只有一个码位是不同的，其余码位都相同。

③ 浮点数编码方法：个体的每个基因值用某一范围内的某个浮点数来表示，个体的编码长度等于其决策变量的位数。

④ 各参数级联编码方法：对含有多个变量的个体进行编码的方法。通常将各个参数分别以某种编码方法进行编码，然后再将它们的编码按照一定顺序连接在一起就组成了表示全部参数的个体编码。

⑤ 多参数交叉编码方法：将各个参数中起主要作用的码位集中在一起，这样它们就不易于被遗传算子破坏掉。

评估编码的三个规范：完备性、健全性、非冗余性。

（2）选择。

遗传算法中的选择操作就是用来确定如何从父代群体中按某种方法选取个体遗传到下一代群体中的一种遗传运算，用来确定重组或交叉个体，以及被选个体将产生多少个子代个体。

常用的选择算子如下。

① 轮盘赌选择（Roulette Wheel Selection）：是一种回放式随机采样方法。每个个体进入下一代的概率等于它的适应度值与整个种群中个体适应度值和的比例，选择误差较大。

② 随机竞争选择（Stochastic Tournament）：每次按轮盘赌选择一对个体，然后让这两个个体进行竞争，适应度高的被选中，如此反复，直到选满为止。

③ 最佳保留选择：首先按轮盘赌选择方法执行遗传算法的选择操作，然后将当前群体中适应度最高的个体结构完整地复制到下一代群体中。

④ 无回放随机选择，也称为期望值选择（Excepted Value Selection）：根据每个个体在下一代群体中的生存期望来进行随机选择运算，方法如下所述。

· 算群体中每个个体在下一代群体中的生存期望数目 N。

· 若某一个体被选中并参与交叉运算，则它在下一代中的生存期望数目减去0.5；若某一个体未被选中并参与交叉运算，则它在下一代中的生存期望数目减去1.0。

· 随着选择过程的进行，若某一个体的生存期望数目小于 0 时，则该个体就不再有机会被选中。

⑤ 确定式选择：按照一种确定的方式来进行选择操作。具体操作过程如下。

- 计算群体中各个个体在下一代群体中的期望生存数目 N。
- 用 N 的整数部分确定各个对应个体在下一代群体中的生存数目。
- 用 N 的小数部分对个体进行降序排列,顺序取前 M 个个体加入到下一代群体中。至此可完全确定出下一代群体中 M 个个体。

⑥ 无回放余数随机选择:可确保适应度比平均适应度大的一些个体能够被遗传到下一代群体中,因而选择误差比较小。

⑦ 均匀排序:对群体中的所有个体按其适应度大小进行排序,并基于这个排序来分配各个个体被选中的概率。

⑧ 最佳保存策略:当前群体中适应度最高的个体不参与交叉运算和变异运算,而是用它来代替本代群体中经过交叉、变异等操作后所产生的适应度最低的个体。

⑨ 随机联赛选择:每次选取几个个体中适应度最高的一个个体遗传到下一代群体中。

⑩ 排挤选择:新生成的子代将代替或排挤相似的旧父代个体,以提高群体的多样性。

(3) 交叉

遗传算法的交叉操作,是指两个相互配对的染色体按某种方式相互交换其部分基因,从而形成两个新的个体。适用于二进制编码个体或浮点数编码个体的交叉算子如下。

① 单点交叉(Single-point Crossover):指在个体编码串中只随机设置一个交叉点,然后该点再相互交换两个配对个体的部分染色体。

② 两点交叉与多点交叉。

- 两点交叉(Two-point Crossover):在个体编码串中随机设置了两个交叉点,然后再进行部分基因交换。

- 多点交叉(Multi-point Crossover):在个体编码中随机设置了多个交叉点,然后进行基因交换。

③ 均匀交叉(也称一致交叉)(Uniform Crossover):两个配对个体的每个基因座上的基因都以相同的交叉概率进行交换,从而形成两个新个体。

④ 算术交叉(Arithmetic Crossover):由两个个体的线性组合而产生出两个新的个体。该操作对象一般是由浮点数编码表示的个体。

(4) 变异

遗传算法中的变异运算,是指将个体染色体编码串中的某些基因座上的基因值用该基因座上的其他等位基因来替换,从而形成一个新的个体。

以下变异算子适用于二进制编码和浮点数编码的个体。

① 基本位变异:对个体编码串中以变异概率、随机指定的某一位或某几位基因座上的值做变异运算。

② 均匀变异:分别用符合某一范围内均匀分布的随机数,以某一较小的概率来替换个体编码串中各个基因座上的原有基因值(特别适用于在算法的初级运行阶段)。

③ 边界变异:随机取基因座上的两个对应边界基因值之一去替代原有基因值。特别适用于最优点位于或接近于可行解边界的一类问题。

④ 非均匀变异:对原有的基因值做一个随机扰动,以扰动后的结果作为变异后的新基因值。对每个基因座都以相同的概率进行变异运算之后,相当于整个解向量在解空间中做了一次轻微的变动。

⑤ 高斯近似变异:在进行变异时用一个均值为 μ、方差为 σ^2 的正态分布的一个随机数来替换原有的基因值。

(5) 适应度函数

适应度函数也称评价函数,是根据目标函数确定的用于区分群体中个体好坏的标准。适应度函数总是非负的,而目标函数可能有正有负,故需要在目标函数与适应度函数之间进行变换。

适应度函数的设计主要应满足以下要求:

① 单值、连续、非负、最大化。

② 合理、一致性。

③ 计算量小。

④ 通用性强。

评价个体适应度的一般过程如下。

① 对个体编码串进行解码处理后,可得到个体的表现型。

② 由个体的表现型可计算出对应个体的目标函数值。

③ 根据最优化问题的类型,由目标函数值按一定的转换规则求出个体的适应度。

由目标函数 $f(x)$ 到适应度函数 $\mathrm{Fit}(f(x))$ 的转换方法有以下三种。

① 直接以待解的目标函数 $f(x)$ 转换为适应度函数。

$\mathrm{Fit}(f(x)) = f(x)$ 目标函数为最大化问题

$\mathrm{Fit}(f(x)) = -f(x)$ 目标函数为最小化问题

问题:可能不满足常用的轮盘赌选择中概率非负的要求;某携带求解的函数在函数值分布上相差很大,由此得到的平均适应度可能不利于体现种群的平均性能。

② 做转换。(具体转换方法略)

③ 同②,只是转换公式不同。

适应度尺度变换:在遗传算法的不同阶段,对个体的适应度进行适当的扩大或缩小。常用的尺度变换方法包括线性尺度变换、乘幂尺度变换和指数尺度变换。

(6) 约束条件处理

约束条件处理有以下几种方法。

① 搜索空间限定法:对遗传算法的搜索空间的大小加以限制,使得搜索空间中表示一个个体的点与解空间中的表示一个可行解的点有一一对应关系。

② 可行解变换法:在由个体基因型向个体表现型的变换中,增加使其满足约束条件的处理过程,即寻找个体基因型与个体表现型的多对一变换关系,扩大了搜索空间,使进化过程中所产生的个体总能通过这个变换而转化成解空间中满足约束条件的一个可行解。

③ 罚函数法:对在解空间中无对应可行解的个体计算其适应度时,处以一个惩罚函数,从而降低该个体的适应度,使该个体被遗传到下一代群体中的概率减小。

2) 遗传算法的主要流程

遗传算法的主要流程如下:

确定实际问题的同时创建参数集,并对参数集进行人工基因编码;初始化群体 $P(t)$ 并通过适应度函数来评价群体的优劣;对群体 $P(t)$ 进行选择、交叉、变异等遗传操作从而得到新一代群体 $P(t+1)$。如果在 $P\ P(t+1)$ 一代群体满足终止条件,就从中选择适应度最优的个体进行解码得到最优解输出;否则继续进行遗传操作进化得到下一代新群体,一直到满足终止条件的群体出现。遗传算法正是通过上述过程一代又一代地遗传优化,逐步向最优解逼近。遗传算法可以迅速地从解空间中将全体解搜索出来,而不会受到局部最优解快速下降的影响,具有良好的全局搜索能力;并且利用其分布式计算的特点,加快了最优解的收敛速度。但是单纯的遗传算法局部搜索能力较差,造成进化后期的搜索效率较低。在实际应用中,为了取得较优的效果,往往与最短路径算法、局部搜索算法等算法结合使用。

3.4.2 蚁群算法在路由与资源分配中的应用

传统的路由算法很难解决 NP-C 问题,鉴于蚁群算法的特点,许多学者把蚁群算法应用到路由优化和负载平衡中以解决问题。

现有网络中常用的链路状态路由算法等不具有拥塞响应机制的功能,所以当网络上一条链路发生拥塞时,它只能通过简单的丢弃数据包来解决。林国辉等提出了一种基于蚂蚁算法的拥塞规避路由算法。该算法能够迅速地找到两点间的最优路径,并且能够预测到链路的拥塞状态而做出快速地反映,分散流量,从而避免链路的拥塞。这在很大程度上加速了蚂蚁路由算法探索最优路径的过程。仿真实验表明,该算法在数据包传输时延和网络丢包率性能上比链路状态路由算法具有明显的优越性。另外,Yuan Li 和 Zhengxin Ma 等同样针对网络拥塞和网络效率低下等缺点提出了 MS—ACO 算法,主要解决了信息系停滞的问题,在丢包率、平均时延以及负载平衡方面就有比以往的算法更好的效果。很好地解决了多约束 Qos 路由优化的问题。实现了对网络的 Qos 的优化。

也有一些学者把蚁群算法应用到实际中,如 Layuan Li,Yang Xiang 用基于并行蚁群算法思想拓展 Ad hoc 网络上的多路径路由协议,即在源节点和目的节点之间建立一个多路径的路由协议,从而大大提高了数据包的传送速度。在 NS 2.28 实验环境中仿真表明,对在提供高连接性而不需要更多的网络容量的情况下,可以潜在反映时间和端对端的延迟,同时,并行 ACO 能够提高路由预测概率和收敛速度。

下面我们以一个简单的例子来说明蚁群算法在路由中的实际应用。

如图 3-8 所示,设 A 是巢穴,E 是食物源,HC 为一障碍物。由于障碍物存在,蚂蚁只能经由 H 或 C 由 A 到达 E,或由 E 到达 A,各点之间的距离如图 3-8 所示。设每个时间单位有 30 只蚂蚁由 A 到达 B 有 30 只蚂蚁由 E 到达 D 点蚂蚁过后留下的激素物质量(以下我们称之为信息)为 1。为方便,设该物质停留时间为 1。在初始时刻,由于路径 BH、BC、DH、DC 上均无信息存在,位于 B 和 E 的蚂蚁可以随机选择路径。从统计的角度可以认为,它们以相同的概率选择 BH、BC、DH、DC。经过一个时间单位后,在路径 BCD 上的信息量是路径 BHD 上信息量的两倍。$t=1$ 时刻,将有 20 只蚂蚁由 B 和 D 到达 C,有 10 只蚂蚁由 B 和 D 到达 H。随着时间的推移,蚂蚁将会以越来越大的概率选择路径 BCD,最终完全选择路径 BCD。从而找到由蚁巢到食物源的最短路径。由此可见,蚂蚁个体之间的信息交换是一个正反馈过程。

3.4.3 遗传算法在路由与资源分配中的应用

遗传算法以达尔文生物进化理论和孟德尔遗传变异理论为基础,模拟生物进化过程,具有并行搜索、群体寻优的特点,是一种分布式的全局优化算法,已广泛应用于各种具有 NP 复杂

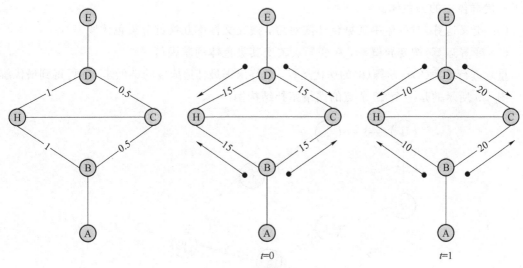

图 3-8　蚁群算法的步骤

性的问题蚁群算法。其在许多组合优化问题上都取得了较好的效果,如二次分配问题、TSP 问题、车间作业调度问题和 Qos 路由问题等。然而面对 Qos 路由问题,上述两种算法均表现出其自身的缺陷:遗传算法对系统中的反馈信息利用不够,当求解到一定范围时往往做大量无谓的冗余迭代,求精确解的效率低下;蚁群算法初期信息素匮乏,求解速度慢。文献"基于遗传算法和蚁群算法融合的 QOS 路由算法"面向 Qos 路由问题,设计了一种基于遗传算法和蚁群算法融合的 Qos 路由算法,利用遗传算法生成初始解,将其转换为蚁群算法所需的信息素初值,然后利用蚁群算法求取最优解。设置遗传算法控制函数来控制遗传算法和蚁群算法融合的适当时机。通过与遗传算法以及蚁群算法的比较,进一步说明算法的有效性。文献"A genetic algorithm approach for solving the routing and wavelength assignment problem in WDM networks"主要解决静态网络的路由与波长分配问题,给出一个特殊的代价函数用于评价染色体的适应度,该函数是基于链路在不同源-目的路径中被占用的频率而构造的,同时结合 K-最短路径算法,有效地减少网络中数据传送的平均迟延。文献"改进遗传算法应用于全光网中静态路由与波长分配的优化"对静态情况下光网络的路由和波长分配问题进行了深入研究,创新性地提出了两条规则调整波长关系图,使波长关系图中的连通度比较均衡,减少了波长使用数量,同时改进了遗传算法,提出了一种新的可以自我调节变异和交叉因子的值的算法,通过交叉算子的操作,形成了一种正反馈机制,可以大大加速遗传算法的解空间搜索速度和收敛速度。

　　下面我们以一个简单的例子来说明遗传算法在路由中的实际应用[26]

　　遗传算法是模拟生物在自然环境中遗传进化过程的一种优化算法,其基本运算思路如下。

　　(1) 确立一种编码方法,经编码后的序列称为染色体。

　　(2) 产生一组初始染色体,该组染色体称为初始群体。

　　(3) 适应度运算:将群体中的各条染色体解码,成为一组解,通过运算,求出各条染色体的适应度。

　　(4) 选择运算:以适应度的大小确定各条染色体遗传到下一代群体中的概率,并随机生成下一代群体中的染色体。

（5）交叉运算：对群体中的染色体配对后，按交叉概率互换部分染色体段。

（6）变异运算：按变异概率，在变异点改变其染色体的基因值。

重复进行步骤（3）～步骤（6）的迭代运算，最终求得最佳适应度的染色体，即可得到最优解。

图 3-9 所示的是一个 12 节点的网络拓扑结构图。

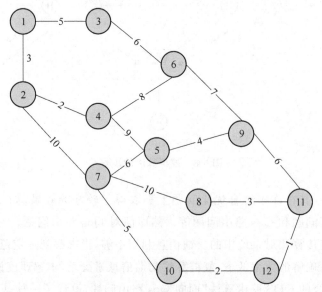

图 3-9　12 节点的网络拓扑结构图

1）染色体的编码

表 3-4 所示为每个节点的相邻节点以及权重值。

表 3-4　12 节点的相邻节点以及权重值

节点标号	度	连接的边和权值
1	2	(3,5)(2,3)
2	3	(7,10)(1,3)(4,2)
3	2	(6,6)(1,5)
4	3	(5,9)(6,8)(2,2)
5	3	(4,9)(7,6)(9,4)
6	3	(4,8)(9,7)(3,6)
7	4	(2,10)(8,10)(5,6)(10,5)
8	2	(7,10)(11,3)
9	3	(6,7)(11,6)(5,4)
10	2	(7,5)(12,2)
11	3	(9,6)(8,3)(12,1)
12	2	(10,2)(11,1)

12 个节点可用 4 个二进制位来表示，作为染色体的一个基因；初始化时得到一个随机值，如 1001(9)，又由于度最大为 4，可用两个二进制位表示连接在这个节点上的边的标号，随机得到该数，如 00(0)，得到与 6 号节点连接的边，去掉该边，度减一变为 2，同时把 6 号节点与 9 号节点相连的边也去掉，6 号节点的度也减一变为 2；如果在删除边后，有节点的度变为 1，则此节点退出搜索。

对于本例，需要去掉 5 条多余的边，这样就需要一条 30 bit 长的染色体来表达问题的潜在解；如染色体为 1000 00 0011 01 0010 10 0110 10 0111 01(80,31,22,62,71)，就会得到图 3-10 所示的一个潜在解。这样就得到了唯一一条从节点 1 到节点 12 的路径{1，2，7，5，4，6，9，11，12}。

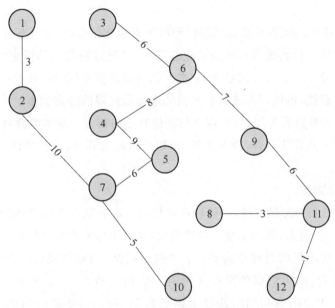

图 3-10　12 节点最小生成树的网络拓扑结构图

2）交叉和变异

在进行交叉和变异操作时，根据参数的设定随机产生交叉点和变异点。由于在本例中，基因表示的空间大于实际的范围，为了防止产生无效解，所以应将交叉的位置定在每个基因之间，即在五个基因之间的四个空隙上，如 100101 001000 101011 011000 101110。

这样共有四个交叉的可能点了。

对于变异操作也是如此，为了防止过多地变异出无效解，采取基因整体变异的方法，即一次变 6 位，而这 6 位必须满足该节点和度的约束。

3）选择

为了能更好地选择出最优解，选择的策略是根据路由策略变化的。选择是在评价之后，根据设定的取舍参数，取出当前群体中最好的一部分，删除群体中最差的一部分，由随机生成的新的染色体填补；在新得到的群体再进行变异和交叉操作。

3.4.4 算法性能分析

1. 蚁群算法的性能分析

根据蚁群算法的本质与应用场景,通过总结可以知道蚁群具有以下优缺点[27]。

1) 蚁群算法的优点

(1) 蚁群算法具有很强的稳健性,并且只要稍加修改就可以应用到其他领域。相对于其他算法,蚁群算法对初始路线要求不高,即蚁群算法的求解结果不依赖于初始路线的选择,而且在搜索过程中不需要人工的干预。

(2) 正反馈。蚁群之间是通过信息素来进行交流的,这种信息素的交流方式实际上就是一种正反馈。

(3) 并行分布计算。蚁群算法是从模拟种群生态系统而来,具有并行性的特点,可以进行并行计算每只蚂蚁对路径的搜索过程是彼此独立的,仅通过路径上的信息素进行通信。所以蚁群算法我们可以看作一个分布式系统,它在问题空间的多点同时开始进行独立的解搜索,不仅增加了算法的可靠性,也使得算法具有较强的全局最优解的搜索能力。

(4) 蚁群算法的参数数目相对少,容易与其他算法相结合。基本蚁群具有一些弱点,但可以很好地与其他启发式算法结合,改善性能,比如模拟退火算法、遗传算法、粒子群算法,以改善算法的性能。

2) 蚁群算法的缺点

(1) 算法容易陷入局部最优解,即算法在迭代到一定的程度之后,蚂蚁个体间发现的解一致,不能对全局进一步搜索,算法出现了停滞现象,从而不能发现更好的解。

(2) 蚁群算法在求解的过程中需要较长的搜索时间,当群体规模较大时,蚂蚁通过信息交换向最优路径进化,由于蚂蚁的路径选择有一定的随机性,所以很难在较短时间内找出一条最优的路径。主要因为初始时路径上信息素差别不大,随着时间的推移,较好路径上的信息量明显高于其他路径上的信息量,从而最终收敛于最优路径。这一过程需要的时间较长。

(3) 蚁群算法对连续问题优化能力相对较弱。算法缺少系统的分析方法和坚实的数学基础,依据不同的问题规模,参数的设置几乎仅能凭直觉、经验及实验数据的统计。

2. 遗传算法的性能分析

1) 遗传算法的优点

(1) 对可行解表示的广泛性。由于遗传算法的处理对象并不是参数本身,而是通过参数集进行编码得到的基因个体,因而该算法可以直接对结构对象(如集合、序列、矩阵、树、链和表等)进行操作。

① 通过对连接矩阵的操作,可用来对神经网络或自动机的结构或参数加以优化。

② 通过对集合的操作,可实现对规则集合和知识库的精练而达到高质量的学习目的。

③ 通过对树结构的操作,可得到用于分类的最佳决策树。

④ 通过对人物序列的操作,可用于任务规划;通过对操作序列的处理,可自动构造顺序控制系统。

（2）群体搜索特性。遗传算法同时处理群体中多个个体，即同时对搜索空间中的多个解进行评估。使其具有较好的全局搜索性能，并易于并行化。

（3）不需要辅助信息。仅用适应度函数来评估基因个体，并在此基础上进行遗传操作。

（4）内在启发式随机搜索特性。遗传算法不采用确定性规则，而是采用概率的变迁规则来指导搜索方向。

（5）在搜索过程中不易陷入局部最优。即使在所定义的适应度函数是不连续的、非规则的或有噪声的情况下。

（6）采用自然进化机制来表现复杂的现象。能够快速准确地解决求解非常困难的问题。

（7）具有固有的并行性和并行计算能力。

（8）具有可扩展性。易于同别的技术混合使用。

2）遗传算法的缺点

遗传算法的主要缺陷是局部搜索能力差，尤其在优化后期，其搜索效率较低，从而增加了优化时间消耗。遗传算法存在的另一个问题是该算法需要对问题进行编码，求解结束时需要对问题解码，交叉率与变异率以及全体规模等参数的选择对算法性能影响很大，而合适值的选择通常对经验要求较高。对于结构复杂的组合优化问题，搜索空间大，不合适参数的选择会让优化陷入"早熟"。

◆ 3.5　本章小结 ◆

路由与资源分配技术是光网络规划与优化过程的核心组成部分，合理有效地分配路由与资源可以利用有限的网络资源，最大限度地保证业务请求的正常运行，提高资源利用率的同时减少阻塞率。本章主要阐述并研究了路由与资源分配技术相关的问题。

第一节对路由与资源分配问题及其技术进行了概述，然后介绍了线性规划算法、启发式算法和最短路径算法三种重要的路由与资源分配技术。并在接下来三小节中分别对以上三种方法进行详细的研究介绍。

第二节基于运筹学阐述了最优化建模及求解相关问题，首先概述了最优化问题及建模方法，依次阐述了运筹学的研究与发展和线性规划的一般模型以及基本概念；然后介绍了基于 MILP 的智能网络映射算法和具有保护路由功能的 MILP 智能网络映射算法两种线性规划最优化算法；继而总结了基于链路的 ILP 模型、基于光通道的 ILP 模型和基于业务流的 ILP 模型三种路由与资源分配的最优化模型；最后简单介绍了线性规划求解工具，重点介绍了 GUN 线性规划工具包，依次阐述了简单的使用说明和 GLPK 解决器驱动实现算法流程。

第三节阐述了基于拓扑的路由与资源分配算法相关内容，首先概述了基于拓扑的路由与资源分配相关算法，继而阐述了 Dijkstra 算法和 K 最短路径算法的基本原理和实现步骤，最后介绍了多路径综合代价最小算法和 SDM 光网络中新颖的共享通路保护算法两种典型应用，并对其算法性能进行了详细的分析。

第四节阐述了启发式算法相关的内容,分别介绍了蚁群算法和遗传算法的相关概念、基本原理和实现流程,并简要介绍了蚁群算法和遗传算法在路由与资源分配中的应用,最后对这两种算法的特点和优劣性进行了简单的归纳总结。

◆ 参考文献 ◆

[1]董文婧. OTN 网络规划中的路由与资源分配问题研究[D]. 北京:北京邮电大学,2014.

[2]贾骁. 光互联资源优化问题的研究[D].北京:北京邮电大学,2016.

[3]梁文婷. 基于大容量 OTN 的 MILP 智能网络映射算法研究[D].北京:北京邮电大学,2015

[4]屈智宇,黄善国,尹珊. SDM 光网络中一种新颖的负载均衡共享通路保护算法[J],2015.

[5]贾云富,秦勇,段富,等. 蚁群算法及其在路由优化中的应用综述[J]. 计算机工程与设计,2009(19):4487-4491.

[6]刘振. 蚁群算法的性能分析及其应用[D]. 广州:华南理工大学,2010.

[7]李美莲. 遗传算法在 QoS 组播路由优化中的应用研究[D]. 太原:中北大学,2005.

[8]张洁. 遗传算法在 QoS 组播路由算法中的应用[D]. 杭州:浙江工业大学,2003.

[9]解英文. 基于蚁群算法的网络路由算法[D]. 济南:山东大学,2009.

[10]李蔚,何军,刘德明,等. 改进遗传算法应用于全光网中静态路由与波长分配的优化[J]. 计算机工程与应用,2004,40(33):133-135.

[11]刘萍,高飞,杨云. 基于遗传算法和蚁群算法融合的 QoS 路由算法[J]. 计算机应用研究,2007,24(9):224-227.

[12]胡世余,谢剑英. 新式遗传算法在 QoS 路由选择中的应用[J]. 上海:上海交通大学学报,2003,37(6):939-942.

[13]马永杰,马义德,蒋兆远. 一种快速遗传算法的性能分析[J]. 昆明:云南大学学报(自然科学版),2009,31(5):449-454.

[14]石坚,邹玲,董天临,等. 遗传算法在组播路由选择中的应用[J]. 北京:电子学报,2000,28(5):88-89.

[15]郑滟雷,顾畹仪,连伟华,等. 采用蚁群算法解决光网络中动态及分布式 RWA 问题的方法[J]. 北京:北京理工大学学报,2009,29(12):1104-1109.

[16]程希,沈建华. 一种基于改进蚁群算法的光网络波长路由分配算法[J]. 北京:电子与信息学报,2012,34(3):710-715.

[17]Banerjee N, Mehta V, Pandey S. A genetic algorithm approach for solving the routing and wavelength assignment problem in WDM networks[C]. 3rd IEEE/IEE international conference on networking, ICN. 2004:70-78.

[18]郑滟雷，顾畹仪，连伟华，等. 采用蚁群算法解决光网络中动态及分布式 RWA 问题的方法[J]. 北京:北京理工大学学报，2009（12）：1104-1109.

[19]Gravett A S，du Plessis M C，Gibbon T B. A distributed ant-based algorithm for routing and wavelength assignment in an optical burst switching flexible spectrum network with transmission impairments[J]. Photonic Network Communications，2017，34（3）：375-395.

[20]Sun Y，Yuan J，Zhai M. An optimized RWA method with services selection based on ACO in optical network[C]//Optical Communications and Networks（ICOCN），2016 15th International Conference on. IEEE，2016：1-3.

[21]Rottondi C，Boffi P，Martelli P，et al. Routing，modulation format，baud rate and spectrum allocation in optical metro rings with flexible grid and few-mode transmission[J]. Journal of Lightwave Technology，2017，35(1)：61-70.

[22]Tode H，Hirota Y. Routing，spectrum and core assignment for space division multiplexing elastic optical networks[C]//Telecommunications Network Strategy and Planning Symposium（Networks），2014 16th International. IEEE，2014：1-7.

[23]Lechowicz P，Walkowiak K. Genetic algorithm for routing and spectrum allocation in elastic optical networks[C]//Network Intelligence Conference（ENIC），2016 Third European. IEEE，2016：273-280.

[24]Le V T，Jiang X，Ngo S H，et al. Dynamic RWA based on the combination of mobile agents technique and genetic algorithms in WDM networks with sparse wavelength conversion[J]. IEICE transactions on information and systems，2005，88(9)：2067-2078.

[25]陈皓. 遗传算法在网络动态选路中的应用[J]. 长沙:湖南工业大学学报（社会科学版），2004，9(5)：36-38.

[26]刘振. 蚁群算法的性能分析及其应用[D]. 广州:华南理工大学，2010.

第 4 章

光网络生存性技术

◆◆ 4.1 网络生存性问题概述 ◆◆

4.1.1 网络生存性概念与意义

随着科技的发展,光网络的规模日益扩大,网络生存性对于光网络的重要性越来越显著。网络生存性在预防网络发生故障导致业务瘫痪以及当网络发生故障后提高网络的修复效率等方面有着重要的意义。

网络的生存性指能在网络发生灾难性故障后,网络仍然可以承载一定的业务数据的能力,又可以称为网络的抗毁性。生存性实际上就是描述了网络一旦发生故障,就会以最快的速度将受影响的业务重新安排到闲置资源上,从而减少因网络故障而造成的社会影响和财务损失的能力。实际光网络中,人为以及自然灾害都将造成网络故障。网络故障中常见的链路故障、节点故障都会导致巨大的数据丢失,并给互联网用户带来大量的服务中断。

网络生存性通常以生存率来表示,可定义为当某条线路出现故障时,可从其他线路上疏通的业务量与该线路所传送的业务量之比。影响网络生存性通常有以下三方面因素。

(1) 大量业务集中于传输和交换设备,设备的大规模与高传输速率,在较少的几根光纤中集中的控制信令将使一个元件失效而波及更大范围。因此在进行网络生存性研究时业务集中的节点链路的性能是对网络生存性影响极大的。

(2) 网络的保护恢复技术与策略,通过保护恢复措施可以有效提高网络的生存性,同时这部分因素也是我们在进行规划优化时能够有效对网络生存性进行影响控制和采取措施的部分。

(3) 可能存在的危险因素占比,包括暴风雪、龙卷风、飓风、地震、火灾、洪水、海啸等自然因素和人为破坏(如盗窃、挖掘)可能导致光(电)缆断裂和交换设备的破坏。这些危险因素在网络中的占比及一条业务中的占比将直接影响网络生存性。

4.1.2　网络生存性关键技术

针对多维光网络的生存性,业界进行了很多相关研究。本节重点介绍网络生存性中的一些关键技术。

1. 关键概念

共享风险链路组(Shared Risk Link Groups,SRLG)是指一组具有共同故障风险的逻辑或物理链路组。共享风险链路组中的链路具有可能同时故障的特点,这使得在进行光网络生存性算法与策略设计时需要对其进行分离性考虑。例如同沟同缆的光纤,对于承载在同沟同缆光纤上的不同 WDM 链路,如果不考虑共享风险链路组,不同 WDM 链路可能会彼此作为备份路径,但实际上由于其同沟同缆,非常可能遭遇自然灾害或人为损坏时两条链路同时故障,这样备份保护并不能起到作用。在具体规划优化中,我们可以通过设置不同链路的 SRLG 来调整链路的分离程度,以达到相应的可靠性需求。

多路径传输(Multipath provisioning,MPP)能够提供更高的吞吐量,更有效地利用网络资源。利用多路径传输技术可以有效地提高业务的抗毁能力;利用多条路径的物理分离,可保证在网络发生故障时,业务仍具有连通路径并保持通信。多路径传输技术也明确地具有几种标准化的路由协议,如开放最短路径优先和路由信息支持协议。

保护路由在网络设计时,为一条路由设置一条或多条备用路由,当故障发生时通过倒换到备用路由来保障网络业务的正常传输,这个通过预留资源实现的备用路由就是保护路由。

恢复路由是指在网络故障时根据网络的实时路由情况以及资源占用情况计算出的替代故障路由的新路由,不需要在网络设计时预留资源。

关于保护和恢复我们还会在后续章节中进行进一步的介绍。

2. 不同维度网络的生存性技术

使用不同传输技术的光网络都有自己的独特属性和特点,有着其相对独立的生存技术。其中 IP、SDH(Synchronous Digital Hierarchy)和 WDM(Wavelength Division Multiplexing)网络的生存技术是当前多维光网络中的最具代表性的几种生存技术。下面分别对其进行简单介绍。

1) IP 网络的生存性

在 IP 层中引入了多协议标签交换(Multi—Protocol Path Label Switch,MPLS)技术之前,IP 层虽然也能够恢复多种不同故障类型的业务,操作粒度也非常小,但是采用重路由的恢复方式速度较慢,无法在故障出现后及时、快速地恢复业务。伴随着 MPLS 技术的引入,IP 网络中也能和 TCP 一样提供面向连接且有 QoS 保证的业务。IP/MPLS 网络中的生存性技术主要包括 MPLS 的保护倒换技术和动态重路由技术。这两种技术能够基于链路级或通路级实施。一般情况下,动态重路由技术所需的故障恢复时间较长,但其网络资源利用率较高;而MPLS 保护倒换技术的故障保护所需时间短,能够保障业务的快速恢复性能。

2) SDH 网络的生存性

SDH 网络的生存性技术总的来说就是保护和恢复两种策略,包括基于保护策略的自动保护倒换(Automatic Protection Switch,APS)技术、自愈环(Self-Healing Ring,SHR)技术以及基于恢复策略的动态恢复技术。其中,APS 技术主要针对网络的链路故障业务恢复,主要包括 1+1、1∶1 和 M∶N 三种方式,它们分配的保护资源不同,前面两种是专用保护,而第三种是共享保护。SHR 比 APS 更加灵活,能够用于处理网络节点、链路故障,是一种非常有用的网络生存性技术。而动态恢复技术是指在网络故障时,动态地寻找并利用网络中的空闲资源来恢复受损的业务。

3) WDM 网络的生存性

同 SDH 网络一样,WDM 网络也是一种面向连接的复用网络,其生存性技术同样采用保护或恢复两种策略。不同的是,WDM 网络的保护和恢复过程主要发生在光层,其最小的保护颗粒度是单个波长,通过预留备用的保护波长来替代受损的工作波长从而实现网络的保护和恢复。WDM 层保护和恢复技术拥有高速、高效、简单且透明等诸多优点。

4.1.3 国内外网络生存性技术研究现状

网络生存性的研究最早开始于 1987 年,随着光网络的不断发展,业界认识到生存性对于光网络的重要影响,对其研究不断深入,现已提出了多种生存性策略。

国际电信联盟(International Telecommunication Unit,ITU)制定了有关同步数字系列(SDH)自愈环结构标准的 6.841 和环间互连标准 6.842,同时研究并标准化了自动交换光网络(Architecture for the Automatically Switched Optical Network,ASON)和光传送(Optical Transport Network,OTN)的生存性技术。ANSI Tl 委员会专门成立了网络生存性和可靠性工作组,开展对本领域的研究。IETF 的 IPO(IP over Optical)及 CCAMP(Common Control And Measurement Plane)工作组也正在开展对 ASON 的保护和恢复方案的研究和标准化工作。

于 2001 年由 IETF 提出的共享风险链路组(Shared Risk Link Groups,SRLG)的概念对于物理风险的定义进行了改进,作为 ASON 网络生存性主要技术指标之一,在很大程度上减小了保护机制中分离的工作路由和保护路由一起发生故障的风险。对基于智能光网络架构下的生存性研究有智能光网络控制平面功能和核心协议对网络生存性的支撑,这方面的研究基本上是围绕互联网工程任务组(Internet Engineering Task Force,IETF)的 GMPLS 协议簇相关协议展开,在此协议架构下,研究多层网络之间的生存性协调等问题。

欧洲高级通信技术和业务(Advanced Communications Technologies & Services,ACTS)的 AC205/PANEL(Protection Across Network Layers)项目组提出了多层网络恢复模型,提高了多层网络整体生存性能,在 SDH over WDM 和 ATM over SDH 的网络结构中,通过将上层网络的备用资源映射到下层网络备用资源的方法,有效降低全网资源冗余度,从而提高网络资源的利用率。

美国国防部高级研究计划局(Defense Advanced Research Projects Agency,DARPA)对于异构、多层网络环境下的网络生存性问题,综合控制策略建立问题,上层网络有效地映射到下层网络以增强网络的抗毁能力的问题,多点故障的相关问题,IP 网络生存性等问题进行资助研究。

近年来,国内对于网络生存性的研究也越来越重视,清华大学、北京邮电大学等各大知名高校都已在该领域发表诸多科研成果。随着学术界对于网络生存性研究的不断深入,国家自然科学基金委员会和国家高技术研究发展计划——(863)计划都为该领域的科学研究提供了大量的资助项目。

光网络生存性技术的发展总是以光网络自身的发展为基础和前提的,伴随着光网络的规模越来越庞大,拓扑结构也越来越复杂,光网络所能提供的业务种类也在不断地增加,光网络的生存性技术也必然需要进一步发展,其总体趋势是向智能化、多层面、多等级业务恢复的方向发展。网络生存性技术的智能是依靠网络节点的智能来实现的,而网络节点的智能化通过把控制算法嵌入到各个网络节点来实现,所以光网络的故障恢复的研究方向应是网络资源的智能控制和调度。光网络的多等级业务恢复是网络为应对日益丰富的各类业务而提出的生存性要求,网络业务的不断发展,使其对网络资源的需求更为灵活繁杂。从整体的角度为每种业务都提供尽可能优化的网络恢复资源也必然是以后光网络生存性技术研究的一个重要方向。总之,光网络生存性技术研究的目标始终是快速的恢复时间、高效的网络资源利用率和优良的业务传输服务。

随着数据业务越来越灵活和庞大,下一代智能光网络对容量的要求也将进一步增加,网络结构也会变得越发复杂,对生存性技术的要求将会进一步提高,所以未来生存性技术必须满足以下条件,才能与下一代智能光网络相适应。

(1) 恢复时间更短,才可以支持宽带高速业务。

(2) 能支持复杂的大型网络,保障网络复杂情况下也能适用。

(3) 可支持各种类型的网络业务。

◆ 4.2　光网络的保护和恢复 ◆

4.2.1　保护和恢复的概念

作为基础传输网络,光网络的生存性问题一直被广泛关注。生存性策略分为两大类:保护与恢复。

保护是指使用预先规划的方法为工作通道预留冗余资源,以便在发生故障时建立保护连接。其是通过预算路、并发优收等方法保证业务在故障情况下倒换到可用路由,在故障发生时利用已安排好的路由与资源来保证网络生存性。这部分起到保护作用的资源会被保留下来,不能被其他的业务所使用,其他业务只能以竞争的方式占用。当工作路由出现故障时,外部的网络管理系统不需要做出调整,业务将会自动替换到预留的保护路由上,在短时间内就可以恢复使用。但是由于预留资源不能被其他业务所共享,所以网络资源利用率低,灵活性较差。

无论采用哪种保护方式都需事先预留资源,这将大大降低网络资源的利用率。因此,网络中除了采用恰当的保护方式之外,通常还可以采用网络恢复的方法对业务进行保护。"恢复"是指在故障场景为业务动态的计算路由分配资源来实现通信保障和网络的生存性。由于网络恢复是根据网络的实时状况及空闲容量配置新路由来替换故障路由的,所以这就需要网络管理层来进行集中控制,为恢复倒换提供所需的信息。与网络保护不同,恢复路由不是预设的,在发生故障时需要进行路由计算,所以恢复所需的时间较长,但是其资源利用率相对较高。

所以综合而言，"保护"的实现机制是预留资源，具有较低的资源利用率，但是恢复时间较短，大致为 10 ms 级，通常适用于轻载网和环形网。"恢复"的实现机制是重路由，恢复时间较长，通常为 100 ms 级甚至更长，常用于重载网和网状网。

4.2.2　保护和恢复技术的分类与特点

对于光网络中的保护和恢复技术可以有很多种分类的方法。每种分类都是根据某种特点进行分类的。

（1）协议层：在现代电信网络结构中，根据协议层可以将光网络中的保护和恢复技术划分为 IP 层、ATM 层、SDH 层和 OTN 层。

（2）网络拓扑结构：根据网络的拓扑结构可以将光网络中的保护和恢复技术划分为线性保护切换、双归法、自愈环、自愈网。

（3）网络功能：根据网络功能可以将光网络中的保护和恢复技术划分为业务恢复技术和设备恢复技术。

（4）业务倒换位置：根据业务倒换位置可以将光网络中的保护和恢复技术划分为路径保护策略、链路保护策略以及段保护策略。

（5）控制协议：根据控制协议可以将光网络中的保护和恢复技术划分为集中式控制方法以及分布式控制方法。光网络的恢复控制方式通常分为集中控制和分布控制。其中，集中控制通常由网络的主控节点收集网络资源信息，当网络发生故障时，网络故障信息送至主控节点进行网络的恢复算法，并将计算恢复结果下发至各个相关节点执行恢复动作。集中式的恢复需要全网的资源信息和知道网络的资源占用情况，通常主控节点需要庞大的数据库记录全网络的物理拓扑结构、节点连接情况、业务资源使用情况等网络的状态。恢复算法依据网络的资源状态动态寻找一条当前可用资源中的优化路由和波长分配给待恢复业务。

（6）恢复粒度：根据恢复粒度可以将光网络中的保护和恢复技术划分为基于通道的恢复技术以及基于链路的恢复技术。基于通道的恢复技术是指恢复算法针对每条业务而言，将为每条业务计算恢复的路由和波长，恢复业务之间没有算法上的动态相关性。它针对的是每条业务，因此，具有更灵活的特性，使网络性能更优化。基于链路的恢复技术是指为故障链路寻找替代路由，将故障链路上所有业务统一恢复。它相对简单，但需网络中有富余的链路资源作为恢复路由。

4.2.3　常见保护恢复技术简介

1. 点到点的链路保护技术

1）1+1 保护

1+1 保护机制是指源节点在主、备用两根光纤通道上同时发送携带相同数据信息的光信号，目的节点根据两路光信号质量的优劣选择信号质量好的通道进行接收。在网络正常工作情况下，目的节点选择接收主用通道上的光信号。因为在主、备用通道上传递相同的光信号，所以在主用通道出现中断时，如图 4-1 所示，目的节点通过保护倒换开关选收备用通道上的光信号，在 SDH 网络中保护倒换时间可达到 50 ms。

图 4-1　1＋1 保护机制

2）1∶1 保护

1∶1 保护机制指在网络正常工作时，源节点在主用光纤通道上传递高等级业务，在备用光纤通道上传递低等级业务，目的节点从主用通道接收高等级业务从备用通道接收低等级业务。当主用通道中断时，如图 4-2 所示，为保证高等级业务的传输，切断备用通道上的低等级业务，源光节点将高等级业务发送到备用通道上，目的节点倒换到备用通道上接收高等级业务，此时低等级业务被中断，高等级业务传输得到恢复，源节点和目的节点同时进行倒换，倒换速率较 1＋1 慢，但通道利用率高。由于低等级业务的传送在主用通道故障时被中断，所以低等级业务得不到保护。

图 4-2　线路 1∶1 保护机制

3）1∶N 保护

1∶N 保护是指以 N（$N \geqslant 1$）个工作通道共用 1 个保护通道作为保护，当其中任何 1 个工作通道发生故障时均可倒接至保护通道。1∶N 保护为一种共享保护，正常状态下保护通道空闲，一些低等级业务可以在上面进行传送，发生倒换时该通道可被强占。这时通道利用率更高，但保护效率低。1∶1 是 1∶N 保护的一种特例。在 SDH 中网络中，由于由 K1 字节的 b5～b8 位的 0 001～1 110 指示要求倒换主用通道编号，所以线路 1∶N 保护方式中 N 最大只能到 14。

4）M∶N 保护

M∶N 保护是一种通过共享来实现保护的保护方式，有 N 条工作通道同时共享 M 条保护通道。在正常情况下，保护通道用来传输优先级比较低的业务。当故障发生时，传送优先级最低的业务的通道会被终止当前业务，用来承接故障通道的业务，从而实现保护。

2. 端到端通道保护技术

端到端的通道保护在计算保护路径时源和目的节点即为业务的首末节点，保护针对业务，在网络出现故障时可将受影响的业务整条端到端地由工作路由倒换至保护路由上。图 4-3 所示的是端到端通道保护示例，其中业务首末节点为 A～G。

3. 点到点段保护技术

段保护是指在业务请求按照一定路由选择策略建立工作通道后，将工作通道按照一定的规则进行分段（称为工作分段，一个分段可能同时包含几条不同的链路），然后再按照一定路由选择策略对每个工作分段进行保护路由计算。图 4-4 所示的是段保护示例，其中业务首末节点为 A～G。

多维光网络规划与优化技术

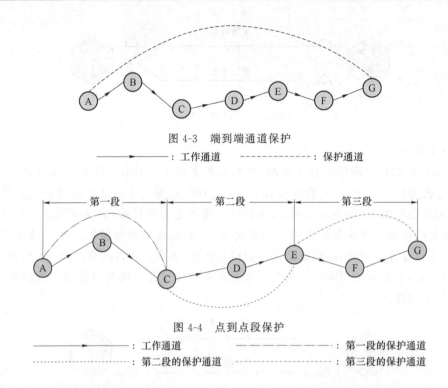

图 4-3　端到端通道保护

　——————▶ ：工作通道　　— — — — — ：保护通道

图 4-4　点到点段保护

　——————▶ ：工作通道　　—·—·—·—·— ：第一段的保护通道
　— — — — — ：第二段的保护通道　　············· ：第三段的保护通道

4. 环网保护技术

　　自愈环(SHR)的结构可分为两大类,即通道保护环和复用段保护环。在通道保护环中,业务信息的保护是以每个通道为基础的,倒换与否按离开环的某一通道信号质量的优劣而定。而在复用段保护环中,倒换是以每一对节点间的复用段信号质量为基础的,当复用段有故障,在故障范围内整个线路倒换到保护回路。一般通道保护环使用专用保护,复用段保护环使用共享保护。在共享保护中,正常的情况下,保护段是空闲的,保护时隙由每对节点共享。

　　从进入环的支路信号与由该支路信号分路节点返回的支路信号方向是否相同来区分,环网又可分为单向环和双向环。单向环中所有业务信号按同一方向在环中传输(逆时针或顺时针);而双向环中进入环的支路信号和由该支路信号分路节点返回的支路信号按相反的方向传输。若按照一对节点间所用光纤的最小数量来分,还可以划分为 2 纤环和 4 纤环。但通常情况下,通道保护环只工作在单向 2 纤方式;而复用段保护环既可以工作在单向方式,也可以工作在双向方式,既可用 2 纤方式,又可用 4 纤方式。

◆ 4.3　多维光网络中的多路径故障保护技术 ◆

4.3.1　多路径传输技术

　　目前,大部分的灵活光网络都是基于单路径传输(Single-Path Provisioning,SPP)的。然而随着网络容量需求日增,使用单路径传输由于带宽的限制可能难以满足某些大带宽请求,从而导致很高的要求阻塞率。而使用多路径传输(MPP)能够提供更高的吞吐量,更有效地利用网络资源。

94

在灵活栅格光网络中,可以轻松地支持多路径配置,通过多个路由路径分割数据流量。近年来,Dahlfort等人提出了一种频谱分割的方法,该方法可被认为是一种多路径传输的方法。在该方法中,业务请求可能会被分成几个子业务流在不连续的光谱上进行传输。然而由于这种方法仍然局限于一个请求的所有子流路由通过相同的路径,它可能无法充分发挥多路径传输的好处。在能够支持多路径路由传输和流量分解的灵活栅格光网络中,每个交换节点都应具有一个可变带宽的波长选择开关(BV-WSS),使用相对低的带宽粒度实现通道上下路。如硅基液晶(Liquid Crystal on Silicon,LCOS)WSS的开关粒度最小,为12.5 GHz。Barros等提出了一种无色的LCOS WSS节点架构,在该结构中每个添加/删除端口同时有窄带和宽带模式,因此,可以低损耗地实现BV-WSS。综上所述,在灵活栅格光网络交换技术和相关器件的发展与支持下,灵活光网络中的多路径传输易于实现。

4.3.2 灵活栅格光网络中的多路径抗多故障技术

当前光网络的抗多故障生存性已经成为一个研究热点。随着灵活栅格光网络的快速发展与进步及其在数据中心网络中的广泛应用,灵活栅格光网络自身呈现出大容量、结构复杂化以及地理位置分散化等特点。这使得当地震、飓风、海啸、龙卷风等自然灾害发生,以及人为冲突或操作失误等导致的网络多故障出现时,受到的影响和损失更大。灵活栅格光网络中的业务保护机制可以通过预先为业务分配备份资源,保证网络在发生故障时受影响的业务能够进行有效倒换。网络多故障的发生,对备份资源的需求量更高。如何更加有效地实现网络业务保护成为需要解决的重要问题。本节从灵活栅格光网络中的抗多故障资源优化入手,引入多路径传输机制,分析基于多路径传输的资源优化的可行性和资源优化效果。

1. 多路径传输保护资源效率

在网络业务同时具有多条风险不相关通道路径用于传输的情况下,当其中某条或某几条通道路径受到故障影响时,其他通道路径可以维持信息的传送,从而保证网络生存性与业务质量。使用多路径传输技术进行业务保护能够带来比单路径传输更高的资源效率。图4-5所示的是传输带宽需求。业务AC的业务带宽为B。在单故障场景中,使用单路径传输时,业务保护如图4-5(a)所示,业务的主工作通道路径为A-C,保护备份通道路径为A-B-C,两条通道需要的带宽均为B,对频谱带宽的总需求是$2B$。使用多路径传输技术,如图4-5(b)所示,不相关通道路径数为3,三条通道路径分别为A-C,A-B-C和A-E-D-C,通道每条使用的带宽均为$0.5B$。对于单故障场景,其中一条通道发生故障时,另外两条可以为业务传输提供足够的频谱以保证业务传输,频谱的总需求是$1.5B$,节省25%的频谱资源。上面讨论的是全保护的情况。当使用部分保护时,MPP仍具有较高的效率。以业务需要80%的保护抗单故障为例,单路径传输所需的频谱带宽为$1.8B$,而3条通道的多路径传输需要的带宽仅为$1.2B$(每条通道$0.4B$)。节省频谱资源达33.3%。

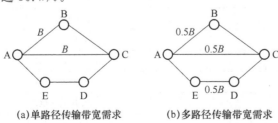

(a)单路径传输带宽需求　　　(b)多路径传输带宽需求

图4-5　传输带宽需求

以上我们讨论了单故障场景中多路径传输的资源效率。在多故障情况下的多路径传输的资源效率如表 4-1 和表 4-2 所示。其中 $B(t)$，代表业务 t 的带宽需求，$B(r_k^i)$ 代表每条通道的带宽，ρ 代表保护比率。$B(t)$ 与 $B(r_k^i)$ 值的具体计算方法将在下一节中讨论。这里只对其资源优化效果进行分析。N 代表多路径传输中的路径数，M 代表多故障场景中的故障数。当 $M < N$ 时，多路径传输所需的带宽量随着路径数变化而变化，如表 4-1 和表 4-2 所示。对比单路径传输，当 $M=2$，$\rho=1$ 时，即业务抗双故障需要全保护时，单路径传输需要的带宽为 $3B(t)$；多路径传输需要的带宽如表 4-1 所示，以 $N=6$ 为例，使用多路径传输技术可以节约 50% 的带宽。当 $M=2$，$\rho=0.8$ 时，即业务抗双故障 80% 保护时，单路径传输需要的带宽为 $2.4B(t)$；多路径传输需要的带宽如表 4-2 所示，以 $N=4$ 为例，使用多路径传输技术可以节约 38% 的带宽。

表 4-1　当 $M=2$，$\rho=1$ 时，多路径传输带宽需求

N	$B(r_k^i)$	总带宽需求
3	$B(t)$	$3B(t)$
4	$0.50B(t)$	$2B(t)$
5	$0.33B(t)$	$1.67B(t)$
6	$0.25B(t)$	$1.50B(t)$
7	$0.20B(t)$	$1.40B(t)$

表 4-2　当 $M=2$，$\rho=0.8$ 时，多路径传输带宽需求

N	$B(r_k^i)$	总带宽需求
3	$0.80B(t)$	$2.40B(t)$
4	$0.40B(t)$	$1.60B(t)$
5	$0.27B(t)$	$1.33B(t)$
6	$0.20B(t)$	$1.20B(t)$
7	$0.16B(t)$	$1.12B(t)$

上述讨论中，并没有考虑保护带(Guard Band)的宽度，而在实际的弹性光网络中保护带是需要考虑的，尤其在使用 OFDM 技术实现弹性带宽的网络中，保护带的存在可以减少不同通道间的串扰。在使用多路径传输时，需要付出的代价之一就是网络中保护带的频谱消耗增加。在本章中保护带的频谱需求用 G 来表示，每增加一条通道，带宽消耗增加一份保护带频谱 G。每条通道的前后均有保护带，但是因为每个保护带被前后两条通道共享，因此每增加一条通道时，增加的保护带频谱消耗为一份 G。考虑增加通道对保护带频谱的需求，以 $M=2$，$\rho=0.8$ 为例，单路径传输技术带宽需求为 $2.4B(t)+3G$，使用多路径技术带宽需求，如表 4-3 所示。

表 4-3　$M=2$，$\rho=0.8$ 时，考虑保护带的多路径传输带宽需求

N	总带宽需求
3	$2.40B(t)+3G$
4	$1.60B(t)+4G$
5	$1.33B(t)+5G$
6	$1.20B(t)+6G$
7	$1.12B(t)+7G$

从表中可以看出在考虑保护带的情况下,多路径传输是否与单路径传输相比能够实现资源的节约,N 的值是否越大越好等均需要进一步的比较和计算。总的来说,在合理参数的选择下,在灵活栅格光网络中使用多路径传输抗多故障能够有效提高网络资源效率,实现资源优化。

2. 多路径传输抗多故障资源优化策略

在灵活栅格光网络中的多路径传输抗多故障资源优化中,资源分配是非常重要的一部分,为便于描述灵活光网络中的频谱资源,我们使用“slot”一词来代表灵活光网络中能够用来使用的最小频谱粒度,例如在使用 OFDM 的 FWDM 网络中,一个 slot 表示一条子载波。针对灵活栅格光网络的多路径抗多故障资源优化应满足下列策略要求。

(1) 多条路径应为 SRG 不相关;

(2) 不同链路上同一通道使用的 slot 应是连续的,类似与 WDM 网中的波长连续性(连续性,the continuity constraint);

(3) 同一链路上同一通道使用的 slot 应是相互连续的,即 slot 彼此相邻(相邻性,the continuity constraint);

(4) 同一条链路上,两个通道应该具有保护带(Guard Band);

(5) 一般情况下,除保护带外,每个 slot 只能被一条通道占用(唯一性);

(6) 一条通道使用的 slot 数应为整数且不大于链路上的 slot 总数。

本章节中的多路径传输抗多故障资源优化使用路由与资源分配来实现。其中路由使用 Bhandari's 不相关路径算法进行计算,其中不相关限制使用 SRG 不相关。资源分配使用整数线性规划模型进行建模求解。

3. 多路径传输抗多故障资源优化关键参数计算

使用多路径传输技术有许多关键参数需要在进行模型建立之前就进行求解和分析。在本章中业务表示为 $t=<s,d,\rho>$。其中,s 为源节点;d 为目的节点;ρ 是业务的保护等级。$\rho=0$ 代表该业务为无保护;$\rho=1$ 代表该业务为全保护,$0<\rho<1$ 代表业务是部分保护,ρ 的值代表保护比率。业务 t 具有 $N(N\geqslant2)$ 条 SRG 不相关的路径,r_k^t 代表了业务 t 的第 k 条路径,$k\in N=\{0,1,\cdots,N\}$;$B(t)$ 是 t 的 slot 需求数;$B(r_k^t)$ 是业务 t 的第 k 条路径所需的 slot 数;G 是保护带所需的 slot 数。

1) $B(r_k^t)$ 的计算

在单故障场景下,为保证故障场景下保护的有效性,业务的路径带宽需求应满足

$$\sum_{i=1,i\neq j}^{N} B(r_i^t)\geqslant \rho B(t),\forall j\in N \tag{4-1}$$

在双故障场景下,为保证故障场景下的保护有效性,业务的路径带宽需求应满足

$$\sum_{i=1,i\neq j,i\neq u}^{N} B(r_i^t)\geqslant \rho B(t),\forall j,u\in N,j\neq u \tag{4-2}$$

在多故障场景下,在故障数为 $M(M<N)$ 时为保证故障场景下的保护有效性,业务的路径带宽需求应满足

$$\sum_{i=1,i\notin J}^{N} B(r_i^t)\geqslant \rho B(t),\forall J\in N,\mid J\mid=M \tag{4-3}$$

在单故障场景中,如果存在两个带宽不相同的路径 $B(r_i^t)\neq B(r_j^t),i\neq j,\forall i,j\in N$,如果所有路径中带宽需求最大的为 $B(r_m^t)=q$,那么为了满足式(4-1)的业务路径带宽,应满足

$$\sum_{i=1}^{N} B(r_i^t) - q \geqslant \rho B(t)$$

即

$$\sum_{i=1}^{N} B(r_i^t) \geqslant \rho B(t) + q \tag{4-4}$$

从资源最优的角度出发，$\sum_{i=1}^{N} B(r_i^t)$ 越小越好。由式（4-4）可知，只有当所有路径的带宽均相等，即 $B(r_i^t) = B(r_j^t), i \neq j, \forall i, j \in N$ 时，q 才能取最小值，进而 $\sum_{i=1}^{N} B(r_k^t)$ 才能取最小值。因此为最优化使用资源，每条路径上的需求带宽应相同。当 $B(r_i^t) = B(r_j^t), i \neq j, \forall i, j \in N$ 时，式（4-1）～式（4-3）可以简化为，

$$\frac{(N-M)B(r_k^t)}{N} \geqslant \rho B(t) \tag{4-5}$$

其中，$M = 1$ 代表为单故障，$M \geqslant 2$ 代表多故障。

（1）当 $\rho = 0$，业务为无保护。无论 M 和 N 的大小关系如何，每条路径的带宽需求应为

$$B(r_k^t) = \frac{B(t)}{N} \tag{4-6}$$

这是由于只要足够的带宽来保证业务传输就可以了。事实上，当业务是无保护的时候，考虑到使用多路径传输增加的保护带，从资源使用量上考虑使用单路径传输是更优的。所以当业务是无保护时，使用单路径传输。这种情况不在本章的主要讨论范围。

（2）当 $0 < \rho < 1$，业务为部分保护。

当 $M < N$ 时，如果 $N \geqslant \frac{M}{1-\rho}$，$B(r_k^t)$ 的和应满足式（4-5）且不大于 $(1-\rho)B(t)$，所以

$$B(r_k^t) = \frac{B(t)}{N} \tag{4-7}$$

如果 $N < \frac{M}{1-\rho}$，则

$$B(r_k^t) = \frac{\rho B(t)}{N-M} \tag{4-8}$$

当 $M \geqslant N$ 时，故障数大于路径数，也就是说保护一定是无效的，即当故障发生时无法保护业务不失效。即使是部分保护，也无法达到，因为所有的路径都中断了。这种情况下只有通过点到点链路保护或段保护来提高网络生存性，或增加链路以提高网络连通度，或提高节点度。

（3）当 $\rho = 1$，业务为全保护。

当 $M < N$，有

$$B(r_k^t) = \frac{B(t)}{N-M} \tag{4-9}$$

2）N 值的确定

多路径传输中具体计算几条路径能使得资源更加优化呢？从表 4-3 所示中我们可以看到多路径需要的资源总量和 N 值之间有着直接关系。

当 $N < \frac{M}{1-\rho}$ 时，根据式（4-9）考虑保护带，我们可得

$$\sum_{i=1}^{N} B(r_i^t) = \frac{\rho N B(t)}{N-M} + G \cdot N \tag{4-10}$$

随着 N 的变化，式(4-10)的导数为

$$G - \frac{\rho B(t)M}{(N-M)^2} \tag{4-11}$$

所以当

$$N = M + \sqrt{\frac{\rho B(t)M}{G}} \tag{4-12}$$

时，$\sum\limits_{i=1}^{N} B(r_k^t)$ 达到最小值，但同时 N 必须是整数，并小于 $\dfrac{M}{1-\rho}$。根据函数单调性，我们可以知道 N 取值应满足

$$N = \min\left(\left\lceil M + \sqrt{\frac{\rho B(t)M}{G}}\right\rceil, \left\lfloor M + \sqrt{\frac{\rho B(t)M}{G}}\right\rfloor, \left\lceil\frac{M}{1-\rho}\right\rceil\right) \tag{4-13}$$

当 $N \geqslant M/(1-\rho)$ 时，随着 N 的变化，传输所需的 slot 数是不变的，但保护带所需的 slot 数越来越多，总的带宽需求为

$$\sum_{i=1}^{N} B(r_i^t) = B(t) + G \cdot N \tag{4-14}$$

从式(4-14)可知，当 slot 数能够满足业务 t 时，增加 N 的值是没有意义的。N 应取 $\dfrac{M}{1-\rho}$，也就是说

$$N = \left\lceil\frac{M}{1-\rho}\right\rceil \tag{4-15}$$

对比式(4-10)与式(4-14)可以知道，当 $N < \dfrac{M}{1-\rho}$ 时，$B(t) < \dfrac{\rho NB(t)}{N-M}$，所以 $N = \left\lceil\dfrac{M}{1-\rho}\right\rceil$ 是较佳的 N 值选择。

总的来说，考虑业务带宽需求 $B(t)$ 和保护带 G，尽量保证 N 值满足式(4-15)，即 $N = \left\lceil\dfrac{M}{1-\rho}\right\rceil$，这时，$B(r_k^t) = \dfrac{B(t)}{N}$。但有时考虑到无法计算足够量的分离路径，则根据式(4-12)计算 N 值。这时，$B(r_k^t) = \dfrac{\rho B(t)}{(N-M)}$

4. 多路径传输资源优化的 ILP 模型

线性规划是网络规划与优化的常见方法。通过建立线性规划模型实现网络路由与资源分配，或单独完成资源分配。线性规划已经经历了较长时间的研究，作为运筹学的一个重要分支，其发展迅速、应用广泛，具有成熟的方法，是帮助人们实现科学管理或求解最优化的一种数学方法。线性规划是解决如何在一定约束下，安排人力物力等资源以达到最好的经济效果等目标的方法。一般地，求线性目标函数在线性约束条件下的最大值或最小值的问题，统称为线性规划问题。决策变量、约束条件、目标函数是线性规划的三要素。满足线性约束条件的解称为可行解；由所有可行解组成的集合称为可行域。

通过为灵活栅格光网络中抗多故障的多路径传输资源优化问题建立 ILP 模型，我们能够系统、科学地对资源优化问题进行分析与研究，其关键技术在于如何选择合适的决策变量、目标函数并按照策略方案进行约束条件的设计，建立符合网络特点与策略方案的线性规划模型。

网络参数如下。

$G(V,L)$：物理拓扑，包括节点集合 V 和链路集合 L。

T：业务 $t = \langle s,d,\rho \rangle$ 的集合。

r_k^t：业务 t 的第 k 条路径。

$P(t)$：业务 t 的路径集合 $|P(t)|=N$。

W：每条链路上 slot 的总数。

目标：最小化使用的 slot 数和更高的频谱使用效率。

输出：每条业务的多路径和资源分配，对 slot 的需求。

为解决这个问题，我们为每条链路计算 N 条不相关路径，每条路径的带宽需求根据式 (4-6)～式 (4-8) 确定。计算路径使用 Bhandari's 不相关算法。然后使用 ILP 模型解决资源分配的问题。ILP 模型具体如下所述。

（1）变量。ILP 模型的变量如下。

$s_{l_m,f}(t,k)$：在链路 l_m 上被路径 r_k^t 使用的第一个 slot 的序号。$s_{l_m,f}(t,k)\in[0,W]$，如果 $s_{l_m,f}(t,k)=0$，就说明路径 r_k^t 并未使用链路 l_m 上的任何 slot。

$s_{l_m,e}(t,k)$：在链路 l_m 上被路径 r_k^t 使用的最后一个 slot 的序号。$s_{l_m,e}(t,k)\in[0,W]$，如果 $s_{l_m,e}(t,k)=0$，就说明路径 r_k^t 并未使用链路 l_m 上的任何 slot。

$g_{l_m,f}(t,k)$：在链路 l_m 上被路径 r_k^t 的左侧保护带使用的第一个 slot 的序号。$g_{l_m,f}(t,k)\in[0,W]$，如果 $g_{l_m,f}(t,k)=0$，就说明路径 r_k^t 在链路 l_m 上没有保护带。

$g_{l_m,e}(t,k)$：在链路 l_m 上被路径 r_k^t 的左侧保护带使用的最后一个 slot 的序号。$g_{l_m,e}(t,k)\in[0,W]$。如果 $g_{l_m,e}(t,k)=0$，就说明路径 r_k^t 在链路 l_m 上没有保护带。

$p_{l_m,f}(t,k)$：在链路 l_m 上被路径 r_k^t 的右侧保护带使用的第一个 slot 的序号。$p_{l_m,f}(t,k)\in[0,W]$。如果 $p_{l_m,f}(t,k)=0$，就说明路径 r_k^t 在链路 l_m 上没有保护带。

$p_{l_m,e}(t,k)$：在链路 l_m 上被路径 r_k^t 的右侧保护带使用的最后一个 slot 的序号。$p_{l_m,e}(t,k)\in[0,W]$。如果 $p_{l_m,e}(t,k)=0$，就说明路径 r_k^t 在链路 l_m 上没有保护带。

$\varphi_s(l_m,t,k,t',k')$：布尔型变量，说明在链路 l_m 上被路径 r_k^t 使用的 slot 是否在被路径 $r_{k'}^{t'}$ 使用的 slot 之后。如果在之后，就说明 $s_{l_m,f}(t,k)>s_{l_m,f}(t',k')$ $\varphi_s(l_m,t,k,t',k')=1$，否则 $\varphi_s(l_m,t,k,t',k')=0$。

$\varphi_s(l_m,t',k',t,k)$：布尔型变量，说明在链路 l_m 上被路径 $r_{k'}^{t'}$ 使用的 slot 是否在被路径 r_k^t 使用的 slot 之后。如果在之后，就说明 $s_{l_m,f}(t,k)<s_{l_m,f}(t',k')$ $\varphi_s(l_m,t',k',t,k)=1$，否则 $\varphi_s(l_m,t',k',t,k)=0$。

$L_m(t,k)$：布尔型变量，说明在链路 l_m 是否在路径 r_k^t 的路由中。若路由包括该链路，则 $L_m(t,k)=1$；否则 $L_m(t,k)=0$。

S_{l_m}：链路 l_m 上被使用的 slot 序号的最大值。

（2）目标函数。ILP 模型的目标函数为

$$\min\sum_{m=1}^{L}S_{l_m} \tag{4-16}$$

ILP 模型的目标是最小化所有链路上已用 slot 序号最大值的和。这样能够保证 slot 使用是更加紧凑的从而保证资源使用是高效的。目标函数需要满足以下约束条件。约束条件中包括 slot 间位置关系约束[式(4-18)～式(4-23)]，相邻性约束[式(4-24)、式(4-25)]，slot 唯一性约束[式(4-26)、式(4-27)、式(4-32)、式(4-33)]，资源需求约束[式(4-28)～式(4-30)]，连续约束[式(4-31)]。

$$\forall l_m\in L,\forall t\in T,\forall k\in N \quad S_{l_m}\geqslant g_{l_m,e}(t,k) \tag{4-17}$$

式(4-17)保证了 S_{l_m} 是在链路 l_m 上已用 slot 序号的最大值。链路 l_m 上被 r_k^t 使用的 slot

中 $p_{l_m,e}(t,k)$ 是序号最大的。如果 S_{l_m} 比他们都大,那么 S_{l_m} 是已用 slot 中序号的最大值。

$$\forall\, l_m \in L, \forall\, t \in T, \forall\, k \in N$$

$$s_{l_m,f}(t,k) \leqslant s_{l_m,e}(t,k) \tag{4-18}$$

$$g_{l_m,f}(t,k) \leqslant g_{l_m,e}(t,k) \tag{4-19}$$

$$p_{l_m,f}(t,k) \leqslant p_{l_m,e}(t,k) \tag{4-20}$$

式(4-18)~式(4-20)保证被第一个使用的 slot 序号小于被最后一个使用的 slot 序号。

$$\forall\, l_m \in L, \forall\, t,t' \in T, \forall\, k,k' \in N, t \neq t', k \neq k'$$

$$\varphi_s(l_m,t,k,t',k') + \varphi_s(l_m,t',k',t,k) = 1 \tag{4-21}$$

$$s_{l_m,f}(t,k) - s_{l_m,f}(t',k') \leqslant W \cdot \varphi_s(l_m,t,k,t',k') \tag{4-22}$$

$$s_{l_m,f}(t',k') - s_{l_m,f}(t,k) \leqslant W \cdot \varphi_s(l_m,t',k',t,k) \tag{4-23}$$

式(4-21)~式(4-23)保证两个路径使用的 slot 位置关系与 $\varphi_s(l_m,t,k,t',k')$ 和 $\varphi_s(l_m,t',k',t,k)$ 参量值一致。

$$\forall\, l_m \in L, \forall\, t \in T, \forall\, k \in N$$

$$p_{l_m,f}(t,k) = s_{l_m,e}(t,k) + 1 \tag{4-24}$$

$$g_{l_m,e}(t,k) = s_{l_m,f}(t,k) - 1 \tag{4-25}$$

式(4-24)和式(4-25)保证被 r_k^t 传输使用的 slot 和被其保护带使用的 slot 是相邻的。

$$\forall\, l_m \in L, \forall\, t,t' \in T, \forall\, k,k' \in N, t \neq t', k \neq k'$$

$$s_{l_m,e}(t,k) + G - s_{l_m,f}(t',k') \leqslant W \cdot \varphi_s(l_m,t,k,t',k') \tag{4-26}$$

$$s_{l_m,e}(t',k') + G - s_{l_m,f}(t,k) \leqslant W \cdot \varphi_s(l_m,t',k',t,k) \tag{4-27}$$

式(4-26)和式(4-27)保证被 r_k^t 传输使用的 slot 只被其一条路径使用。

$$\forall\, l_m \in L, \forall\, t \in T, \forall\, k \in N$$

$$g_{l_m,e}(t,k) - g_{l_m,f}(t,k) \geqslant L_m(t,k) \cdot G \tag{4-28}$$

$$p_{l_m,e}(t,k) - p_{l_m,f}(t,k) \geqslant L_m(t,k) \cdot G \tag{4-29}$$

式(4-28)和式(4-29)保证被 r_k^t 保护带使用的 slot 满足 G 的带宽需求。

$$\forall\, l_m \in L, \forall\, t \in T, \forall\, k \in N$$

$$p_{l_m,e}(t,k) - s_{l_m,f}(t,k) \geqslant L_m(t,k) \cdot (2G + B(r_k^t)) \tag{4-30}$$

式(4-30)保证被 r_k^t 保护带使用的 slot 满足其带宽需求。

$$\forall\, l_m, l'_m \in L, \forall\, t \in T, \forall\, k \in N, l_m \neq l'_m$$

$$L_m(t,k) \cdot g_f(l_m,t,k) = L'_m(t,k) \cdot g_f(l'_m,t,k) \tag{4-31}$$

式(4-31)保证 slot 连续性。

$$\forall\, l_m \in L, \forall\, t,t' \in T, \forall\, k,k' \in N, t \neq t', k \neq k'$$

$$s_e(l_m,t,k) + 1 - g'_f(l_m,t',k') \leqslant W \cdot \varphi_s(l_m,t,k,t',k') \tag{4-32}$$

$$s_e(l_m,t',k') + 1 - g'_f(l_m,t,k) \leqslant W \cdot \varphi_s(l_m,t',k',t,k) \tag{4-33}$$

式(4-32)和式(4-33)保证路径之间被保护带使用的 slot 和传输使用的 slot 不重叠。

对该模型中的数值进行改变可获得 SPP 模型,我们通过改变计算 $B(r_k^t)$ 时使用的公式,可以利用模型求解不同方案。如果是单路径,为保证抗多故障,需要 $M+1$ 条路径,也就是说 $N=M+1$。其中一条路径是工作路径,我们假设第一条路径为工作路径,那么其他路径是保护路径。因此对于单路径传输,有

$$B(r_k^t) = \begin{cases} B(t), & k = 1 \\ \rho B(t), & k \neq 1 \end{cases} \tag{4-34}$$

利用参数的改变可以获得 SPP 模型,从而进行方案对比。

5. 抗多故障的多路径传输资源优化性能分析

为验证所 ILP 模型的性能,通常用 GLPK(GNU Linear Programming Kit)4.54 对其进行仿真分析。由于 ILP 求解的时间与空间复杂度,在仿真中我们使用一个简单的 6 节点拓扑,如图 4-6 所示。仿真针对 $M = 2$ 即双故障的情况进行研究。拓扑中的节点度为 4,这就保证了任意两点之间至少有 4 条不相关路由。假设拓扑中的每条链路上的 slot 数量为 2500,这个数量的设定是考虑了仿真中业务负载的情况,能够保证仿真中业务负载最大情况下资源也是充足的,而不会出现业务阻塞。保护带的 slot 需求为 2。假设业务数量为固定值 16,业务的带宽需求是根据平均值随机变化的,在本章中带宽的平均值代表了业务负载。我们考虑了两种保护等级 0.8 和 1($\rho = 0.8$ 和 $\rho = 1$)。用于分析的结果是综合 10 次随机生成的业务的平均值。业务分布与业务路由,如表 4-4 所示。

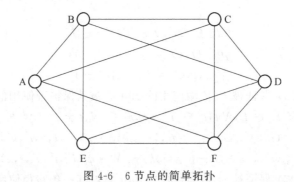

图 4-6　6 节点的简单拓扑

表 4-4　业务与业务路由

业务	源节点	目的节点	路由
T1	A	B	A-B; A-C-B; A-F-D-B; A-E-B
T2	A	C	A-B-C; A-C; A-F-C; A-E-D-C
T3	A	D	A-C-D; A-B-D; A-F-D; A-E-D
T4	A	F	A-F; A-C-F; A-E-F; A-B-D-F
T5	A	E	A-E; A-F-E; A-B-E; A-C-D-E
T6	B	C	B-C; B-D-C; B-A-C; B-E-F-C
T7	B	D	B-D; B-C-D; B-E-D; B-A-F-D
T8	B	E	B-E; B-A-E; B-D-E; B-C-F-E
T9	B	F	B-C-F; B-D-F; B-E-F; B-A-F
T10	B	A	B-A; B-C-A; B-D-F-A; B-E-A
T11	C	D	C-D; C-B-D; C-A-E-D; C-F-D
T12	C	E	C-A-E; C-B-E; C-F-E; C-D-E
T13	C	F	C-F; C-D-F; C-A-F; C-B-E-F
T14	D	E	D-E; D-F-E; D-B-E; D-C-A-E
T15	D	F	D-F; D-C-F; D-B-A-F; D-E-F
T16	E	F	E-F; E-D-F; E-A-F; E-B-C-F

以下分析基于求解下界。

图 4-7 所示的是保护等级为 0.8 和 1 时不同业务负载下多路径传输策略下的非空闲 slot 序号最大值和(S_{l_m} 和)的下界的对比情况。从图中可以看到,随着业务负载的增加,非空闲 slot 序号和增加,保护等级为 0.8 的 S_{l_m} 和始终小于保护等级为 1 的 S_{l_m} 和。这是由于根据公式(4-10),保护等级 0.8 的带宽需求小于保护等级为 1 的带宽需求,因此在同样的业务负载下,其 S_{l_m} 和较小。

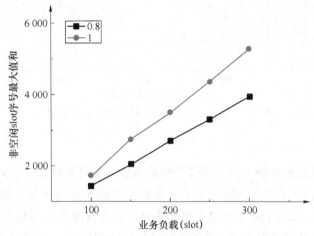

图 4-7 不同保护等级下的多路径传输 S_{l_m} 和对比图

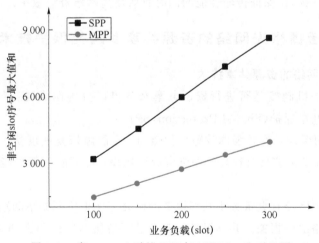

图 4-8 当 $\rho = 0.8$ 时的 SPP 与 MPP S_{l_m} 和对比图

图 4-8 和图 4-9 对比了保护等级分别为 0.8 和 1 时不同业务负载下多路径传输策略与单路径传输策略解的下界的情况。从图中可以看到,随着业务负载的增加,两种策略的非空闲 slot 序号和(S_{l_m} 和)都在增加,单路径传输的 S_{l_m} 和始终高于多路径传输。这是由于根据公式(4-7)、表 4-1 和表 4-3 可知单路径传输所需的带宽高于多路径传输。求解下界有效验证了这一点,说明多路径传输抗多故障时能有效提高网络资源使用效率。

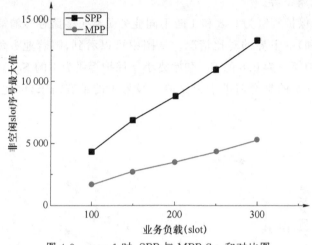

图 4-9 $\rho = 1$ 时，SPP 与 MPP S_{l_m} 和对比图

6. 小结

本小节对灵活栅格光网络中的多路径传输策略进行了研究与分析。通过对其所需带宽进行数值计算，定量分析其在抗多故障保护中与单路径传输相比的优势。根据灵活栅格光网络特性与抗多故障需求，提出了灵活栅格光网络中抗多故障资源优化的基本策略；计算了使用多路径传输进行资源优化的关键参数；建立了灵活栅格光网络中的多路径传输策略 ILP 模型；并对模型进行了求解分析。结果证明提出的灵活栅格光网络中抗多故障的多路径传输资源优化策略节约了网络资源，在保证传输性能的同时有效提高网络资源效率。

4.3.3 灵活栅格光网络的资源共享多路径保护技术

1. 灵活栅格光网络的资源共享技术

光网络中的保护机制按是否进行资源共享来分可以分为两大类：专用保护（Dedicated Protection，DP）和共享保护（Shared Protection，SP）。

一般而言，专用保护具有较强的故障保护能力，且故障恢复速度快，不足之处是网络资源利用率较低；而共享保护具有较高的网络资源利用率，但其故障保护能力和故障恢复速度都不及专用保护。

在传统光网络中已经有大量关于共享保护的研究。保护资源共享的重要前提是进行共享的两个业务的工作路由不相关。共享保护策略在进行备用路径的路由和资源分配时，考虑与其他业务的备用路径的路由和资源使用情况。共享保护根据共享资源粒度的不同又分为共享路径保护（shared path protection）、共享链路保护（sharedlink protection）和共享子路径保护（shared sub-path protection）三类。传统共享保护中以路径/链路共享为主，在进行路径共享时的主要方法是对于备用路径所使用的资源进行与工作路径不同的标记设定，当后续备选路径进行资源选择时，可以选择之前标记为备用路径使用的资源。同时，对于能够进行共享的资源是否进行共享，需要考虑两个业务主路由之间是否是不相关的，即能够保证两条业务在单故障下不会同时失效，且备用路由同一时刻只会被一条业务请求。这样就保证了备用资源能够为主路由提供保护的同时实现资源优化。

在灵活栅格光网络中,资源形式更加灵活,这也使得共享子路径保护具有更大的可行性。共享的资源不再必须是一条链路、一条波道等资源级别,而可以是最小粒度的频谱资源。这就使得资源共享更加复杂的同时在有效策略的帮助下能够达到更好的资源优化效果。灵活栅格光网络中不仅能够支持传统的备份共享,而且还为频谱共享提供了新的契机。基于收发及转发设备的弹性、可重置性,不同业务通道之间可以通过频谱重叠的方式实现资源共享。可以共享资源的两条业务首先应存在 SRG 不相关通道保证故障情况下不同时需求共享资源;其次两条业务有路由经过了同条链路为共享提供了机会。由于弹性设备的支持使得网络中的通路弹性改变,因此当网络中发生单故障时,受影响的业务可使用重叠部分的共享频谱形成更宽的通道来满足频谱资源需求。当然,重叠部分的频谱在故障情况下只能被一条路径使用,这仍然是在进行保护资源共享资源优化时判别能否进行频谱共享的重要标准。

保护资源共享结合多路径传输技术,将为灵活栅格光网络中抗多故障场景下的资源优化带来更好的表现,同时也使得问题更加复杂。

2. 遗传算法在灵活栅格光网络资源优化中的应用

1)遗传算法概述

遗传算法(Genetic Algorithm,GA)在 20 世纪 60 年代源于对自然和人工自适应系统的研究,由美国 Michigan 大学的 John Holland 等完成,主要作为一种理论和方法。遗传算法是一种随机全局搜索算法。遗传算法不需要对所求解问题的具体实现方式等有详细的了解,只需要掌握个体(染色体)的评价体系,能够保证适应性好的个体有更多的繁殖和遗传机会。正如自然界中,基因代表的特性对自然界来说是模糊的,但某些基因所代表的特性能够使得个体能够适者生存,那么这些基因就会更容易遗传下去,物种的进化在这个过程中发生。遗传算法从某一个初始种群开始进行遗传操作。该种群由经过基因编码的个体组成。这些个体中可能存在最优解的对应个体。个体的形成需要将解的表现形式转变为基因形式,即编码。按照适者生存、优胜劣汰的原理,种群在逐代进化过程中将产生越来越优秀的个体。在每一代中借助从自然遗传学演化而来的遗传算子进行个体中基因的交叉组合和变异,从而形成新的个体。每一个个体代表一个解,经过一代代遗传个体不断进化,个体所代表的解不断逼近最优解。最后一代种群中的最优个体将是整个遗传过程中最优解的对应基因表现形式,根据编码方法进行解码其可以获得问题的近似最优解。

遗传算法的 3 个主要操作算子是:选择(Selection)算子、交叉(Crossover)算子和变异(Mutation)算子,遗传算法中包含了如下 5 个基本要素。

(1) 对问题解的编码;

(2) 初始种群的生成与选择;

(3) 适应度函数的设计;

(4) 遗传操作算子的设计;

(5) 控制参数设定(包括种群大小、最大进化代数、交叉率、变异率等)。

遗传算法中的一些基本概念是进行遗传算法设计的重要基础,主要有:

(1) 个体(Individual):对应于遗传学中的染色体(Chromosome),是编码后解的表现。

(2) 种群(population):个体的集合称为种群,个体是种群的元素。

(3) 基因:基因是个体中的元素,基因用于表现个体的特征。例如一个个体{1,2,3},其中1、2、3 这 3 个元素都是基因。

（4）适应度：表示某个个体对环境的适应程度。

遗传算法的常见流程，如图 4-10 所示。

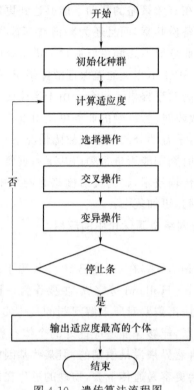

图 4-10 遗传算法流程图

2）遗传算法应用于灵活栅格光网络资源优化的关键问题

考虑到灵活栅格光网络中资源优化的特点，根据实际多路径及资源共享策略进行相关问题的处理和设计，在进行遗传算法设计时需要考虑以下几个关键问题。

（1）个体的编码方式。如何把一个问题的解对应成遗传算法中的个体的方法称为编码。编码的过程实际上就是遗传算法初步建模的过程，也是遗传算法设计的关键步骤。编码方法将直接决定解在遗传算法中的表现形式和遗传算子的设计思想。通常编码方法有二进制编码、参数编码、格雷码编码、浮点数编码等。

（2）初始种群的生成与选择。初始种群是一个初始个体的集合。也可以看作问题假设解的集合。当对问题能够选择合适的方法生成初始解进而生成初始个体和初始种群将大大提高算法的收敛速度和算法效率。

（3）适应度函数设计。在生物学和自然学领域，生物学家会使用适应度这个术语来衡量某个物种对环境的适应能力。适应度越高的物种能获得越多的机会进行繁殖遗传，适应度越低的物种有越大的机会被淘汰。度量物种适应度的函数就被称为适应度函数。在遗传算法中这种适应度将由适应度函数来表现，该函数与基因关系密切。使用该函数可以直接衡量个体是否符合最优解的目标。根据适应度函数计算所获得的适应度将直接决定个体遗传到下一代的概率。

（4）选择算子。遗传算法中通过选择算子来对种群中的个体进行淘汰或遗传操作。被选择的个体将存活至下一代，其基因将在后续遗传中得到延续。适应度越高的个体被选择的概率越高。选择的目的是保持适者生存的同时防止基因缺失,提高计算效率。常用的选择算子的操作方法有比例选择(轮盘赌选择)、确定式采样选择、最优保存策略和排序选择等几种。

(5)交叉算子。在生物的自然进化中,两个生物通过交配实现染色体的重新组合,通过形成具有新的染色的新个体。这个过程也正是从父代到子代薪火相传的遗传过程。遗传算法正是模仿这一个过程,交叉算子模仿的正是染色体重组这一具体步骤。经过选择获得的两个可以进行遗传的个体,通过某种方式将染色体进行重新组合从而形成新的染色的过程就是交叉算子所进行的操作。常见的交叉算子有单点交叉算子、双点交叉算子、部分映射交叉算子(PMX)、均匀交叉算子和顺序交叉算子(OX)等。

(6)变异算子。在生物的遗传和自然进化中,由于某些偶然因素可能会导致生物的某些基因在遗传过程中发生变异,并在新个体中有所体现。在遗传算法中也有这样的操作,称为变异算子。变异操作能够辅助维持遗传算法的基因多样性,防止过早地陷入局部最优而导致无法获得最优解。变异算子的存在提高了算法的全局搜索能力和可行性。

(7)运行参数。在遗传算法中需要选择的参数主要有群体大小、交叉率、变异概率和遗传代数等。

① 群体大小表示群体中所含个体的数量。当该参数较小的时候,可以提高遗传算法的运算速度,但同时降低了群体的多样性,从而导致遗传算法可能收敛过早局部最优;而当该参数较大的时候,又会增大时间和空间消耗、降低了算法的效率。

② 交叉率是指在一代个体中能够被选择交叉进入下一代的个体比率。这个值过大时会使优秀个体的优越性无法体现,过小时会导致收敛速度慢影响算法效率。一般取 0.4~0.9 的值。

③ 变异概率是指种群中个体发生变异的概率。其值越大越能提高算法中个体的多样性,以防止过早收敛,但同时也可能破坏了较好的个体的基因影响收敛速度。

④ 遗传代数即遗传算法的循环次数最大值。其值直接影响在循环结束时是否能获得最优解。取值越大理论上越可能获得最优解,当然是否能够获得最优解还和算法本身的设计与收敛性有直接关系。但过大的遗传代数会使得算法效率低下,因此在设计算法时应选择合适的遗传代数。

3. 灵活栅格光网络中基于遗传算法的资源共享多路径保护算法

1)灵活栅格光网络中的频谱共享

灵活栅格光网络中的资源共享与传统固定栅格光网络中的波长共享相比,共享粒度更小也更灵活。灵活光网络的资源共享实际上就是相邻通道的资源重叠。保护资源的共享可以有效提高资源效率。图 4-11 所示的是灵活栅格光网络中的频谱不共享与共享方式示意图。

在图 4-11 所示中,业务 A 的通道需要 4 个 slot、业务的 B 通道需要 3 个 slot。假设业务 B 的资源分配在业务 A 之后且业务 A 与业务 B 可以共享资源。当轮到业务 B 进行资源分配时,它可以使用已经被业务 A 使用的 slot,这些被两条业务使用的 slot 变为共用 slot。共享 slot 应与业务 B 单独使用的 slot 紧邻,当故障发生时,它们可以与业务 B 单独使用的 slot 一起组成通道,继续承载业务 B,保证其通信。因此仅存在图 4-11 所示中的三个情况。另外,业务 B 通路应保证其在所通过链路上的 slot 连续性。事实上,无论是共享 slot 还是保护带宽都是共享的,在无故障的情况下都不承载业务。两者可以看作相邻路径的重叠共享。

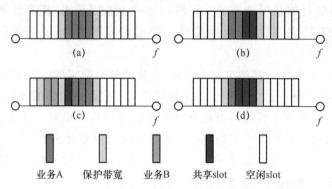

图 4-11 灵活栅格光网络中的频谱共享方式示意

(a)业务 A 不进行共享 (b)业务 A 与业务 B 共享业务 A 右侧的 slot

(c)业务 A 与业务 B 共享业务 A 左侧的 slot (d)业务 B 的全部 slot 均和业务 A 共享

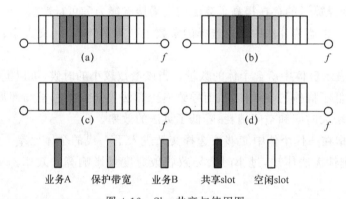

图 4-12 Slot 共享与使用图

(a)业务 A 与业务 B 不共享 slot (b)业务 A 与业务 B 共享 slot

(c)业务 A 使用共享 slot (d)业务 B 使用共享 slot

图 4-12 所示的是共享的保护方案和非共享保护方案的 slot 使用情况及故障下业务对共享 slot 的使用。我们假设业务 A 和业务 B 彼此可以共享 slot,且共享 slot 数为 2,如图 4-12(b)所示。当业务 A 和业务 B 分别发生故障需要使用共享的 slot 时,slot 的分配情况如图 4-12(c)和图 4-12(d)所示。

2) 多路径频谱共享定量分析

对于多路径传输中的频谱资源共享,假设业务 t 可共享的 slot 数为 $X(t)$,$(X(t) \geqslant 0)$。$X(t)$ 的值是受 ρ 直接影响的。

是否存在可共享的资源即 $X(t) \neq 0$,取决于每条通道上的带宽和 $\sum_{i=1}^{N} B(r_i^t)$。如果 $\sum_{i=1}^{N} B(r_i^t) = B(t)$,那么在任何一条通路都没有可以共享的 slot。如果 $\sum_{i=1}^{N} B(r_i^t) > B(t)$,由于存在 slot 在非故障情况下空闲,那么有可以用于共享的 slot。下面对 $M < N$ 时 $X(t)$ 值的求解进行分析。

(1) 当 $\rho = 0$,无保护,无资源可共享,$X = 0$,在后续研究中不做深入讨论。

（2）当 $0 < \rho < 1$，如果 $N \geqslant \dfrac{M}{1-\rho}$，那么在所有通路上无可共享的资源 $X = 0$；

如果 $N < \dfrac{M}{1-\rho}$，那么

$$X(t) = \frac{M - N(1-\rho)}{N - M} B(t) \tag{4-35}$$

（3）当 $\rho = 1$，$B(r_k^t) = \dfrac{B(t)}{N-M}$ 且

$$X(t) = \frac{M}{N-M} B(t) \tag{4-36}$$

例如，如果 $N = 4$，$M = 2$，$\rho = 1$，那么 $X(t) = B(t)$，$B(r_k^t) = 0.5B(t)$，总的 slot 需求为 $2B(t)$，实际工作路由使用带宽为 $B(t)$，那么 $B(t)$ 的 slot 可以被共享。共享 slot 的两条路径需要保证不会同时中断。在单故障场景中，如果业务 A 与业务 B 同时通过链路 L 且共享 slot，那么业务 A 应该至少有一条路径与业务 B 不相关。在多故障场景中，能够共享资源的业务彼此间至少存在 M 条不相关路径。这样才能保证他们不会在同一时间故障。无故障时，共享资源是空闲的，共享 slot 与保护带宽共同将共同作为相邻通路的间隔部分。以业务 A 与业务 B 为例，当其路径进行资源共享时，能够用于共享的 slot 数应不大于 $\mathrm{Min}(X(A), X(B)$，$B(r_k^A), B(r_k^B))$。

如果是单路径，为保证抗多故障，需要 $M+1$ 条路径，也就是说 $N = M+1$。其中一条路径是工作路径。假设第一条路径为工作路径，其他路径是保护路径。能够用于共享的路径数是 M，且整条路径都可用于共享。因此对于单路径传输，变量满足：

$$B(r_k^t) = \begin{cases} B(t), & k = 1 \\ \rho B(t), & k \neq 1 \end{cases} \tag{4-37}$$

$$X(t) = M \cdot \rho B(t) \tag{4-38}$$

3）考虑资源共享多路径保护算法

灵活栅格光网络中的资源共享与多路径的资源优化问题是非确定性多项式（Non-deterministic Polynomial，NP）问题，使用传统算法进行求解有很大的时间和空间难度，因此我们提出了基于遗传算法的启发式 S-MPP 算法来进行具体的资源优化操作。策略中的不相关路由使用已有 Bhandari 算法进行计算，算法主要负责资源分配部分。在我们所提出的改进的 GA 算法中，个体代表的是资源分配的顺序。遗传算法的过程如下。

（1）两个初始种群的候选解决方案是通过两个已有的业务排序规则形成。使用最大需求优先（Largest Demand First，LPF）和最长路径优先（Longest Path First，LPF）两种顺序对业务进行资源分配。最大需求优先顺序按照业务路径带宽需求进行排序，先安排需求大的后安排需求小的；最长路径优先顺序按照业务路径的长度进行排序，先安排跳数多的后安排跳数少的。频谱分配时使用 First-Fit 方法。这样获得的 2 个候选解决方案将作为第一代个体。两个中最好的一个被直接选择为下一代。

（2）第二代个体是由两个第一代个体通过两个点交叉形成的。做 5 次交叉则会产生 10 个候选个体。加上第一代两个个体中更好的那个，总共 11 个个体。从 11 个个体中选择最好的两个个体直接作为存活的下一代。然后，我们根据赌盘算法选择 8 个个体。这 10 个个体一起成为第二代。

（3）第三代个体是由两个第二代个体通过两点交叉形成。10 个第二代个体被随机分成 5 组，每组有 2 个个体。每组做 5 次交叉形成 50 个个体。加上第二代个体中最好的那个，从 51 个个体中选择最好的两个直接存活到下一代。然后我们从余下的 49 个个体中使用赌盘算法选出 8 个个体。该过程重复多代，每一代个体的适应度都会不断提高。当适应度达到目标或者个体的代数达到预定的最大数则算法停止。

在改进的 GA 算法中有四个关键点：基因编码、重组、选择和突变。同时遗传算法的可用性由变异算子，重组算子和选择算子共同保持。下面我们对这四点进行分析设计。

（1）基因编码。在优化的 GA 算法中，一个候选方案（染色体 $g_n(i)$）是由一组代表频谱分配的值 $\{\delta_1, \delta_2, \delta_3, \cdots \delta_\Gamma\}$ 组成。i 代表是第 n 代中的第 i 个个体。第 n 代个体的集合为 G_n，$g_n(i) \in G_n$。将全部路径进行从 $1 \sim \Gamma$ 的编号，总的路径数为 Γ。每个基因 δ_i 为一个整数，代表编号为 δ_i 的路径分配时隙。基因与路径一一对应，基因的排列顺序代表了路径的资源分配顺序。使用 First-Fit 进行资源分配，从而这保证了越早进行分配路径阻塞的可能性越小。考虑到资源共享技术，当为路径分配资源时，首先检查分配策略是否考虑共享。如果考虑，那么进行共享且共享时隙的数目应该不超过 $\mathrm{Min}(X(t), X(t'), B(r_k^i), B(r_{k'}^i))$。

（2）重组。下一代个体是父个体和母个体的产物，其组成包括通过他们重组后获得的基因。交叉是一种常见的重组技术，使用双亲染色体最后产生两个子代。常用的交叉方法为单点交叉。在该方法中，两个双亲染色体分裂成左右子染色体，左边的子染色体都是同样长度，右边子染色体也是同样长度。然后每个子代分别从左右两边的一个双亲染色体获得一条染色体。在我们提出的优化 GA 算法中，使用两点交叉方法。两个双亲染色体分裂成 3 部分，两个分割点是随机选择的各双亲具有相同的分割点。双亲的三个子染色体的中间部分的交换。除了两点交叉，重组操作中考虑顺序来避免基因重复或丢失。表 4-5 所示的是两个两点交叉结果，一个是考虑顺序的而另一个是不考虑。在该示例中，两个分割点是第三基因和第七基因。当不考虑交叉后的顺序，第一个子代损失 2，5，7，同时 1，3，4 重复。而第二个子代损失 1，3，4 且 2，5，7 重复。当考虑顺序进行交叉，重复的基因将被处理，它们按照各自在父母基因中的顺序进行交换。重组操作时随机产生两个点，并通过考虑顺序，保证基因不会重复或丢失。这样就保证了每个路径都会有时隙分配。

表 4-5 考虑顺序与不考虑顺序的交叉

父个体	1	3	5	8	7	6	2	9	4
母个体	2	9	6	4	1	10	3	5	7
不考虑顺序的子个体	1	3	6	4	1	10	3	9	4
	2	9	5	8	7	6	2	5	7
考虑顺序的子个体	2	5	6	4	1	10	3	9	7
	1	9	5	8	7	6	2	3	4

（3）突变。突变算子可以确保算法不会过早收敛从而导致局部最优。突变算法基因突变的概率为 p_m，发生突变时

$$\delta'_i = \delta_i \pm \Delta \tag{4-39}$$

$$\Delta = \sum_{j=0}^{m} a(i) \tag{4-40}$$

式中，m 是被选择的染色体的数目。$a(i) = 1$ 的概率是 $\dfrac{1}{m}$；$a(i) = 0$ 的概率是 $1 - \dfrac{1}{m}$。

（4）选择。适应性越好的染色体个体有越高的概率被选择成活，进而成为下一代的双亲。在改进的遗传算法中，适应性的计算是根据染色体个体对灵活栅格光网络资源优化的贡献。染色体直接影响的是路径的 slot 分配，其结果是否对优化有贡献应考虑优化的资源分配的实际情况。一个优化的 slot 分配应该满足条件：占用的 slot 越少越好和 S_{l_m} 越小越好。

因此适应性的公式是：

$$f = 2S - C - \sum_{m=1}^{L} S_{l_m} \tag{4-41}$$

式中，已占用 slot 的数量统计值用 C 表示；链路 l_m 上所需 slot 最大索引为 S_{l_m}；S 是网络中的 slot 总数。

如果一个染色体的适应度是负的，则染色体直接被淘汰。未被淘汰的染色体将进行突变。突变后，采用赌盘算法选择染色体。染色体 x 被选择的概率是

$$p_x = \frac{f_x}{\sum f_x} \tag{4-42}$$

如果新一代中包括一个染色体输出足够优化的个体，那么问题就被解决了。如果不是这种情况，那么新的一代将经历和他们的父母一样的过程且指导最优解的产生或遗传代数达到最大值。

考虑不同方案的特点，我们通过改变 $B(r_k^t)$ 和 $X(t)$ 的计算公式，可以利用算法求解不同方案。针对多个故障，SSP 仍然需要 $M + 1$ 路径。SSP 共享保护资源，可共享的路径数为 $N\text{-}M$，而且可以共享整个的路径。NS-MPP-MF 方案中，$B(r_k^t)$ 由公式（4-5）～公式（4-8）计算并且 $X(t) = 0$。NS-SPP-MF 方案中，$B(r_k^t)$ 由公式（4-3）计算并且 $X(t) = 0$。S-SPP-MF 方案中，$B(r_k^t)$ 由公式（4-37）计算 $X(t)$ 由公式（4-38）计算。

灵活栅格光网络中考虑资源共享多路径保护算法，如表 4-6 所示。

4）仿真数据分析

为验证所提算法性能，我们使用 COST239 拓扑对算法进行仿真，如图 4-13 所示。该拓扑节点度较高，最小的节点度为 4，能够保证抗多故障的不相关路由数量。

仿真业务数为 55，业务平均带宽作为业务负载的体现。假设每条链路上的 slot 数量为 5 500，这个数量的设定是考虑了仿真中业务负载的情况，能够保证仿真中业务负载最大情况下资源也是充足的，而不会出现业务阻塞。保护带宽的 slot 需求为 5。使用改进的 GA 算法实现抗多故障的多路径传输策略。变异概率为 $p_m = 0.15$，$N = 4$，$M = 2$。仿真遗传代数最大值为 100。随着业务负载的变化，在不同保护等级 ρ 的条件下，网络中使用的 slot 序号最大值的情况如图 4-14 所示，使用 GA、LPF、LPF 的 slot 序号和的最大值及使用的 slot 数量如图 4-15 与图 4-16 所示。

表 4-6　灵活栅格光网络中考虑资源共享的多路径保护算法

算法：灵活删格光网络中考虑资源共享的多路径保护算法
输入：$G(V, L)$，T，$P(t)$，$B(r_k^i)$，$X(t)$
输出：有最高适应性的染色体及其对应的资源分配方案与最小的S_{t_m}
1：通过LPF和LPF对业务排序，初始化2个候选解决方案形成第一代个体
2：设置$n=0$并初始化，$g_{best}=\phi$，$f(g_{best})=-1$
3：do
4：　　n++
5：　　把G_{n-1}中具有最高适应性的染色体添加到下一代G_n中
6：　　把G_{n-1}中的染色体随机分为5组
7：　　for所有组，do
8：　　　每组染色体做两点交叉，生成两个新的染色体将新生成的染色体加入G_n
9：　　end for
10：　　for G_n中所有染色体do
11：　　　　if random $(0, 1)$ <小于突变概率p_m，则
12：　　　　　对染色体$g_n(i)$做突变操作
13：　　　　end if
14：　　　获得染色体，基因顺序代表资源分配的有序集合
15：　　　设置F=成功
16：　　　for 所有$g_n(i)$ do
17：　　　　　if考虑共享保护，则
18：　　　　　考虑共享slot，执行First-fit频谱分配
19：　　　　　else不考虑共享时隙，执行First-fit频谱分配
20：　　　　　end if
21：　　　　if频谱分配失败，则
22：　　　　　设置F=失败，break for
23：　　　　end if
24：　　　end for
25：　　　if F==成功，则
26：　　　　用公式（4-41）计算适应性
27：　　　　否则，设置$f(g_n(i))=-1$
28：　　　end if
29：　　end for
30：　　选择G_n中具有最高适应性的染色体g_n(best)
31：　　if$f(g_n$(best)$)>f(g_{best})$则
32：　　　设置$g_{best}=g_n$(best)
33：　　end if
34：　　if$f(g_{best})$<目标值f_{target}，则
35：　　　选择G_n中适应性最高的两个染色体，并利用赌盘算法再选择8个染色体共10个个体加入到$G_n{}'$ 生成新的$G_n{}'$
36：　　　更新$G_n=G_n{}'$
37：　　　else break
38：　　end if
39：当n<预定的子代数目的最大值
40：返回g_{best}

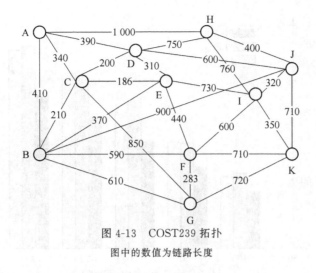

图 4-13　COST239 拓扑

图中的数值为链路长度

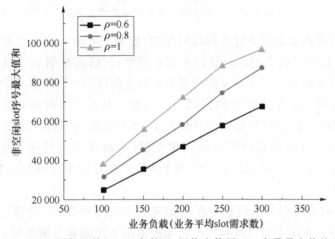

图 4-14　在不同保护等级 ρ 的条件下，网络中使用 slot 序号最大值的示意

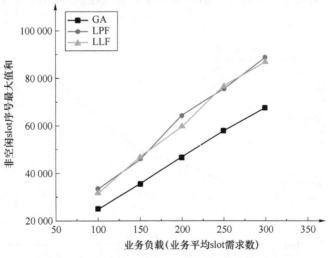

图 4-15　不同策略下使用 slot 序号最大值和变化图

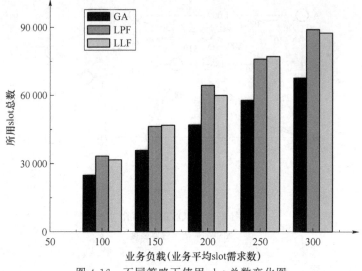

图 4-16 不同策略下使用 slot 总数变化图

从图 4-14 所以可以看到随着业务负载的增加,使用 slot 最大序号总和也在增加,但保护等级高的始终高于保护等级低的。这是由于保护等级越高,需要的 slot 数量越多,由于网络不存在阻塞情况,slot 最大序号和与保护等级基本呈比例增加。图 4-15 和图 4-16 所示的是改进的遗传算法在使用 slot 最大序号和使用 slot 总数上都小于单纯使用 LPF 或 LLF 策略。LPF 总体来说所需的 slot 总数与最大序号和大于 LLF 策略,这是由于 slot 连续性的要求使得先安排链路长度长的业务能够更好地利用资源,提高资源利用率。总的来说,图 4-14、图 4-15 所示有力地证明了在多故障场景下,基于共享多路径传输策略的改进 GA 算法有效地优化了资源的使用。

对比考虑共享与不考虑共享的策略效果,在业务平均需求为 200 的情况下,所获得的仿真结果如图 4-17 所示。从图中可以看到在不同保护等级下考虑共享的策略所需 slot 序号最大值之和都小于非共享策略。这说明使用共享策略能提高资源利用效率。在保护等级高的时候这种优势更明显,这是由于在多路径传输策略中保护等级越高,能用于共享的资源越多,资源优化效果越好。

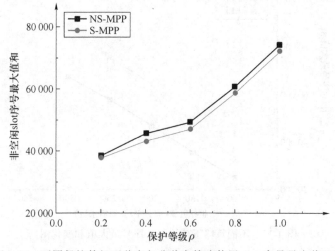

图 4-17 不同保护等级下共享与非共享策略使用 slot 序号最大值比较

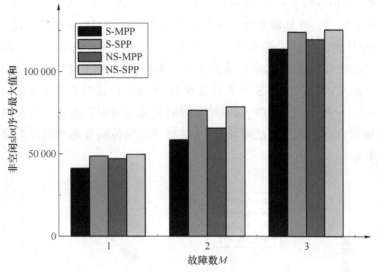

图 4-18　不同策略在不同故障数下使用 slot 序号最大值和柱状比较图

图 4-18 所示中,业务平均带宽为 200,保护等级 $\rho = 0.8$,每条链路上 slot 总数为 6 600。从图中可以看到在不同的故障数 M 条件下,各策略所需 slot 序号最大值都随着故障数的增加而增加。这说明抗故障数越多需要的资源越多。同时在各种情况下,S-MPP 始终是最小的,NS-MPP 是次小的,NS-SPP 是最大的,S-SPP 次之。这说明,共享的多路径策略(MPP)的资源优化效果是最好的,非共享的多路径策略(NS-MPP)次之,非共享的单路径传输策略最差。同时由 NS-MPP 优于 S-SPP 可以看出,多路径传输对资源优化的作用稍大于资源共享。而 S-MPP 优于 NS-MPP 说明共享策略是确实对资源优化产生贡献的。总的来说,图 4-17 所示说明在抗单故障及多故障场景中,共享多路径传输策略在四种策略中能够达到最优的资源优化效果。

在图 4-19 中,业务平均带宽为 200,保护等级 $\rho = 0.8$,$N = 4$,$M = 2$。从图中可以看到不同的保护带宽 G 条件下 S_{l_m} 和都随着业务负载的增加而增加。在同等业务负载条件下,G 越小,S_{l_m} 和越小。主要是由于 G 越小,每条业务除负载外需要的带宽就越小。

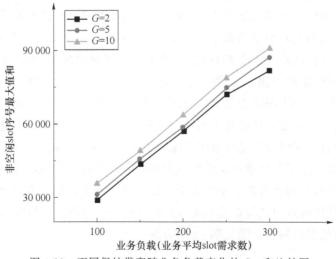

图 4-19　不同保护带宽随业务负载变化的 S_{l_m} 和比较图

在图 4-20 中，保护等级 $\rho = 0.8$，每条链路上 slot 总数为 6 600，$N=4$，$M=2$。从图中可以看到不同的策略下，S_{l_m} 和都随着业务负载的增加而增加。同时在各种情况下，S-MPP 始终是最小的，NS-MPP 是次小的，NS-SPP 是最大的，S-SPP 次之。这说明，共享的多路径策略（MPP）的资源优化效果是最好的，非共享的多路径策略（NS-MPP）次之，非共享的单路径传输策略最差。同时由 NS-MPP 优于 S-SPP 可以看出，多路径传输对资源优化的贡献共享稍大于资源共享。而 S-MPP 优于 NS-MPP 说明共享策略是确实对资源优化产生贡献的。总的来说图 4-19 所示说明在抗单故障及多故障场景中，共享多路径传输策略在四种策略中能够达到最优的资源优化效果。

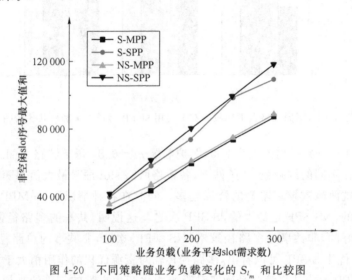

图 4-20　不同策略随业务负载变化的 S_{l_m} 和比较图

图 4-21 所示的是在业务平均带宽为 200、保护等级 $\rho = 0.8$、每条链路上 slot 总数为 5 500、$N=4$、$M=2$ 条件下 S_{l_m} 和在保护带宽变化情况下的曲线图。从曲线图可以看出，随着保护带宽的增加，S_{l_m} 和增加，在 G 值接近 8 时变化较快，这是由于在 $N=4$、$M=2$、$B(t)=200$、$\rho = 0.8$ 条件下，$B(r_k^i) = 80$，保护带宽在 $B(r_k^i)$ 值的 1/10 处对结果影响变化是由于其粒度对于网络中不连续 slot 使用的变化。当其超过 $B(r_k^i)$ 值的 1/10(8) 时，需要的连续 slot 与网络中的普遍不连续 slot 相比要大，因此保护带宽对最终 S_{l_m} 和的值的影响力有一定区别。

在业务平均带宽为 200、保护等级 $\rho = 0.8$、每条链路上 slot 总数为 5 500、$N=4$、$M=2$、$G=5$ 的条件下，通过仿真研究遗传算法变异概率对资源优化的影响，如图 4-22 所示。从图中可以看到，随着变异概率的增加，S_{l_m} 和减小且趋于平稳。这是由于在我们的仿真中遗传代数为 100，在这样的条件下变异概率过小时容易陷入局部最优。而稍大一些的变异概率能够保证解更趋近最优解。因此在上述仿真中选择变异概率为 0.15 是合适的参量设置。

本章 4.3.3 节针对灵活栅格光网络中考虑资源共享的多路径抗多故障资源优化问题进行了研究，提出了充分考虑灵活栅格光网络的特点与多路径传输及资源共享的优势的资源优化策略，并设计了基于改进的遗传算法来实现所提出的资源优化策略。算法通过对业务资源分配排序进行编码，使用两点交叉与赌盘算法并进行有效的变异操作。仿真结果显示，所提出的策略与算法能够有效提高网络资源效率，实现资源优化。

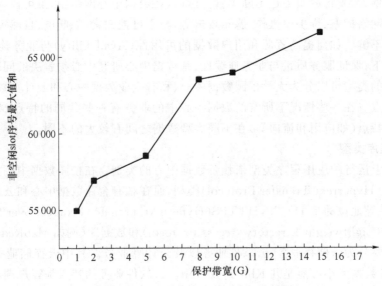

图 4-21　随保护带宽变化的 S_{l_m} 曲线图

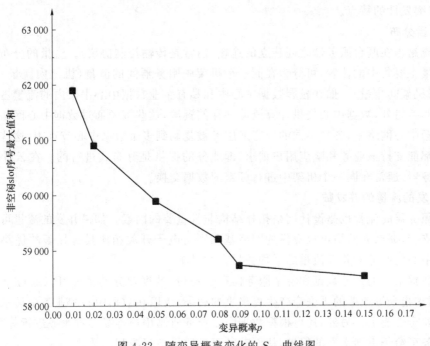

图 4-22　随变异概率变化的 S_{l_m} 曲线图

◆ 4.4　多故障恢复技术与数据中心光网络 ◆

4.4.1　数据中心光网络的生存性特点

考虑数据中心业务影响的广泛性,数据中心网络的生存性具有重要意义。近年来数据中心的规模不断增大,支持的服务也不断丰富。然而,在数据中心网络中,由可控因素(如设备故障、线路故障、网络拥塞、维护误操作、恶意攻击等)与不可控因素(如断电、自然灾害等)导致的节点故障屡见不鲜。如何提高资源和用户数据的可用性(Availability)与业务连续性,在网络多故障的情况下,保证服务质量与业务连续性,是数据中心研究中必须解决的问题。

数据中心的类型可以分为大学校园数据中心、私有企业数据中心和云计算数据中心三类,其业务各有特点。在一些情况下所有的数据中心中的业务有一些共同的特点(如平均数据包大小),而其他特点(如应用和流向等)在不同类型数据之间有较大的不同。

1. 应用程序类型

数据中心上运行的应用程序类型依赖于数据中心的类别。在校园数据中心大部分的业务流量是 HTTP(Hypertext Transfer Protocol)类型,而在私有企业数据中心和云计算数据中心的业务中,占主导地位的是 HTTP、HTTPS(Hypertext Transfer Protocol over Secure Socket Layer)、LDAP(Lightweight Directory Access Protocol)和数据库(例如 MapReduce)应用。云计算的业务主要分为云储存业务、云软件业务以及云计算业务。其中云存储业务的特点是高突发性,即业务数据大小可能是几 Kbit 到数 Gbit。云软件业务的特点是客户端与云端交互的信息量较小,仅为一些简单指令。云计算业务包括了业务文件的上传下载,以及计算指令的交互,也具有突发性的特点。

2. 流量分布

业务流是指在两台服务器之间建立的连接(通常是传输控制协议)。流量的分布是描述所产生的流量主要集中的位置,可分为在同一个机架中服务器间的流量(机架内流量)和流向向其他机架(机架间流量)。如在校园数据中心中和私有企业数据中心中架内的流量占总流量的 10%~40%。另外,数据中心提供计算资源和存储资源,这些资源通过数据中心网络被用户共享。在数据中心网络中,各种不同的内容或服务被复制到多个数据中心节点中,这些节点中的任一节点都能支持该业务和响应用户请求,即业务的提供是分布式进行的。在云计算数据中心中的服务器,通常在同一个机架中进行频繁的数据交换。

3. 并发的流量的并发数

每个服务器的流量也是设计网络拓扑结构非常重要的因素。如果并发的流量可以被多个光学连接支持,那么光网络可以提供的网络基础则与电子开关相比具有显著的优势。当前多数的数据中心的服务器并发流量的平均数目大约是 10。

由于数据中心的业务数据在各个服务器存在备份,数据业务的丢失可以通过重传等实现恢复,而请求指令等业务的丢失会产生更严重的后果,所以在数据中心的业务中请求指令等具有更高的安全性要求。另外,还可根据数据中心业务所属用户等级等对业务进行等级区分,不同等级业务可给予不同水平的保护,从而兼顾服务质量与资源利用效率。

4.4.2 大规模灾害下数据中心光网络的恢复

在信息高速发展的情况下,数据量也越来越庞大,为了处理、存储和分析这些数据,数据中心网络也越来越复杂,并逐渐影响到生活的每一部分。当网络变得复杂而又庞大时,大规模故障发生的可能性就大大增加,而且一次大规模故障可能会给人们的生活带来非常严重的灾害。在大规模灾害发生后,为了挽救经济损失,并把对用户的伤害降到最低,最重要的方式就是以高效迅速的方式恢复整个网络的连接。

面对大规模故障的发生,由于大部分数据中心的节点瘫痪,导致业务传耗时中断,需要尽快修复,恢复通信继续为企业和用户进行服务。但是故障的恢复耗时较长,不可能对所有故障的数据中心节点同时恢复,应优先恢复对网络恢复最有利的节点,延迟恢复那些处于网络拓扑中孤立节点为之的节点,因为这些节点是否恢复对网络的业务流量几乎没有什么帮助。所以在对数据中心节点恢复时,需要根据故障前的网络业务流量状态,规划出最优的节点恢复顺序,以保证在恢复过程中让业务流量最大化,最大限度地减少因故障所带来的损失。

本节将提出两种规划节点恢复最优顺序的算法:RN_DC 算法和 ROA_DC 算法。

1. ROA_DC 算法概述

此 ROA_DC 算法引入了 AHC 值的计算,通过 AHC 值可以清晰地展现出在有向图中的网络连通性,并判断出相应节点在此图中的重要性。该算法同时考虑现实生活中数据中心数据的存在多地容灾备份的情况,加入共有数据量组的判断,实时计算整个网络中的有效数据量,更好的分析出最优的节点恢复顺序。仿真从网络连通性、数据量的流动性、网络故障数据量率及网络的孤立节点的概率四个方面与其他算法进行对比分析,表明此算法具有良好的性能,能够在大规模故障的情况下找寻最优的节点恢复顺序,提高网络的资源利用率。

1) 网络拓扑中非循环跳数(AHC)分析

通常,研究网络拓扑和架构的时候,经常应用的是图论中的无向图。无向图能够清晰地描述网络中节点与节点之间的关系,每条链路连接的两个节点之间都是相互通信的。但是为了解决大规模灾害和数据中心光网络的恢复问题,以及把灾害前各个数据中心节点的业务流向更加清晰展现出来,此算法中打算使用有向图来进行描述。

在此,定义一个数据中心网络的有向图 $G(V,E,H)$,如图 4-23 所示。其中 V 代表数据中心网络的节点的集合,也就是数据中心本身的集合。E 代表数据中心网络的业务流向,它是一组有向线段的集合。H 代表整个网络中的 AHC 值的和,用来表示整个网络的连通度属性。每个数据中心节点都有一变量值,称为 AHC。AHC 值是一个正整数,而且是个连续增大的数,当在数据中心网络拓扑中,该节点没有下游节点时,定义此节点的 AHC 值为 1。剩下的节点一直遵循一个规则,即上游节点的 AHC 值一定要大于下游节点的 AHC 值,而且只能取合适范围内的最小正整数。例如节点 N_5,它的下游节点 N_6 的 AHC 值为 1,则节点 N_5 的 AHC 值的取值范围为 AHC ≥ 2,但是节点 N_5 还有一个下游节点 N_4,它的 AHC 值为 2,节点 N_5 的 AHC 值的取值范围变更为 AHC ≥ 3,所以节点 N_5 的最终 AHC 值为 3。因此在图 4-23 所示的网络中,H 值为整个网络中的所有节点的 AHC 的和,$H = 18$。

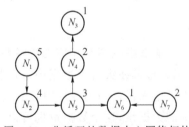

图 4-23　非循环的数据中心网络拓扑

然而,现实生活中网络已经无处不在,稍微复杂一点的网络中肯定会有环路的存在。当网络中存在环路时,按照上面的方法,整个计算就会陷入死循环,最终无法得到一个正确的结果。如图 4-24 所示,整个网络中找不到一个 AHC 值为 1 的节点,整个程序会一直陷入寻找初始节点,最终陷入死循环而崩溃。所以,需要去拆分节点,使整个网络变成非循环的,这样才能利用上面所说的限制条件继续运算下去。当然,此处所说的拆分节点只是逻辑上的拆分,把一个节点分成两部分,一部分作为业务流量流入部分,另一部分作为业务流量流出部分,它们两部分本质都是一体的。

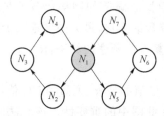

图 4-24　循环的数据中心网络拓扑

对于整个网络,拆分的节点越多,整个网络就会变得越复杂,所以应该尽可能地使拆分的节点变少。首先,拆分的原则就是让网络中的环路消失,根据图 4-24 所示的结果,此网络中存在着两个环路 $N_1 \rightarrow N_2 \rightarrow N_3 \rightarrow N_4$ 和 $N_1 \rightarrow N_5 \rightarrow N_6 \rightarrow N_7$。因此,对于每个环路,只有随意选中一个节点拆分就行,这样整个网络就变成非循环的网络。为了不让整个网络变得更加复杂化,需要寻找两个环路之间是否有共同的节点,这样的话可以拆分一个节点使两个环路都变成非循环。如图 4-25 所示,可以找到两个环路的共同节点 N_1,把它拆分成节点 N_{1a} 和节点 N_{1b}。其中节点 N_{1a} 为业务流量流出节点,节点 N_{1b} 为业务流量流入节点。在实际网络中节点 N_{1a} 和节点 N_{1b} 为一个节点,当节点 N_1 故障时,它们会同时发生故障,当节点 N_1 恢复时,它们也就恢复正常使用。这时候节点 N_{1b} 的 AHC 值为 1,节点 N_{1a} 的 AHC 值为 5,整个网络中 AHC 值的总和 $H = 24$。

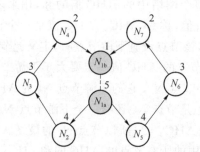

图 4-25　拆分后的循环数据中心网络拓扑

2) ROA-DC 算法设计思想

为了保证在大规模灾害后用户能够继续享有相应的流量数据,必须减少大规模故障后的数据流量的丢失率,因此需要找出大规模在灾害下数据中心恢复的最优顺序。下面引用了上一节所描述的 AHC 值,通过 AHC 值来描述当前数据中心节点对现有网络的影响程度。而且每个数据中心节点都有自己不同的数据量,这个数据量也可以看作该数据中心在整个网络中的重要程度,但是对于现实数据中心网络来说,为了防止故障后大量数据量的丢失,有些相同的数据资源可能会同时分布在不同数据中心,这部分数据对于相应的数据中心都是共有的。在此情况下,我们提出了一种新型的恢复算法,用来寻找大规模灾害下数据中心网络的最优恢复顺序,为了便于区别和描述,将本节所提出的算法命名为 ROA_DC 算法。该算法的主要思路分为以下两个部分。

对于整个数据中心网络,为了能计算 AHC 值,我们首先需要对其进行去循环化。因此需要获取在故障前整个网络的数据业务流向图,生成一张数据中心网络的有向图 $G'(V',E')$,凭此有向图先进行去循环化。为了使改变后的网络变得不太复杂,在去循环化时要遵循上述的循环网络拆分原则,尽量使拆分的节点数量变少,这样整个网络才不会变得庞大臃肿。其中拆分后的节点只在逻辑上进行分解,实际还算是一个节点,在恢复过程中是同时恢复的。正常来说,按照这个方法拆分后节点的 AHC 值比其他节点的 AHC 值要高,因为它的两个节点都要进行 AHC 值计算。从现实意义来说,被拆分的节点是处于循环网络交汇处的节点,相对来说,它的重要程度要高于其他节点,所以 AHC 值高是正常的。最后通过拆分计算,获得一个新的网络 $G(V,E,H)$。根据分析出来的 $\sum h_i c_i^u$ 值,进行恢复过程中的判断比值,找出恢复后使 $\sum h_i c_i^u$ 值最大的节点,作为优先恢复节点。首先,根据 AHC 生成原则对进行整个网络的节点进行 AHC 值计算分析,对于所有的节点 $v_i \in V$,其 AHC 值还必须满足公式(4-43)。在整个运算过程中,对节点的有效数据量值的计算是非常重要的。对于一开始就未故障的并且处于同一个共有数据量组 p_w 的节点 v_i($v_i \in V_{\text{notM}}$)优先把共有数据量分配给总数据量 c_i 大的节点,其他节点的有效数据量 c_i^u 就得减去这部分共有数据量组 p_w 的数据量值,可参考公式(4-45)。对于故障的节点 $v_j \in V_M$,如果此节点存在共有数据量组,且组内有正常工作的节点,那么此节点的有效数据量 c_i^u 也得减去这部分共有数据量组 p_w 的数据量值,其计算公式为(4-46)。每次运算都是从已故障节点 $v_j \in V_M$ 中选取一个节点进行恢复,然后更新整个网络节点的 AHC 值 h_i 和有效数据量值 c_i^u,看最终恢复哪个节点使网络的 $\sum h_i c_i^u$ 值最大就优先恢复此节点。

3) 符号定义

为了更加清晰地展现算法的过程,下面将展示算法涉及的计算公式及相关符号:

$G(V,E,H)$:节点集合为 V,业务流量链路集合为 E,AHC 总值为 H 的网络拓扑图。

Y:代表着新网络中存在的循环的集合。

V_M:网络中故障节点的集合。

V_{notM}:网络中未故障节点的集合,其中 $V_M \bigcup V_{\text{notM}} = V$,$V_M \bigcap V_{\text{notM}} = \varnothing$。

h_i:当前时刻的未故障节点 $v_i \in V_{\text{notM}}$ 的 AHC 值,对于故障节点 $v_j \in V_M$ 的 AHC 值为 0,其计算公式为

$$h_i \begin{cases} 0 & v_i \in V_M \\ \text{AHC} & v_i \in V_{\text{notM}} \end{cases} \tag{4-43}$$

C:网络中给定的所有节点的总数据量。

c_i:网络中节点 $v_i \in V$ 的数据量,其满足以下限制。

$$C = \sum_1^N c_i \tag{4-44}$$

W:共有数据量组的个数。

p_w:共有数据量组的第 $w = 1,2,\cdots,W$ 组的共有数据量。

c_i^w:网络中节点 $v_i \in V$ 在第 $w = 1,2,\cdots,W$ 个共有数据量组的数据量,其计算公式为

$$c_i^w \begin{cases} 0 & \text{其他} \\ p_w & \text{出现在此数据组} \end{cases} \tag{4-45}$$

c_i^u：网络中节点 $v_i \in V$ 的有效数据量，表现为总数据量除去现有网络中存在共有的数据量的值，其计算公式为

$$c_i^u = c_i - \sum_1^W c_i^w \tag{4-46}$$

V_k：故障节点的恢复顺序的集合，对于其中任意的节点 $\forall v_l \in V_k$，都存在着 $v_l \in V_M$。

4）算法的实现步骤

ROA_DC 算法的具体实现步骤如下。

步骤 1：对故障发生前的网络 $G'(V', E')$ 有向图进行是否存在循环判定，如果存在，则进入步骤 2；如果不存在，将次网络直接转变成新网络 $G(V, E, H)$，并直接跳转步骤 3。

步骤 2：找出网络 $G'(V', E')$ 中的所有存在的环，并将出现的次数进行排序，先拆分出现次数最多的节点，如果数量相同，那么我们采用首次命中方法，拆分第一个出现的节点，之后重复的进行循环比对拆分，直到网络中不存在环，生成新的网络 $G(V, E, H)$。

步骤 3：从网络 $G(V, E, H)$ 中找到未故障的节点 $v_i \in V_{\text{notM}}$，根据 AHC 值生成原则，计算它们的 AHC 值 h_i。

步骤 4：从网络 $G(V, E, H)$ 中找到未故障的节点 $v_i \in V_{\text{notM}}$，根据输入的节点数据量 c_i 和共有数据量组的信息 p_w，按照节点数据容量共享原则，分解计算每个节点 $v_i \in V_{\text{notM}}$ 的有效数据量 c_i^u。对于刚开始处于同一个共有数据量组的未故障节点 $v_i \in V_{\text{notM}}$，优先把共有数据量分配给总数据量 c_i 大的节点，其他节点的有效数据量 c_i^u 都得在现有的总数据量上减去此共有数据量组的数据量。

步骤 5：根据上几步计算的数据，计算 $\sum h_i c_i^u$ 值。

步骤 6：当故障节点 $v_j \in V_M$ 还存在时，循环恢复其中的节点 v_j，并重新计算步骤 3、步骤 4 和步骤 5，获得相应的 $\sum h_i c_i^u$ 值，并重新将此节点 v_j 设为故障节点。找出上述循环中最大的 $\sum h_i c_i^u$ 值，并永久恢复产生此值的故障节点，并记录下来存入 V_k 中。如果 $V_M \neq \varnothing$，继续重复运行步骤 6。

步骤 7：输出最后恢复节点的顺序 V_k。

算法的具体伪代码实现，如表 4-7 所示。

5）仿真及其结果分析

为了更好地展现上文描述的数据中心大规模灾害下的故障恢复的网络模型，本算法采用 Java 语言进行编程，输入相应的模拟数据进行模拟仿真，并根据计算结果进行数学分析，下面将对整个仿真流程进行介绍。

在本书中，采用如图 4-26 所示的 14 个节点的 NSFNET 网络拓扑进行网络仿真分析。在整个网络中，假设所有节点的恢复时间相同的，都是 1 个单位时间。对于拆分后的节点，其恢复时间也是一样的，无论哪个节点恢复，另一个节点也跟着恢复，它们的时间也都是 1 个单位时间。对于发生故障节点，在仿真中是随机产生的，当发生故障后，与该节点相连的链路全部失效，不能传输数据。等到此节点恢复后，其连接的链路直接恢复，不考虑其恢复时间，可直接进行数据传输。初始时对网络中的 14 个节点的数据量也进行随机分配，并对每个节点随机设置相应的共享数据量组，每个节点的共享数据量是不能大于此节点的总数据量。

表 4-7　ROA_DC 算法伪代码流程

输入：$G'(V',E')$，c_i，p_w，V_M　　　　　　输出：V_k
1：初始化网络 $G'(V',E')$
2：if $G'(V',E')$ 存在循环 do
3：　　找出网络中所有的循环，并将其存入集合 Y
4：　　while $Y \neq \varnothing$ do
5：　　　　找出循环中存在次数最多的节点，并将其拆分，之后更新集合 Y
6：　　end while
7：　　生成一个新的网络 $G(V,E,H)$
8：　　else do 直接根据初始网络生成新网络 $G(V,E,H)$
9：end if
10：while $V_M \neq \varnothing$ do
11：　　建立一个二维数组 $a[n][2]$，其中 n 为 V_M 中节点的个数
12：　　for V_M 中的每一个节点 v_i do
13：　　　　恢复当前故障节点 v_i，使此节点进入 V_{notM} 集合
14：　　　　按照 AHC 生成原则，重新计算 V_{notM} 集合中所有节点的 AHC 值 h_i
15：　　　　按照节点数据共享原则，重新计算 V_{notM} 集合中所有节点的有效数据量 c_i^y
16：　　　　对于此 V_{notM} 集合中所有节点，重新计算 $\sum h_i c_i^y$
17：　　　　$a[i][0] = v_i$，$a[i][1] = \sum h_i c_i^y$
18：　　　　将此节点 v_i 重新设置为故障节点，重新放回 V_M 集合中
19：　　end for
20：　　对数组的 $a[n][1]$ 中的所有值进行比较排序，找出最大的 $\sum h_i c_i^y$ 值，并永久恢复其对应的故障节点 v_i，将此节点加入集合 V_k
21：　　根据共有数据量组 p_w 的信息，更新 V_M 中所有节点有效数据量 c_i^y
22：end while
23：输出恢复节点的顺序 V_k

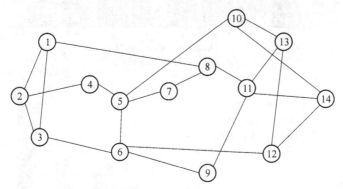

图 4-26　NSFNET 网络拓扑图

　　为了更好地显示实验结果，我们将上文所提出的 ROA_DC 算法与贪婪算法（Greedy_DC）和随机算法（Random_DC）进行比较分析。

　　Greedy_DC 算法：此算法的恢复顺序是按照数据中心的总数据量排序的，优先恢复总数据量高的数据中心节点。

　　Random_DC 算法：此算法的恢复顺序是从故障的数据中心中随机选取进行的。

　　此文从网络连通性、数据量的流动性、网络故障数据量率及网络的孤立节点的概率来对算法性能进行详细的对比分析。

其中,网络连通性被定义为整个网络的 AHC 值。

数据量的流动性是指网络中的有效数据量在网络中的流通能力,定义如下:

$$数据量连通性 = \sum h_i c_i^u \tag{4-47}$$

网络故障数据量率被定义为

$$网络故障数据量率 = \frac{无效的数据量}{网络中的总数据量} \tag{4-48}$$

孤立节点的概率被定义为

$$孤立节点概率 = \frac{出现孤立节点的恢复组数}{故障恢复总组数} \tag{4-49}$$

(1) 不存在共享数据量组时的数据中心网络恢复。在此情况下,对于 NSFNET 网络,此文假设其中随机 8 个节点出现故障,每个节点的总数据量也从 1 ~ 10 随机获取。其网络拓扑仿真如图 4-27 所示,其横坐标表示恢复节点的数量,图(a)、图(b)、图(c)中的纵坐标分别表示为网络连通性、数据量的流动性及网络剩余资源率。

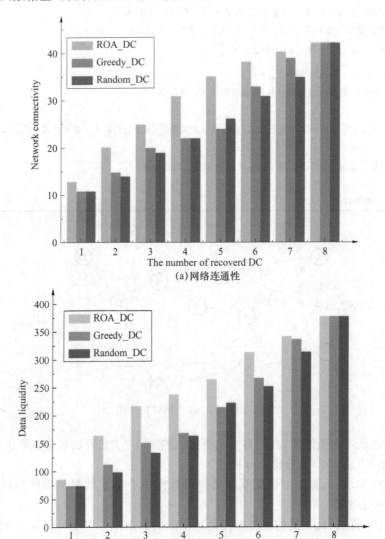

(a)网络连通性

(b)数据量的流动性

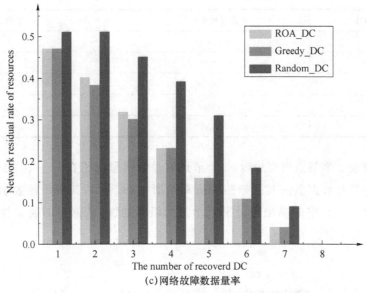

(c)网络故障数据量率

图 4-27　NSFNET 网络无共享数据组仿真结果

如图 4-27(a)所示可以很清晰地展示 NSFNET 网络中,随着节点的逐步恢复,三种算法都能使整个网络的连通性变得越来越好。但是在这个过程中 ROA_DC 算法的连通性效果一直大于 Greedy_DC 算法和 Random_DC 算法,也就是说在整个恢复过程中,ROA_DC 算法优先恢复对整个网络连接更有帮助的节点。那是因为在 ROA_DC 算法中,参考的参数是 AHC 值和有效数据量的乘积。即使那个节点的数据量再大,当它为孤立节点时,也不会去考虑恢复它,因为它对整个网络的连通性的影响几乎是没有的。

如图 4-27(b)所示,随着故障节点的恢复,NSFNET 网络的数据量的流动性效果也越来越好。在整个恢复的过程中,ROA_DC 算法展现的数据量流动性的效果远远大于 Greedy_DC 算法和 Random_DC 算法,也就是说使用 ROA_DC 算法能够更快地使整个网络数据变得流通起来。那是因为在 ROA_DC 算法中,参考的参数是 AHC 值和有效数据量的乘积,恢复的节点不但要含有效数据量,而且它对整个网络的影响也得大,即提高整个网络的 AHC 值。

如图 4-27(c)所示,由于在 NSFNET 网络中出现 8 节点的故障,最开始的产生故障的数据量都将近 50%,随着故障节点恢复,整个网络中的网络故障数据量率也越来越低,最后都变成 0。在整个恢复过程中,Greedy_DC 算法一直是领先的,因为它就是直接恢复数据量最大的故障节点,也就是说更快地使故障的数据投入使用。但是在恢复到第四个节点后,ROA_DC 算法已经赶上 Greedy_DC 算法,一直和它处于同一水平的位置。这说明,ROA_DC 算法在此情况下解决故障数据量的能力是接近 Greedy_DC 算法。

(2)含有共享数据量组时的数据中心网络恢复。由于现实生活中,所有数据中心中还有的数据量肯定是有重叠部分的,所以此文对于这种情况建立了共享数据量组,如表 4-8 所示,在共享数据量组中,同组节点在 NSFNET 网络中都是不直接相连的。

表 4-8 共享数据量组信息

共享数据量组	数据量组成员	共享数据量
p_1	v_1、v_5、v_{11}	2
p_2	v_2、v_8、v_{14}	1
p_3	v_3、v_9、v_{13}	3
p_4	v_4、v_7、v_{12}	2
p_5	v_6、v_{10}	1

此部分也假设 8 个节点出现故障,每个节点的总数据量随机在 1 ~ 10 内分布,但是一定不少于其含有的共有数据量。其网络拓扑仿真如图 4-28 所示,其横坐标表示恢复节点的数量,图(a)、图(b)、图(c)中的纵坐标分别表示为网络连通性、数据量的流动性及网络剩余资源率。

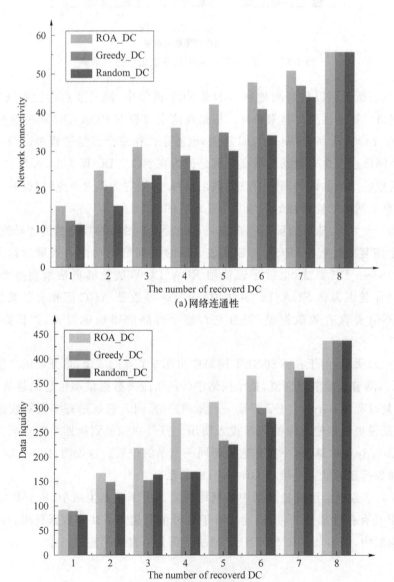

(a)网络连通性

(b)数据量的流动性

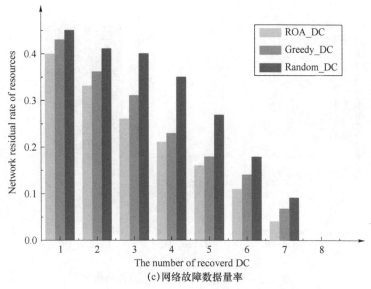

(c)网络故障数据量率

图 4-28　NSFNET 网络含共享数据量组仿真结果

如图 4-28(a)、(b)所示,随着故障节点的逐步恢复,网络连通性和数据量的流动性都越来越高,而且 ROA_DC 算法在每一步恢复所获得的结果值远远大于其他两种算法。关于 ROA_DC 算法、Greedy_DC 算法和 Random_DC 算法在网络连通性和数据量的流动性方面的趋势与图 4-28(a)、(b)中类似,这里不再复述。

此外,对比图 4-27(c)和图 4-28(c),可以发现在加入共享数据量组后,ROA_DC 算法在每一步恢复的网络故障数据量率上都低于 Greedy_DC 算法,也就是说在接近现实的情况下,ROA_DC 算法在网络故障数据量率上也优于 Greedy_DC 算法。由于 Greedy_DC 算法考虑的是数据中心节点的总数据量,当含有共有数据量组时,总数据量不能代表此节点的有效数据量,当共有数据量较多时,此节点的有效数据量就低了,相对来说恢复它对网络的故障数据量率不会有太大的降低。

(3) 恢复过程中的孤立节点概率。在此情况下,对于 NSFNET 网络,采集 100 组网络故障恢复过程数据,其中每 10 组中的共有数据量组是相同的,只是对有向图的网络拓扑、节点的总数据量和故障节点在满足上文的限制情况下进行随机分配。其网络拓扑仿真如图 4-29 所示,其横坐标表示算法的种类,纵坐标表示孤立节点概率。

由图 4-29 所示,ROA_DC 算法在整个恢复过程中几乎没有产生过孤立节点,而且其孤立节点概率远远低于 Greedy_DC 算法和 Random_DC 算法。当孤立节点出现时,其节点中的数据量不能给整个网络中其他的节点服务,只能等到其有相邻节点恢复时,此节点的数据量才能传递到整个网络中。所以说在整个恢复过程中要大大减少孤立节点出现的概率,这样才能在恢复过程中使有效数据量最大化,减少用户的故障数据量损失。

综上所述,ROA_DC 算法具有良好的性能,在网络连通性、数据量的流动性、网络故障数据量率及网络的孤立节点的概率四个方面都有很好的效果。在发生故障后的恢复过程中,使用此算法进行恢复顺序仿真计算能够使整个网络的资源利用最大化。

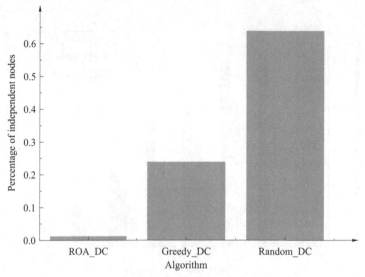

图 4-29　恢复过程中孤立节点出现的概率

2. RN_DC 算法概述

1) RN_DC 算法设计思想

随着信息技术的飞速发展,为了处理、存储和分析海量的数据,数据中心正变得越来越复杂,当数据中心网络结构越来越庞大复杂后,大规模故障发生的可能性就会随之增加,为了减少经济损失,将带来的后果和影响降至最低,必须以高效迅速的方式恢复整个网络的连接。

(1) 关键节点概念的引入。在介绍节点恢复算法之前,有必要先明确关键节点的含义。在拓扑比较复杂的网络中,大量的节点根据一定的互联关系组成了网络,每一个的节点依据自身所处的网络中的位置,与其他节点之间的连接关系都不尽相同,在对网络进行保护和恢复时,我们应有区别地对待这些作用不同的节点,比如在对网络保护时,应对网络中具有非常重要作用的节点进行备份并重点保护,防止因此类重要节点的故障造成网络瘫痪;在对网络恢复时,网络节点的故障的修复往往需要很长的时间,人力或者其他资源的受限可能会导致无法对所有节点同时进行修复,同样地,我们应先恢复那些举足轻重的节点,暂时忽略掉对网络恢复意义不大的次要节点。所以关键节点的识别在网络生存性问题上显得尤为重要。

(2) 关键节点的度量指标。在一个拓扑错综复杂的网络中,可以从两个角度衡量节点的关键程度。一是破坏性等于关键性原则,二是基于关键性等于显著性原则。第一个原则指的是依次将节点从网络中删除,观察网络因此受到的破坏程度,依据破坏程度决定节点的关键程度。第二个原则是根据网络拓扑中的互联关系,依据一定的评估指标对节点进行计算排序,从而决定每个节点的关键程度。由于不同网络有各自的特点,破坏程度的评估难以适用于所有网络,破坏度的衡量指标也不够完善,我们将依据第二个原则即关键性等于显著性对关键节点进行识别评估。

我们可以把图论中的一些知识应用于复杂网络中关键节点的识别上,如节点的度、介数、平均路径长度、聚集系数、网络效率等,下面将对这些参数作简要概述。

在图论中,节点的度就是在网络中与该节点相关联的边的条数。假设有 K 条边与节点 i 相连,则有

$$D_i = K \tag{4-50}$$

网络中节点的邻居节点之间也互为邻居节点的比例,把这个比例称之为聚集系数。假设某节点 i 与 K 条边相关联,则与这 K 条边相连的 K 个节点之间最多可能存在 $K(K-1)/2$ 条边,对于任意节点 i,它的聚集系数记为 C_i,则有

$$C_i = \frac{2 E_i}{K_i(K_i - 1)} \tag{4-51}$$

式中,E_i 表示节点 i 的相邻节点间实际存在的边数。

若网络中任意两个不同节点 a 和 b 之间的最短路径的个数为 σ_{ab},这些最短路径中经过节点 i 的总数为 $\sigma_{ab}(i)$,定义网络中节点 i 的个数为

$$B_i = \sum_{a,b \in V, a \neq b} \frac{\sigma_{ab}(i)}{\sigma_{ab}} \tag{4-52}$$

若节点 i 的度为 K,与 i 相连的 K 个节点的度依次为 $d_1, d_2, \cdots, d_k$,则邻居节点度的平均值为

$$A = \frac{\sum_{m=1}^{k} d_m}{k} \tag{4-53}$$

如果只从单一指标去考虑,会造成结果的片面性,如度虽然反映了节点的连接关系的强度,但却忽略了全局的影响;介数虽然能够衡量在网络中的桥梁作用,但无法调和局部节点的贡献等,这些单一的指标虽然在某一方面能够代表节点的关键程度,但一个完善的算法应该是综合各项指标,不仅仅考虑节点对其周围的重要程度,也能反映出对整个网络的贡献力。

考虑节点的重要性,一般从以下几个方面进行考虑:个体与外界的大量连接可以凝聚较强的影响力(度);与影响力大即度较大的节点建立了连接,从间接的方式也提升了自身的重要性(节点邻居节点的度);与此节点相邻的节点之间的互联关系也能反应此节点的不可替代性(聚集系数)。

(3) 关键节点识别算法。对于数据中心网络,每个节点的重要性显然是不一样的,那么为了描述节点在网络中的重要性,对节点通过合理的评估得出一个权值 W 用来衡量此节点的重要程度,单一指标不足以完全概括节点的重要性,所以下面我们将从节点的度、节点聚集系数和邻居节点的度三个方面考虑节点的重要性。

我们引入节点权重的概念来描述节点的重要程度。节点权值可用下面的表达式来描述:

$$W_i = \alpha D_i - \beta C_i + \gamma A \tag{4-54}$$

显而易见的是节点的度越大,邻居节点的度的平均值就越大,此节点就越重要。但聚集系数对节点重要性的影响却与之不同。节点聚集系数越小,代表此节点对网络的影响越大,此节点的不可替代性就越高,在网络拓扑中的位置就越重要。

在不同的网络拓扑中,参数的取值应随之不同,参数不是固定的而是灵活动态可变的,根

据不同的网络,节点的度、聚集系数等所占的比重应视具体情况而定。在数据中心光网络中,邻居节点的度的平均值不是反应节点重要性的主要的考虑因素,所以对应的参数取值较小,本章中 $\alpha = \beta = 1$, $\gamma = 0.1$。

（4）恢复策略阐述。当数据中心光网络遭受大规模节点故障时,带权节点恢复算法（RN_DC 算法）旨在规划出最优的节点恢复顺序,让尽可能多并且快的业务恢复通信,将损失降到最低。上小节介绍了用权值的概念来描述节点的关键程度,但是只根据权值来决定节点的恢复顺序也是片面的,因为考虑到节点承载的数据量的不同,所以应综合考虑。下面将详细描述 RN_DC 算法的实现流程。

① 输入:用无向图 $G(V, W)$ 代表数据中心网络的拓扑图,其中网络中节点的集合用 V 来表示,W 代表现有网络中的所有工作节点的权值的总和。网络中节点存储的数据总量为 C。对于节点 $v_i \in V$,承载的数据量为 c_i。$V_M \subset V$ 为故障节点集合,$V_{\text{notM}} \subset V$ 为未故障的节点集合。

② 输出:计算出故障节点 $v_j \in V_M$ 中的最优恢复顺序,使其最终 V_M 为空集,$V_{\text{notM}} = V$。

③ 目标:在恢复过程中,应以流量资源最大化为目标进行恢复,所以应该使参数 $\sum w_i c_i^u$ 最大化,其中 w_i 为未故障节点当前时刻的 w 值,c_i^u 为未故障节点的存储的数据量。

2）符号定义

$G(V, W)$:节点集合为 V,节点权重总值为 W 的网络拓扑图。

V_M:网络中故障节点的集合。

V_{notM}:网络中为故障节点的集合,其中 $V_M \bigcup V_{\text{notM}} = V$。

w_i:当前时刻的未故障节点 $v_i \in V_{\text{notM}}$ 的 w 值,对于故障节点 $v_j \in V_M$ 的 w 值为 0,其计算公式如下:

$$w_i \begin{cases} 0 & v_i \in V_M \\ w_i & v_i \in V_{\text{notM}} \end{cases}$$

C:网络中给定的所有节点的总数据量。

c_i:网络中节点 $v_i \in V$ 的数据量,其满足以下限制。

$$C = \sum c_i$$

V_k:故障节点的恢复顺序的集合,对于其中任意的节点 $\forall v_l \in V_k$,都存在着 $v_l \in V_M$。

3）算法实现步骤

步骤 1:从网络 $G(V, W)$ 中找到未故障的节点 $v_i \in V_{\text{notM}}$,依次计算未故障节点的 w 值。

步骤 2:根据每个未故障节点承载的数据量 c_i^u,算出当前网络中的 $\sum w_i c_i^u$ 值。

步骤 3:当故障节点 $v_j \in V_M$ 还存在时,循环恢复其中的节点 v_j,并重新计算步骤 1 和步骤 2,得出相应的 $\sum w_i c_i^u$ 值,并重新将此节点设为故障节点。找出上述循环中最大的 $\sum w_i c_i^u$ 值,并永久恢复得出此值的故障节点,并将此节点加入 V_k 中。如果 $V_k \neq \varnothing$,继续重复运行步骤 3。

步骤 4:得出最后的节点恢复顺序 V_k。

RN_DC 算法伪代码流程如表 4-9 所示。

表 4-9　RN_DC 算法伪代码流程

输入：$G(V,W)$，c_i，p_w，V_M　　　　　输出：V_k
1：初始化网络 $G(V,W)$，故障节点集合为 V_M
2：　建立一个二维数组 $a[n][2]$，其中 n 为中节点的个数
3：　for V_M 中的每一个节点 v_i do
4：　　恢复当前故障节点 v_i，使此节点进入 V_{notM} 集合
5：　　根据节点权值的计算公式，重新计算 V_{notM} 集合中所有节点的 w_i 值
6：　　计算 V_{notM} 集合中所有节点的有效数据量 c_i^u
7：　　对于此 V_{notM} 集合中所有节点，重新计算 $\sum w_i c_i^u$
8：　　将此节点 v_i 重新设置为故障节点，重新放回 V_M 集合中
9：　end for
10：　对数组的 $a[n][1]$ 中的所有值进行比较排序，找出最大的 $\sum w_i c_i^u$ 值，并永久恢复其对应的故障节点 v_i，将此节点加入集合 V_k
11：end while
12：输出恢复节点的顺序 V_k

4）仿真及其结果分析

采用如图 4-26 所示的经典的 14 节点 NSFNET 网络拓扑图进行仿真分析，用 Java 语言描述网络拓扑连接情况并模拟节点故障。假设节点恢复时间相同，故障节点随机生成，若节点发生故障，则与该节点相关联的所有链路都无法正常工作；若此故障节点恢复，则相关链路也都会随之正常通信及传输业务。初始时对网络中 14 个节点的数据量随机分配。

为了更好地验证带权节点恢复算法的优越性，我们将此算法与另外两种算法对比，贪婪算法（Greedy_DC）和随机算法（Random_DC）进行比较分析。下面对另外的这两种算法含义进行说明。

Greedy_DC 算法指的是节点恢复顺序完全依赖于节点的数据量，数据量越大的节点越先恢复。而 Random_DC 算法指的是随机恢复故障节点，直至所有故障节点全部得以恢复。

我们主要从以下几项指标分析对比这三种算法性能的优劣：首先是网络连通性和数据量的流动性及网络故障数据量率。其中，网络连通性被定义为整个网络节点权值之和，即 W；数据量的流动性是指数据量在网络中的流动能力，我们可以用节点权值与节点数据量的乘积累计求和来描述，即 $\sum w_i c_i^u$；而网络故障数据量率可以用下面的表达式来描述：

$$网络故障数据量率 = \frac{无效的数据量}{网络中的总数据量}$$

本次仿真假设 NSFNET 网络拓扑中随机选取 8 个节点作为故障节点，网络中每个节点的数据量也是随机从 1～10 中取值。下面给出了仿真结果。

如图 4-30 所示，随着节点的逐个恢复，三种算法都能使网络的连通性越来越好，但算法之间的性能并不一致。在恢复节点数量保持一致的情况下，RN_DC 算法的连通性大于其他两种算法。也就是说，RN_DC 算法总是优先恢复对网络连通性最有帮助的节点，所以对网络的连通性的提高是最快并且最为有效的算法。

如图 4-31 所示，随着节点的逐个恢复，三种恢复算法作用下的数据量的流动能力也越来越强，同样，在恢复节点数量保持一致的情况下，RN_DC 算法下的数据流动能力也高于其他两种算法，也就意味着此算法能更快地增加整个网络的数据流动能力，使得更多的业务得以恢复通信，正常传输。这是由于 RN_DC 算法是以权值和数据量的乘积作为指标来进行恢复的，同时考虑了数据量和连通性两方面，使得恢复的效果要优于其他两种算法。

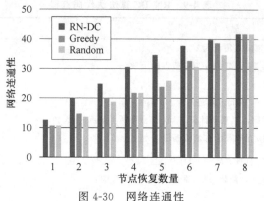

图 4-30　网络连通性

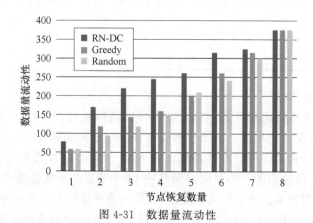

图 4-31　数据量流动性

如图 4-32 所示,在 8 个节点故障的情况下,三种算法下的网络的数据故障率都接近 50%,随着故障节点的逐个恢复,故障数据率在不断地降低,当所有故障节点都得以恢复时,数据故障率为 0。在恢复的故障节点一致的情况下,Greedy_DC 算法一直是最优的,因为此算法就是以恢复数据量最大的故障节点为指标,但 RN_DC 算法下的故障数据率较之基本相差无几,在恢复到第四个节点后,故障数据率已经持平,所以 RN_DC 算法在故障数据率上性能也是较为良好的。

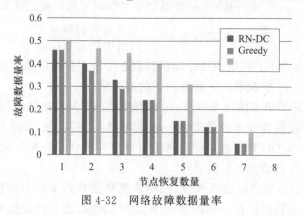

图 4-32　网络故障数据量率

带权节点恢复算法综合考虑节点权值和节点的数据量,依次恢复一个故障节点,计算当前网络的 $\sum w_i c_i^u$ 值,然后选择此值最大的所对应的故障节点进行永久恢复。然后循环上述操作,直至所有故障节点得到恢复,也得到了故障节点的恢复顺序集合。将带权节点恢复(RN_DC)算法与其他两种算法(Greedy 和 Random)进行对比,从网络连通性、数据的流动能力及故障数据率三个指标评估算法的性能,对比结果为 RN_DC 算法要优于其他两种算法,验证了算法的合理性和高效性。

4.4.3　数据中心光网络的节点保护技术

随着数据中心应用的越来越广泛,数据中心网络也变得更加庞大和复杂。在这种复杂的网络环境下,保护和恢复技术也越来越受到重视。随着数据量的爆炸性增长,越来越多的数据中心被建立起来进行信息传递、分析和处理,整个生活正被一个巨大的数据中心网络所包围。所以说,保证数据中心网络的稳定高效运行是维持社会生活稳定的根本。现有研究中已有大量的关于数据中心链路故障的保护技术,但是对网络中数据中心节点出现故障的保护技术相对较少,本节将主要对数据中心网络中节点单故障后的保护技术进行分析。

数据中心之间的信息传递是非常繁忙的,同一时刻某一数据中心可能正对着多个数据中心进行数据信息传递。因为数据中心的重要性,所有的数据中心都建有异地容灾备份,当数据中心节点发生故障时,可以调用异地的备份中心数据来满足正常网络的需求。如果所有失联的节点都使用异地的备份中心恢复通信,需要大量的时间去转换,还可能导致网络中数据信息传递阻塞。为了避免这些情况的发生,需要给被迫中断通信的数据中心节点建立保护路由,因此提出了一种基于数据中心网络多播传输的单节点故障保护算法。此算法的目标是保证不让任何一个关键资源的损失,在这种方式下建立的网络连接,任何一个节点的故障都不会阻止剩余的资源的传输。

之前的大量关于多播传输的研究,多是对所有的目的节点都进行保护路由的建立,虽然可以使得信息传输不受故障节点的影响,但这样会耗费大量的保护资源,并且没有考虑到资源不足的情况,即保护路由所能承载的数据量小于工作路由所能承载的数据量。下面针对数据中心光网络中的多播传输中单节点故障情况下,提出了一种对被动节点建立保护路由进行保护使其不受故障节点影响的 PN_DC 算法,我们提出的算法将会考虑资源不足的情况,以便更贴近现实,成果更有意义。

1. 算法主要思想

数据中心业务的传输工作路由都是按照最短路径算法来计算出来的,由于路径需要满足最短距离原则的限制,所以很容易出现不同业务的工作路由有部分重叠的情形,这种情况下单个节点的故障由于此故障节点连接着重叠的工作路由,将会影响到其他目的节点的信息接收,进而影响到多个业务的传输,所以我们要对这些因故障节点受到影响的其他节点进行保护,我们称这些由于别的节点故障导致受到影响的节点称为被动节点。

在此算法中,首先需要根据多播传输根据最短路径原则算出每一条工作路由,从而获取到被动节点集合,对这些被动节点建立保护路由进行保护。虽然需要对所有的被动节点进行保护,但是并不是需要为每一个被动节点都建立一条独立的保护路由,由于保护路由上的资源是可以共享的,所以选路原则应尽量满足一条保护路由可以同时对多个被动节点进行保护并且选路原则同样遵循最短路径原则。这样就不必为每个被动节点都建立单独的保护路由,大大减少资源的使用,提高资源利用率。当然保护路由的容量应大于或等于工作路由的容量,否则需再建立额外的保护路由来分担剩余的容量,以使得所有数据都得以传输。在保护路由的不断建立中,被动节点集合里的节点数量会不断减少更新直至集合为空,所有被动节点都得以进行保护路由的保护。这样网络中将不再存在被动节点,当出现单个节点故障时,其他目的节点都能依靠工作路由或者保护路由正确地接收数据,维持业务的正常传输。

2. 符号定义

下面将以数学符号的方式展现算法的具体过程。

$G(V,E)$:网络拓扑图 G,节点集合为 V,链路集合为 E。

l_i:对于网络中所有链路 $e_i \in E$,所对应的链路长度为 l_i。

$R:R=(s,D,H)$ 为一次多播请求,s 为多播请求的源节点,即 $s \in V$,D 是目的节点的集合,其中 D 满足约束条件 $D \subseteq V-s$,H 为整个多播请求的数据量总和。

$C:C=\{c_1,c_2,c_3,\cdots,c_N\}$ 为网络拓扑中链路容量的集合,对于网络中链路 $e_i \in E$,其链路承载的数据容量为 c_i。

$r:r=(s,d_i,h_i)$,是多播请求中的一次请求,其中 $r \in R$,目的节点 $d_i \in D$,h_i 为这次请求的数据量,其满足以下限制条件:

$$H = \sum h_i \tag{4-55}$$

$D^w(d_i^w,d_j,h_i)$ 为多播请求中被动节点的集合,其中 d_j 为目的节点,其中 d_i^w 为因目的节点 d_j 故障而受到影响的被动节点。

T:为多播请求依据最短路径原则所建立的工作路由集合,其中的元素 $t_i \in T$,t_i 为多播请求中的一个连接请求 r 所建立的一条由源节点 s 到目的节点 d_i 的一条工作路径。

d_m:为出现的故障节点,其中 $d_m \in D$。

P:不断生成的保护路由的集合,其中 $p_i \in P$。

V_d:为工作路由计算过程中出现的被动节点的集合,即 $(d_i^w,l_i^w) \in V_d$。

h_i^p:为此条保护路由 p_i 的传递容量,值为整个保护路由上所经过的所有链路的有效容量的最小值,即

$$h_i^p = \min\{c_1,c_2,\ldots,c_j\} \tag{4-56}$$

当工作路由对应多条保护路由时,容量满足式(4-57):

$$h_j = \sum h_i^p \tag{4-57}$$

3. 算法实现步骤

为应对数据中心光网络中多播传输单节点故障导致的其他目的节点(称为被动节点)接收信息受到影响的问题,提出一种针对保证被动节点接收信息,对被动节点所在的业务请求建立保护路由的算法,命名为 PN_DC 算法。

PN_DC 算法实现步骤如下:

步骤1:针对多播请求 R 里的每个单个请求 r,根据最短路径算法,链路长度为 l_i,计算出每个请求所对应的工作路由集合 T。

步骤2:对一个请求为 $r=(s,d_i,h_i)$,判定在工作路由中是否经过了其他请求的目的节点,若存在其他目的节点 d_j,则此节点为被动节点,遍历所有的请求,得到了被动节点集合 $D^w(d_i^w,d_j,h_i)$。

步骤3:根据网络拓扑结构,将被动节点 $D^w(d_i^w,d_j,h_i)$ 根据之间的相连关系分组,根据每组包含的被动节点数的大小决定小组的建立保护路由的顺序。若小组包含的被动节点数量一样,优先恢复距源节点较远的那一组被动节点。得到与之前工作路由相互独立不相交的保护路由 p_i,如果此保护路由的容量小于原工作路由的容量,则继续选择新的保护路由,直至所有

的保护路由的容量和大于或等于原工作路由的容量,并将此被动节点从被动节点集合中移除。

步骤 4:对于新建的保护路由 p_j,若存在其他的被动节点 d_i^w,并且若此保护路由 p_j 的容量 h_j^p 大于该被动节点工作路由的数据容量 h_i,则直接从被动节点集合中删除此被动节点;否则,就更改被动节点集合里的 h_i 值,使其需要的保护数据容量减少。

步骤 5:若被动节点集合 $D^w(d_i^w, d_j, h_i)$ 不为空,跳转至步骤 3,反之输出其建立的保护路由的集合 P。

算法的具体伪代码实现,如表 4-10 所示。

表 4-10　PN_DC 算法伪代码流程

输入: $G(V,E)$, $R=(s,D,H)$, $D=\{d_1,d_2,\ldots,d_k\}$, $C=\{c_1,c_2,\ldots,c_n\}$

输出: P

1: 初始化网络 $G(V,E)$
2: for D 中的每一个目的节点 d_i do
3:　　根据请求 $r=(s,d_i,h_i)$ 按照最短路径原则建立一条到目的节点 d_i 的工作路由 t_i
4:　　新建一个集合 $V_d(d_i,h)$ 和 $D^w(d_i^w,d_i,l_i^w,h_i)$
5:　　for 集合 $D=\{d_1,d_2,\ldots,d_k\}$ 中除去 d_i 的所有节点 do
6:　　　if 工作路由 t_i 中存在目的节点 d_j do
7:　　　　计算出 d_i 和 d_j 之间的距离 l_i^w,并加入集合 $V_d(d_i,l_i^w)$ 中
8:　　　end if
9:　　end for
10:　　if 集合 $V_d(d_i,l_i^w)$ 不为空 do
11:　　　找到集合 $V_d(d_i,l_i^w)$ 中中值 l_i^w 最小的节点 d_j
12:　　　将 (d_i^w,d_i,l_i^w,h_i) 插入集合 D^w 中
13:　　end if
14: end for
15: while 集合 $D^w(d_i^w,d_i,l_i^w,h_i)$ 不为空时 do
16:　　找将被动节点按照链接关系分组,取包含被动节点数最多的一组。
17:　　从 $V-d_j$ 中按照最短路径原则建立一条和工作路由不相交的保护路由 p,然后连接该组其他节点共同组成一条连接了该组所有节点的新的保护路由,将其加入集合 P 中
18:　　while h_i^p 值小于 h_i do
19:　　　根据到目的节点的 d_i^w 的保护路由中 h_i^p,修改路过链路的有效容量值 $C=\{c_1,c_2,\ldots,c_n\}$
20:　　　再建立一条保护路由 p_i,获得 h_i^p 值,并令 $h_i^p=h_i^p+h_j^p$,并将其加入集合 P 中
21:　　end while
22:　　恢复链路原始的有效值,并将此被动节点 (d_i^w,d_i,l_i^w,h_i) 从集合 D^w 中删除
23:　　for D^w 中的每一个被动节点 (d_i^w,d_i,l_i^w,h_i) do
24:　　　在集合 P 中寻找存在节点 d_i^w 的保护路由条数 n
25:　　　if n 大于 0 do
26:　　　　if 每条路由中都存在节点 d_j do
27:　　　　　continue
28:　　　　else
29:　　　　　集合 D^w 中删除此被动节点 (d_i^w,d_i,l_i^w,h_i)
30:　　　　end if
31:　　　end if
32:　　end for
33: end while
34: 输出保护路由的集合 P

4. 仿真及结果分析

采用典型的 14 节点的 NSFNET 网络拓扑进行网络仿真分析,链路上标记的数字代表此链路的链路长度,网络中的多播请求 $R = (s, D, H)$ 中的源节点 s 和目的节点 D 随机选取,每条链路中的有效容量在 1～3 之间随机取值,保护资源可以共享。

在多播请求中,目的节点个数为 8,源节点、目的节点和工作路由的传输数据量随机选取。以下述为例,源节点为 $s = v_6$,目的节点为 v_1、v_2、v_3、v_5、v_{10}、v_{11}、v_{12}、v_{14},每次请求的传输数据量,如表 4-11 所示。

表 4-11　多播请求的传输数据量

请求的传输数据量	工作路由
1	t_{6-2}、t_{6-3}、t_{6-11}、t_{6-12}
2	t_{6-1}、t_{6-5}、t_{6-14}
3	t_{6-10}

先根据最短路径原则,计算每个请求的工作路由,如表 4-12 所示。

表 4-12　工作路由

工作路由	工作路由所经链路
v_{6-1}	$v_6 \rightarrow v_3 \rightarrow v_1$
v_{6-2}	$v_6 \rightarrow v_3 \rightarrow v_2$
v_{6-3}	$v_6 \rightarrow v_3$
v_{6-5}	$v_6 \rightarrow v_5$
v_{6-10}	$v_6 \rightarrow v_5 \rightarrow v_{10}$
v_{6-11}	$v_6 \rightarrow v_5 \rightarrow v_7 \rightarrow v_8 \rightarrow v_{11}$
v_{6-12}	$v_6 \rightarrow v_{12}$
v_{6-14}	$v_6 \rightarrow v_{12} \rightarrow v_{14}$

网络拓扑中每条链路的容量随机生成,如表 4-13 所示。

表 4-13　NSFNET 网络链路有效容量

链路有效容量	链路
1	e_{1-2}、e_{2-3}、e_{7-8}、e_{10-13}
2	e_{2-4}、e_{3-6}、e_{6-9}、e_{6-12}、e_{11-14}
3	e_{1-3}、e_{4-5}、e_{5-7}、e_{9-11}、e_{12-14}
4	e_{1-8}、e_{5-6}、e_{8-11}、e_{10-14}
5	e_{5-10}、e_{11-13}、e_{12-13}

根据 PN_DC 算法,计算好工作路由后得到被动节点集合,分别为 v_1、v_2、v_{10}、v_{11}、v_{14} 对被动节点根据拓扑中连接关系分组,其中 v_{10}、v_{11}、v_{14} 因为之间互相连接分为一组,v_1、v_2 由于相连分为另外一组。一组中包含的被动节点数为 3,优先恢复本组里的被动节点。按照最

短路径原则分别对 v_{10}、v_{11}、v_{14} 重新计算新的独立不相交的保护路由,并取距离源节点路径最短的保护路由作为本组的保护路由,经过比较,v_{11} 距离源节点的最短路径是 3 个目的节点中最短的,所以取此路由作为本组的保护路由,然后再在此路由的基础上根据 3 点的互连关系连上其余的两个点,就得到了本组的保护路由,为 $v_6 \rightarrow v_9 \rightarrow v_{11} \rightarrow v_{14} \rightarrow v_{10}$,并且此保护路由上同时经过了 v_{10}、v_{11}、v_{14},其中 v_{11}、v_{14} 这两个被动节点的保护路由的容量大于或等于工作路由的数据容量,所以将这两个被动节点从被动节点集合里面删除。对于 v_{10},保护路由的容量不足以覆盖工作路由的容量,更新 h_i 值为 $3-2=1$,单独为 v_{10} 重新计算一条新的保护路由为 $v_6 \rightarrow v_{12} \rightarrow v_{14} \rightarrow v_{10}$。对于二组里的两个被动节点 v_1、v_2,同样的方式求得本组的保护路由为 $v_6 \rightarrow v_5 \rightarrow v_4 \rightarrow v_2 \rightarrow v_1$,此保护路由对于 v_1、v_2 均满足大于或等于工作路由所需容量,所以经过 PN_DC 算法得到的结果如表 4-14 所示。

表 4-14　保护路由

保护路由	保护路由所经链路	保护路径传输容量
p_1	$v_6 \rightarrow v_9 \rightarrow v_{11} \rightarrow v_{14} \rightarrow v_{10}$	2
p_2	$v_6 \rightarrow v_{12} \rightarrow v_{14} \rightarrow v_{10}$	2
p_3	$v_6 \rightarrow v_5 \rightarrow v_4 \rightarrow v_2 \rightarrow v_1$	2

根据 PN_DC 算法,仅用三条保护路由就对所有的被动节点进行了保护,之后无论多播传输的哪个节点故障,都不会影响到其他节点的数据传输。

将保护路由的网络资源利用率定义为

$$保护路由网络资源占用率 = \frac{保护路由网络资源}{保护路由网络资源 + 工作路由网络资源} \tag{4-58}$$

得出此次仿真的保护路由网络资源占用率仅为 33.33%,所需的网络资源较少。

综上所述,PN_DC 算法具有非常良好的性能,并能确保多播传输中无论哪个单节点故障都不会影响其他目的节点接收信息,传输业务,所占用的网络资源未增多的情况下,能够非常好地对数据中心光网络中被动节点进行有效的保护。

◆ 4.5　本章小结 ◆

随着光网络的不断发展,光网络的生存性逐渐成为光网络研究中的重要课题。本章主要从生存性的基本概念出发,介绍了光网络中保护和恢复的相关内容,并根据理论研究,介绍了作者课题组的研究成果,包括灵活栅格光网络中抗多故障资源优化的基本策略、充分考虑灵活栅格光网络的特点与多路径传输及资源共享的优势的资源优化策略、基于改进的遗传算法来实现所提出的资源优化策略等,通过仿真结果展示了作者所提出策略在资源利用与碎片减少方面的实际效果。针对数据中心光网络介绍了两种在大规模灾害下的恢复算法 ROA_DC 算法和 RN_DC 算法,算法能够更好地分析出最优的节点恢复顺序。最后介绍了数据中心光网络中多播传输下的节点保护算法(PN_DC 算法),该算法在未大幅增加资源的前提下,很大程度上提高了数据中心光网络的生存性。

◆ 参考文献 ◆

［1］Antosik R. Protection and restoration in optical networks. 2000 2nd International Conference on Transparent Optical Networks. Gdańsk，Poland，June 5-8，2000.

［2］Phillipa Gill，Navendu Jain，NachiappanNagappan. Understanding network failures in data centers：measurement，analysis，and implications. In SIGCOMM'11：350-361,2011.

［3］ChristoforosKachris，IoannisTomkos. A Survey on Optical Interconnects for Data Centers,Communications Surveys & Tutorials，Volume：14 ，Issue：4 ，Fourth Quarter 2012，Page(s)：1021 - 1036.

［4］王健全，张永健，沈文粹等，光网络的保护恢复的研究《光通信研究》2004 年 06 期.

［5］Ming-Jun Li，Mark J. Soulliere，Daniel J. Tebben，Leo Nederlof，Mark D. Vaughn，and Richard E. Wagner. Transparent Optical Protection Ring Architectures and Applications. Journal of Lightwave Technology，Vol. 23，Issue 10，pp. 3388- (2005).

［6］Levy D S，Solomon K，Korotky S K. Loss-less bridging in 1＋1 optical protection using a modified transmitter and receiver[J]. Photonics Technology Letters，IEEE，2003，15(3)：485-487.

［7］Zhang Feng，Zhong Wen-De. A heuristic algorithm of p-cycle based tree protection of optical multicast traffic in WDM mesh networks. OECC/ACOFT 2008，Sydney，July，7-10 July 2008.

［8］Farhan Habib M.，Massimo Tornatore，Marc De Leenheer et al. Design of Disaster-Resilient Optical Datacenter Network. JLT VOL 30 NO16AUGUST'5 2012 2563-2573.

［9］Ou C，Mukherjee B，Survivabele Optical WDM Networks. New York：Springer，2005.

［10］Papadimitriou D，PoppeF'Jones J,et al. Inference of shared risklink group，Internet Draft，draft-many-inference-srlg-00. txt，2001.

［11］Liu Menglin，Massimo Tornatore，Biswanath Mukherjee. Survivable Traffic Grooming in Elastic OpticalNetworks—Shared Protection，JOURNAL OF LIGHTWAVE TECHNOLOGY，VOL. 31，NO. 6，MARCH 15，2013,903-908.

［12］D. Bertsekas，R. Gallager. Data Networks. Englewood Cliffs，NJ：Prentice-Hall，1992.

［13］Mukherjee B. Optical WDM Networks. New York：Springer-Verlag,2006.

［14］Cavendish D.，Murakami K.，Yun S.-H. et al. "New transport services for next-generation SONET/SDH systems," IEEECommun. Mag，vol. 40，no. 5，pp. 80-87，May 2002.

［15］Zhu K，Zang H，Mukherjee B. Exploiting the benefit of virtual concatenation technique to the optical transport networks，in Proc. Opt. Fiber Commun. Conf，Mar. 2003：

363-364.

[16]Huang S,Martel C,Mukherjee B. "Survivable multipath provisioning with differential delay constraint in telecom mesh networks,"IEEE/ACM Trans. Netw, 2011,19(3):657-699.

[17]Moy J. 1998, OSPF version 2. Internet RFC2328.

[18]Thaler D. , Hopps C. Multipath issues in unicast and multicast nexthop selection 2000, Internet RFC2991.

[19]Dahlfort S, Xia M, Proietti R, et al. Split spectrum approach to elastic optical networking, in Proc. Eur. Conf. Opt. Commun, 2012,9:1-3.

[20]Colbourne P,Collings B, ROADM switching technologies, in Proc. Opt. Fiber Commun. Conf, 2011. 4:1-3.

[21]Barros D, Kahn J, Wilde J, et al. Bandwidth-scalable longhaul transmission using synchronized colorless transceivers and efficient wavelength-selective switches, J. Lightw. Technol,2012,30(16): 2646-2660.

[22]Liu M, Tornatore M, Mukherjee B. Survivable Traffic Grooming in Elastic Optical Networks—Shared Protection[J]. Journal of Lightwave Technology, 2013, 31(6): 903-909.

[23]Eira A, Pedro J, Pires J. Optimized design of shared restoration in flexible-grid transparent optical networks[C]//National Fiber Optic Engineers Conference. Optical Society of America, 2012: JTh2A. 37.

[24]Shao X, Yeo Y K, Xu Z, et al. Shared-path protection in OFDM-based optical networks with elastic bandwidth allocation[C]//Optical Fiber Communication Conference. Optical Society of America, 2012: OTh4B. 4.

[25]Zhu G, Zeng Q, Xu T, et al. Dynamic protected lightpath provisioning in mesh WDM networks[J]. Chinese Optics Letters, 2005, 3(3): 143-145.

[26]Deng Qiuhong, Yu Hongfang, Wang Sheng. Survivability of WDMoptical networkandperformanceof different protection algorithms[J]. Journal of UEST of China ,2004,33(6):746.

[27]Pandya R J, Chandra V, Chadha D. Power Optimised Segment Based Shared Path Protection in Optical Packet Switched Networks[C]//International Conference on Fibre Optics and Photonics. Optical Society of America, 2012: W2C. 3.

[28]Vadrevu C S K, Tornatore M, Wang R, et al. Integrated design for backup capacity sharing between IP and wavelength services in IP-over-WDM networks[J]. Optical Communications and Networking, IEEE/OSA Journal of, 2012, 4(1): 53-65.

[29]Holland J H. Adaptation in natural and artificial systems: An introductory analysis with applications to biology, control, and artificial intelligence [M]. U Michigan Press, 1975.

[30]De Jong K A. Analysis of the behavior of a class of genetic adaptive systems [J]. 1975.

[31]Goldberg D E. Genetic algorithms in search，optimization，and machine learning[M]. Reading Menlo Park：Addison-wesley，1989.

[32]玄光男，程润伟.遗传算法与工程优化[M].北京：清华大学出版社，2004.

[33]Cantú-Paz E. A survey of parallel genetic algorithms[J]. Calculateurs paralleles，reseaux et systems repartis，1998，10(2)：141-171.

[34]王辉.用遗传算法求解 TSP 问题[J].计算机与现代化，2009，7：12-16.

[35]周明，孙树栋.遗传算法原理及应用[M].北京：国防工业出版社，1999.

[36]Bhandari R. Survivable Networks：Algorithms for Diverse Routing. Kluwer Academic Publishers，1999.

[37]Goldberg D E，Deb K. A comparative analysis of selection schemes used in genetic algorithms[J]. Urbana，1991，51：61801-2996.

[38]赵阳明. 数据中心网络中路由与资源分配问题研究[D]. 成都：电子科技大学，2015.

[39]肖杰. 基于骨干网的数据中心网络架构与服务规划设计[D]. 成都：电子科技大学，2014.

[40]何建东. 基于网络编码的 WDM 网络故障定位于网元保护策略研究[D]. 重庆：重庆邮电大学，2012.

[41]梁兵. 多域多层光网络生存性关键技术研究[D]. 南京：南京邮电大学，2012.

[42]贺志友. 一种基于交错保护的网络生存性技术[D]. 武汉：华中科技大学，2007.

[43]乔磊. IP over WDM 网络生存性策略的研究[D]. 南京：南京邮电大学，2008.

[44]Ramamurthy S，Sahasrabuddhe L，Mukherjee B. Survivable WDM mesh networks[J]. IEEE/OSA Journal of Lightwave Technology，2003，21(4)：870-883.

[45]Singhal N，Mukherjee B. Protecting mulicast sessions in WDM optical mesh networks[J]，IEEE/OSA Journal of Lightwave Technology，2003，21 (4)：884-892.

[46]Cai Lu，Wang Sheng，Lemin Li. A Novel Shared Segment Protection Algorithm for Multicast Sessions in Mesh WDM Networks [J]. ETRI Journal，2006，28(3)：329-336.

[47]Guo Y，Palden Lama，Jia Rao，et al. V-Cache：Towards Flexible Resource Provisioning for Multi-tier Applications in IaaS Clouds[C]. Parallel & Distributed Processing (IPDPS)，2013 IEEE 27th International Symposium on，88-99.

[48]黄善国，张杰，韩大海，等. 光网络规划与优化[M]. 北京：人民邮电出版社，2012.

[49]袁振涛. 多层网络的生存性研究[D]. 武汉：武汉邮电科学研究院，2008.

[50]江雪敏. WDM 光网络及多层网络生存性的研究[D]. 成都：电子科技大学，2007.

[51]任增霞. ASON 网络生存性相关技术的研究[D]. 北京：北京邮电大学，2006.

[52]Singhal N K，Sahasrabuddhe L H，Mukherjee B. Provisioning of survivable multicast sessions against single link failures in optical WDM mesh networks[J]. IEEE/OSA Lightwave Technol，2003，21(11)：2587-2594.

[53]Narendra K. Singhal，Caihui Ou，Biswanath. Mukheriee Cross-sharing vs. self-sharing trees for protecting multicast sessions in mesh networks[J]. Computer Networks，

Volume 50，Issue 2，8 February 2006，Pages 200-206.

［54］陈超. WDM 光网络生存性技术研究［D］. 重庆：重庆邮电大学，2011.

［55］赵莹. WDM 网络的业务感知区分保护方法研究［D］. 重庆：重庆邮电大学，2014.

［56］Lin R，Wang S，Li L. Protections for multicast session in WDM optical networks under reliability constraints［J］. Journal of Network & Computer Applications，2007，30（2）：695-705.

［57］Mohandespour M，Kamal A E. Multicast 1+1 protection：The case for simple network coding［C］. Computing，Networking and Communications (ICNC)，2015 International Conference on. IEEE，2015：853-857.

［58］赵太飞，李乐民，虞红芳. 光网络生存性技术研究［J］. 压电与声光，2006，28(3)：272-274.

［59］霍军. 光网络生存性技术研究［D］. 西安电子科技大学，2006.

［60］李苑，方少元. SDH 自愈环网特性分析及应用［J］. 现代电子技术，2006，29(20)：94-96.

第 5 章

光网络评估技术

◆ 5.1 光网络评估概述 ◆

5.1.1 光网络评估的背景与意义

光网络具有巨大的性能优势和广泛的应用前景,如今光传输网络已经是我国基础传输网络的重要组成部分。由于网络规模日益扩大,通信业务量高速增长,使得传输服务的中断将对整个网络造成严重的后果[1]。因此,光传输网的可靠程度直接影响所承载业务的服务质量,开展光传输网性能的全方位评估研究具有十分重要的现实意义。同时,光传输技术飞速发展,光传输网络由点到点的链网、环形网逐步向网状网演变[2]。与之同时出现的还有网络结构复杂、影响因素多、生存性保障难度高等问题,这些问题对光传输网络的性能会造成极其不利的影响。因此研究构建一套科学、合理、全面的评估体系,即光传输网络评估指标体系非常重要。在宏观战略层面上,能够对光传输网络的发展水平进行评价,对光传输网络带来的安全效益、经济效益和社会效益进行评估,为光传输网络的发展规划提供科学指导;在微观过程层面上,能够对光传输网络运行状态和薄弱环节进行分析、识别,为光传输网络的运行管理提供决策依据。

光网络技术的不断发展,各种新兴技术涌现出来,给网络性能提出了更高的要求。为了实现光传输网络的与时俱进,需要在光传输网络中使用多种评估手段来作为提高光传输网络性能的依据。从大的方面来说评估手段可分为网络数据采用录入统计、网络仿真分析和网络数据计算解析三种。利用实际网络运行参数进行评估时,需要使用大量的实际网络运行参数,并对其进行分析从而反应传输网络性能。为了网络性能评估所需的大量数据,要不断地进行大量的实验。如果每次都用真实的系统进行试验,那就势必会造成成本高昂,费工费时,还难以找到问题的所在点。由此可见,解决这些问题的最有效的办法就是利用计算机仿真技术,建立模拟系统,利用计算机的高速运行能力完成对光网络的仿真,实现网络性能评估[3]。同时,于部分仿真难度高,采集困难的数据,通过模型运算测算的方式可以有效进行相关参数的评估与分析。

光传输网络评估作为网络优化发展的方向标,应采用综合化的评估体系,可从组网、业务和网络生存性三大层面对光网络的资源利用率、网络安全性、网络可维护性三个方面进行分析与评估。评估体系旨在摸清网络效能现状,找出网络存在的问题及优化的方向,以充分发挥网络的潜能,实现收益最大化和网络质量可持续提升;同时为运营商的网络优化与演进提供客观的判断依据,从技术层面指导运营商构建精品网络[4]。光网络评估技术主要由两部分组成:光网络评估因素建模和光网络评估方法。前者需要对光网络性能进行有效建模,并根据评估目标选择相应评估因素。后者又包括对评估因素的具体评估方法与针对整个网络的评估方法两部分。本章将对上述问题进行阐述、设计与分析。

5.1.2　光网络评估的关键问题

在多维光网络建设和运用中,如何以最小的投入取得最大的效益,如何通过合理的配置发挥最大的应用潜能,如何通过优化网络降低运行维护成本、提高网络使用效率等成为多维光网络规划运行维护中影响网络质量和发展的重要课题。光网络评估作为解决这些问题的标尺需综合考虑多维网络存在的问题,对整个传输网络建立一个评估系统模型,按照模型中包含的内容对其进行有效的评估。该模型一般主要包括针对组网、业务、网络生存性等几个网络关键问题展开工作。同时,网络评估作为一项较为复杂的工作,想要针对上述网络关键问题进行有效的测评需要科学的系统性步骤来完成。在整个评估体系中,关键问题可以分解为现网关键问题、评估因素、评估方法、评估效率等几个主要方面。

1. 现网关键问题

(1) 组网问题。选择合理的组网方案对于光网络来说十分重要,因为它关系到网络的服务质量和可持续发展的问题[5]。建设一个安全稳定可靠、易于管理、经济合理、适度超前的多维光网络,是光网络组网方案要重点思考的问题。根据我国网络结构体系总体的思路,光网络的结构总体是采用分层、分区、分割的概念进行规划的,就是说从垂直方向分成很多独立的传输层网络,具体对某一区域的网络又可分为若干层,本地光传输网可分成核心层、汇聚层、接入层三层。这样有利于对网络的规划、建设和管理。其中建链成功率及自建率指标参数可以直接显示出网络组网的现状,自建率还会影响到光传输网络今后的持续发展进程。组网评估分析需要综合考虑网络当前的业务特点、业务发展预测和对组网的要求;网络的自愈保护对组网的要求;光缆物理拓扑的限制;节点信道资源对组网的要求等方面。评估时需将数据进行有目标、有趋向性的数值分析,达到能客观地、详细地、完整地反映网络组网状态的评估效果[1]。组网相关的重要参数,例如网络覆盖率、节点可靠性、信道可靠性等等对业务评估和网络生存性评估也有着十分重要的影响。

(2) 业务问题。业务评估是对光网络传输效果的模拟检测过程。对于网络业务评估可以采用业务接入能力、业务阻塞率以及业务保护率等对其进行网络业务安全方面的效果测评。对于业务相关资源的评估,可以从信道资源、节点资源等几方面的指标入手,进行数据的统计和分析,通过一系列的指标,对网络的资源进行全面、系统的评估,从中发现问题和瓶颈,给出优化思路,为网络的后期发展、优化提供全面、系统的数据参考[5]。而且,当出现故障后的业务保护机制也是至关重要的,所以业务恢复率指标在网络维护方面占据着不可替代的位置。

(3) 网络生存性问题。影响网络生存性的主要因素有网络的自愈保护及设备运行环境情况等,另外备品备件的合理配置及管理,也在一定程度上左右着网络的可用性。网络的自愈保护是指当网络中故障发生时,网络自身可以完全恢复业务传输而不影响网络传输[5]。应急组网能力是网络自愈保护的重要评估指标。除了网络本身的自愈保护能力外,设备运行环境和硬件质量对网络安全的影响也不容忽视。设备的服役时间、备品备件的数量以及分布都会直接影响网络生存性。综上所述,为了更好地对以上问题进行综合评估,组网、业务、生存性三方面的网络相关问题又可以划分为网络安全、网络资源以及网络运维问题[6]。以便从资源使用、安全稳定、维护效率三方面通过一些量化指标对传输网络进行评估,来反映出网络的运行质量状况和存在问题。[5]

2. 评估指标

评估指标的甄选是整个评估的首要任务。在网络评估的过程中应该充分掌握与所关注现网关键问题有关的各项网络性能指标,从而分析网络投资预算,并根据重要性做出合理的计划,然后进行逐步的整改,进而确保光传输网络的稳定性能。因此,对于传送网络的评估合理地选择评估指标越来越重要。但是由于多维光传输网资源类型众多,网元差异较大,导致这类传送网有各种各样的统计指标。在具体的评估操作中,可以在首先选择关键评估方向(组网、业务、生存性),再在各方向上确定一个大致的评估范围。评估范围可大可小,大的评估范围有利于全方位的摸底网络现状,而小的评估范围则可以使评估更加具有针对性,更加适用于与具体网络参数指标相关的评测。由此再对不同的网络规模和网络结构,找到最为直接有效的指标。

3. 评估方法

评估方法的选择是网络评估的关键问题。不同的评估方法针对不同的评估问题有着各异的评估效果。所以正确地选择评估方法对于评估结果有着至关重要的地位。在评估过程中需采用单一评估方法来具体测评网络参数或者综合多种的评估方法,以正确、多角度地反映网络的实际状态,从而达到评估的效果。目前国内外可应用于光网络评估的方法有许多种,可分为基于概率论的方法、层次分析法、模糊逻辑方法等。基于概率论的典型方法是基于贝叶斯网络分析。以其应用于网络生存性评估为例,这类方法是以故障树和事件树为分析与计算工具,运用主逻辑图、事件树分析及故障树分析综合对风险进行评估。层次分析法在使用时通过对每一层元素构造评判矩阵,且评判矩阵是由元素之间的比较得到的[7]。关于模糊逻辑法,在已有的研究成果中大多是构造风险因素集和评价因素集,由专家直接打分评判出某风险因素的风险水平。另外,也有的研究是将 AHP 方法和模糊逻辑法结合的方法,先用模糊逻辑法,由专家直接评定各因素的风险高低,然后对各因素的权重再采用层次分析法考虑,将权重向量与隶属度矩阵相乘作为评估结果[8]。

4. 评估效率

网络评估效率在评估过程中占据着非常重要的作用。评估效率是由选择的评估范围、评估指标、评估方法以及评估过程的实际操作共同决定的,可以直接或间接地影响评估效果。一般来说,评估范围大时所需要评估的指标也会增多,过程中耗费的时间也会更长。由此得出的评估结果会更加全面,比较适合网络统筹,但这种情况下的评估效率一般较低。反之,当评估范围较小时,需要评估的指标数目也相对有限,此过程一般耗时较短。这种情况更适合小范围的网络性能摸底,可以获得更加具体的网络数据。根据不同的评估目的选择不同的评估指标范围和评估方法就决定了理想条件下的评估效率。然而,网络是瞬息万变的,评估过程也是随机非确定的。所以实际的评估效率在很大程度上取决于网络外在因素,主要包括实施评估人员的专业性,评估软件的可靠性和相关硬件的稳定性等。

网络评估是一项全面系统的工程,需要持续不断地投入。评估作为网络持续发展的先决条件必须予以重视。网络评估的客观、全面、深入与否,将直接影响到网络优化的实施,乃至网络今后的长远发展。通过对传输网评估方法的探讨和研究,提出采用评估指标体系来评估网络各方面性能优劣的方法[1]。不同的评估方法可以帮助规划运维人员全面、深入分析多维光网络中存在的问题,为优化改进奠定基础。

5.1.3　光网络评估常见流程

现代光网络的评估技术日新月异,方法更是变化多端,但是万变不离其宗,大部分的技术和方法都是遵循着基本的评估流程的。所以在进行多维光网络评估原理和方法的研究中,我们首先要对光网络评估的整个流程有个全面和直观的认识。对常见的光网络进行评估需要的具体步骤有六个,分别为网络数据的整理与统计、网络评估范围确定、网络评估指标确定、网络指标评估、网络评估结果对比分析和网络优化整改。如图 5-1 所示。

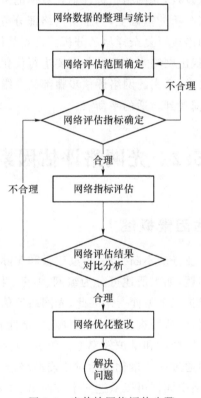

图 5-1　光传输网络评估步骤

(1) 网络数据的整理与统计:这一阶段主要是采集需要进行评估的光网络的当前数据并进行整理,要做到尽量翔实、准确地分类记录与分析,数据质量对之后的网络性能评估与分析都有很大影响。

(2) 网络评估范围确定:这个步骤主要是要明确网络评估的侧重点,也是整个网络评估的大方向的确定,所以是必不可少的一步。评估的范围可大可小,范围大时,能够对网络效能有更加全面的认知;范围小时,网络评估则更加有针对性。通过确定侧重点来决定之后的评估操作可以选择合适的指标以及评估方法,使得评估过程更加有的放矢,更加高效。

(3) 网络评估指标确定:根据已经决定的评估范围选定一些能够如实准确反映这些网络

性能的网络评估指标,这样就可以通过和已经掌握的数据之间的对比来分析得出更有针对性的性能评估结果[1]。

(4) 网络指标评估:对相应的指标进行评估分析是整个网络评估的核心,是一个庞大的系统工程,也是各种评估方法的根本不同之处[10]。根据采集到的网络现状资料,通过不同方法对部分网络指标进行全面细致的分析,从而得出具体的网络性能评估结果。

(5) 网络评估结果对比分析:针对上一阶段得到的评估结果对比相应性能的统计数据,可以通过数据直接、客观地了解具体网络表现的现状。

(6) 网络优化整改:为了到达最终优化网络性能的目的,需要根据上述分析步骤具体优化点,网络整改建议是基于前两个步骤的基础之上所体现出来的网络评估的重要成果之一,依据现网的建设特点和建设模式,结合存在的瓶颈和问题,提出有针对性和可操作性的改造建议[10]。

由上述步骤及介绍中可以发现,光网络指标评估在具体的网络评估过程中是非常重要的,其在各网络当前数据的收集与分析的基础上,为了对网络部分范围的准确评估,使用不同的网络评估指标分析方法对传输网络进行复杂详尽的分析。得到具体化的直观网络数据并且与之前采集的相应数据对比分析,找出网络当前问题与需要进行优化的各个优化点,为网络性能指明了具体优化方向[1]。一般来说,真实的网络评估步骤都是多维度的评估,需要权衡各方面指标,在网络表现与运营利润之间找到合适的平衡点。

◆ 5.2 光网络评估因素 ◆

5.2.1 光网络评估因素概述

随着光传输网络及其衍生业务的不断发展、分期建设和实际操作过程中的条件限制,使光网络中存在一些需要完善的问题,如上所述可分为组网、业务、生存性等问题。这些问题集中在网络安全、资源利用、网络维护三个方面[9]。因此,光网络评估的目的,如图 5-2 所示。通过对网络数据进行合理的分析统计,从而查找网络在资源、安全性和维护流程中的瓶颈并予以消除,使网络达到资源使用最优、安全性和维护效率方面没有"短木板"的制约。同时,从资源使用、安全稳定、维护效率三方面通过一些量化指标对传输网络进行评估,可反映网络的运行质量状况和存在问题。因此,评估中同样可以从这三个方面出发,采用一些网络指标来衡量网络各方面的性能优劣[5]。

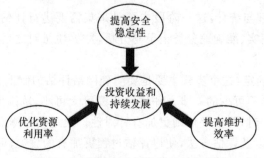

图 5-2 光传输网络评估优化结构图[1]

评估光传输网络的安全可靠性是评价业务是否稳定并可持续发展的重要衡量因素,其关键指标包括节点可靠性、信道可靠性、网络连通度、传输误码率、业务接入能力、业务保护率、业务阻塞率及传输时延几方面。通过对关键指标的分析,找到应采用的光纤、设备保护方式、业务路由策略等,以提高网络的安全稳定性,增强网络的可用性。网络设计人员对光传输网络的安全可靠性评估参数的整理与统计可以限定网络传输材质和网络安全方式的选择,来满足设计要求中的稳定性。

　　评估光传输网络的资源利用率可以使电信运营企业最大限度利用现有网络资源网,其主要参数有网络覆盖率、建链成功率及自建率等。通过对光传输网络的资源利用率的评估参数进行整理与分析的基础上,提出网络优化方案,充分发挥当前网络潜能,在现有网络环境基础不变的前提下增加更多业务与接口以提高网络的资源利用率。资源使用率关键指标还包括通信节点容量、链路传输带宽、信道利用率及节点利用率等几个方面。通过以上指标可以量化反映网络的资源使用状况,找出网络业务瓶颈点,针对网络问题,提出解决方案,以便最大限度地利用原有的网络投资,提高资源利用率和资源使用效能[11]。

　　在上述的各个参数中可以显而易见地发现,最大网络资源使用效能这一参数是评价网络当前资源使用水平的重要指标,其值越大,网络的使用效率越高,资源配置与网络结构也越合理,网络的经济性也越好。以上所述的其他参数虽然在评估光传输网络的资源利用率方面所占的权重不是很大,但是在对网络的评估过程也不能完全抛弃,要追求各个参数的协调比例发展,不能片面追求某项指标的高低。

　　评估网络维护效率可以为现用网络的维护工作提供可参考数据,维护人员在整理与分析评估参数后,可以制订维护任务有针对性地保养维护光传输网络。维护效率关键指标包括设备服役时间、备品备件率、应急组网能力和业务恢复率等几方面。通过对维护效率的评估,提前解决网络问题,可以增加维护成功率降低维护时间及费用,避免频繁网络调整和问题处理,降低维护成本和故障恢复时间,降低网络运行风险。对于可以预期的网络维护问题提前做好充分准备,防患于未然。

5.2.2　光网络评估因素的建模与选择

　　网络优化作为一项较为复杂的工作,需要长时间来完成,在优化的过程中应该充分掌握各项网络性能指标,分析投资预算,并根据重要性做出合理的计划,然后进行逐步的整改,从而确保光传输网络的稳定性能。因此对于传送网络的评估越来越重要。但是由于光网络资源类型众多,网元差异较大,导致传送网有各种各样的统计指标。这样,对网络规模和网络评估,需要找到直接有效的指标。下面就比较典型的光网络评估因素(图 5-3)及其建模等进行介绍。

1. 网络安全评估

　　安全性是网络实现正常运营的保障,是网络持续发展的前提。对于网络安全稳定性的评估是网络评估的重要组成部分,主要可以从节点可靠性、信道可靠性、网络连通度、传输误码率、业务接入能力、业务保护率、业务阻塞率及传输时延八个方面进行评估。

　　(1) 节点可靠性。人为因素、有意或无意的人为干扰破坏;通信距离有限;高山、建筑物、障碍物等地势、地貌以及风雨雷电等自然环境等都会对通信设备的性能产生很大影响,造成通信中断,影响网络的可靠性。通过录入统计得出节点的可靠性,对于研究网络的通信技术及提高网络的性能具有重要意义。节点可靠性 σ_r 由如下公式计算:

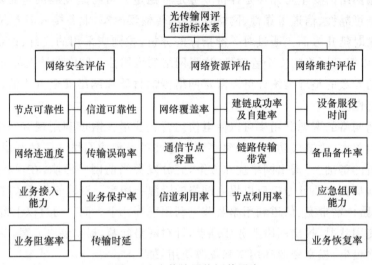

图 5-3 　光传输网络评估因素

$$\sigma_r = 1 - \sigma_f \tag{5-1}$$

式中，σ_f 为节点故障率。

（2）信道可靠性。光传输网的故障是不可避免的问题，而造成故障的原因多种多样。根据对一些本地网中传输故障的统计，线路故障（包括管线故障和接线故障）所占的比重是非常高的。而一旦发生线路故障，恢复时间相当长。所以避免线路故障，有必要了解线路故障的具体原因。故障评估的目的就是为了寻找故障主要原因，尽量避免相同故障的再次发生。光缆作为光传输网的信道，其可靠性 σ_r 由如下公式计算：

$$\sigma_r = 1 - \sigma_f \tag{5-2}$$

式中，σ_f 为光缆故障率。

在实际网络中，光缆的可靠性主要受以下的指标影响。

① 光缆物理路由。光缆的物理路由是传输网络安全的保障，要想组建安全可靠的传输网，就必须对承载传输网的光缆物理路由进行评估，从中找出缺陷，通过优化提高传输网的安全性。从现实的网络组织分析：网状网的组网结构的安全可靠性是最高的，它能够有效地抗击光缆的双点失效（传输节点两侧的光缆同时中断）；环形结构为次之。虽然无法抗击双点失效，但是可以有效地对光缆单点失效进行保护；链形结构的安全性相比之下比较低，一旦光缆出现问题，该链所连接的下游传输节点都将受到影响。

② 光缆进出局。光缆的进出局主要是指光缆从不同方向入局和出局，它是实现传输网物理环形结构的保障之一。按体制标准要求，光缆的进出局应保证两个以上不同的方向，以保证网络的安全可靠性。很多地方的光缆进出局都是一个。这样只能组建逻辑环形结构，安全性势必有所下降。鉴于上述分析，在对光缆进出局进行评估时，我们考虑光缆进出局的个数、方向。鉴于各层传输网在整体中的重要程度不同，以及考虑建设投资费用，在评估时对光缆进出局的标准也同样不同。

③ 光缆敷设方式。敷设方式不同，对光缆线路的保护级别也不同。为保证光缆线路的安全，一般需要采用最安全的敷设方式。选择光缆敷设方式作为评估项目主要是出于对光缆的保护以及寻找光缆安全隐患的考虑。目前，光缆的敷设方式主要有四种：管道敷设、直埋敷设、

架空敷设、壁挂(在某建筑物外侧沿墙敷设)。其安全等级自上而下为:管道敷设—直埋敷设—架空敷设—壁挂敷设。

④ ODF 接地。雷雨的发生是电气设备的重大隐患之一,为保护光缆入局后的安全连接,从规范体制上要求 ODF 架上采用光缆加强芯防雷以及机架接地设备。由于一些地区在建设中强调业务的开通和建设的速度,在一定程度上忽略了 ODF 架的接地。将 ODF 架接地作为一个评估项目,就是为了加强光缆设备的安全保护措施,从中找出安全隐患,尽快加以改正。

⑤ 室内布线。室内布线反映出局房内的安全信息,评估室内布线是出于网络的安全。因为凌乱的室内布线是光缆安全的重大隐患。

(3) 网络连通度。连通度是图论中的一个概念,它指节点间相互连接的程度,主要看拓扑图的点和边结构。对一个图,它的节点连通度为:使这个图不再是连通图或平凡图所需要去掉的节点数的最小值。对于一个网络来说,其连通度就是指至少有多少节点或链路损坏,才会使网络某两节点无法通信。一个网络拓扑的节点连通度越高,这个网络就越难破坏。

在光传输网中光缆成环率可以体现光缆网络连通度。光缆成环率是对光缆网结构的一种描述,而光缆网结构将直接影响到传输网的安全性。有些地方虽然看上去光缆路由上可以形成网状和环形,但是光缆的联通度上并没有形成网状和环形,所以我们对光缆网结构的评估实际上是对光缆连通度的评估。在此将网状和环形连通度的光缆统称为成环。光缆成环率的数学模型是:

$$光缆成环率 = \frac{环上节点数}{评估层节点数} \times 100\% \tag{5-3}$$

(4) 传输误码率。传输误码率是衡量规定时间内数据传输精确性的指标,是通信网系的一个重要基础指标。它反映通信链路受到噪声干扰等因素的影响程度,也反映了网络的可靠性。对一个通信网络而言,其传输误码率越低,可靠度越高。当误码率超过一定阈值后,收端会因为无法恢复有用信息而认为链路断开。传输误码率是一个非常重要的基础指标,在设计时应保证满足传输需求。在光传输网中,当传输设备正常运行,传输线路没有损坏时,默认误码率低于 1×10^{-9},符合光纤网的误码率标准,不需计算。

在实际评估中,通过打分的方式对传输误码率项进行评价,得到一个全网的误码率整体评分值。具体方法为:统计传输误码率过高的设备节点数,并根据全网总设备数进行打分。如所有节点传输误码率均满足传输需求,则为满分,否则根据传输误码率过高的设备个数适当减分。

(5) 业务接入能力。业务接入能力是指网络能够接入的业务数量和种类,是衡量网络特性的一个重要指标,可以通过网络的规模和资源数量衡量,是网络建设的必要考虑因素。统一的综合业务接入能力,能适应网络的发展,也就是说,它具有在不同的网络演变过程中的弹性适应能力。

在光纤网中,业务接入能力由支路口的数量与速率决定:支路口越多、速率越高,其可同时接入的业务数量就越多、支撑业务带宽量越高,业务接入能力也就越强。

(6) 业务保护率。对于有实时性要求和体验要求高的业务,其数据应该被优先处理;而对于没有实时性要求的业务,其数据处理可以被延后,从而保障系统网络的传输品质,有效分配网络带宽,合理利用网络资源。业务保护率即是衡量网络中业务受保护的情况,可以理解为受到优先保护的业务数与总业务数的比率。计算方式如下:

$$r = \frac{S_p}{S_q} \tag{5-4}$$

式中，S_p 为受保护的通信业务数；S_q 为总业务数。

（7）业务阻塞率。实际网络中，所提供的网络资源往往比需求数要少得多。当有传输数据需求时，所有网络资源可能全部处于被占用状态，我们称这种情况为"阻塞"或"时间阻塞"。业务阻塞率即阻塞业务和全部业务的数量比值，计算方式为

$$\eta_b = \frac{S_b}{S_t} \qquad (5\text{-}5)$$

式中，S_b 为阻塞业务数；S_t 为全部业务总数。

（8）传输时延。通信传输时延又称端到端时延，是指业务从发端发出到收端全部接收所耗费的时间。通信传输时延是一个网系中重要的基础指标，它反映了网络中信息的传输速度是一个影响用户体验的重要指标。

一般而言，传输时延由串行时延、传播时延和处理时延三部分组成，即：

　　　　通信传输时延（端到端时延）= 串行时延 + 传播时延 + 处理时延

① 串行时延 = 帧长度/传输速率（Mbit/s）

② 传播时延 = 传输距离/介质中传播速度

③ 处理时延：出入设备所用时间（光电转换等）

考虑实际使用，我们将串行时延和处理时延合并成节点时延，由用户输入得到并累加。在光传输网中，计算时延需要获取光缆长度和设备时延两项参数。

2．网络资源评估

网络资源的利用率也可称为现网资源的评估，即通过网络数据的采集，统计分析现网情况，发现网络的瓶颈和不足。对于传统通信网络主要可以分为网络覆盖率、建链成功率及自建率、通信节点容量、链路传输带宽、信道利用率及节点利用率六项指标。

（1）网络覆盖率。网络覆盖率指网络的覆盖范围或覆盖程度，是一个通信网系的重要基础指标。对一个网络而言，其网络覆盖率越高，其用户体验越好。

覆盖率定义为联网站点数与站点总数比值和正常工作站点数与联网站点数比值的乘积，其计算公式为

$$\tau_a = \frac{E_s}{E_t} \cdot \frac{E_w}{E_s} \qquad (5\text{-}6)$$

式中，E_s 为光纤网中已经在网的站点数；E_w 为正常工作站点数；E_t 为光纤网中需要覆盖的站点总数。

在实际应用中，光缆和光交接箱作为光传输网络的基础，它们的覆盖率在很大程度上影响光网络的覆盖率，其具体的评估建模如下。

① 行政村光缆覆盖率：目前在我国各城市的城区，光缆已经四通八达。基本可以满足覆盖需求，只是需要在光缆路由、光纤资源和光缆网结构方面进行进一步的优化，而在广大的农村地区，光缆并没有做到完全覆盖。运营企业在农村地区的光缆覆盖率，对于潜在的农村市场的业务发展有比较大的影响。对于光缆覆盖率的评估只考虑行政村覆盖方面，市区和县乡光缆的评估没有太大的必要性。行政村光缆覆盖率的数学模型是：

$$光缆覆盖率 = \frac{通光缆的行政村}{评估范围内行政村总数} \times 100\% \qquad (5\text{-}7)$$

② 光交覆盖率：光交接箱是连接各光缆段的纽带，交接箱设置的数量以及设置的位置将直接影响到光缆网的层次和清晰度。将光交接箱作为一个评估项目，目的就是要对本地网的光缆线路层次进行前期评估，以便更好地运用光交接箱，为光缆网的建设做好铺垫。

根据光交的使用研究,结合信息化业务节点的设置使用。一般而言,平均每个光交的服务范围是一平方公里,将其换算成每平方公里一个光交。由于考虑光交主要是应用于接入层,所以在评估中,中继层不对光交进行评估。光交接箱覆盖率的数学表达式是:

$$光交覆盖率 = \frac{光交个数}{行政区面积} \qquad (5\text{-}8)$$

(2) 建链成功率及自建率。光缆的自建率关乎运营企业今后发展的潜力。其间接地反映出光缆安全的可靠性。自建光缆可以使运营企业持续发展;购买光缆虽然也有其产权,但是从路由、维护方面将收到一定的限制;租用光缆不管时间长短,终将受到出租方的制约。评估中将购买产权的光缆视为自建。光缆自建率的数学模型如下:

$$光缆自建率 = \frac{自建光缆 + 购买光缆}{光缆总长度} \times 100\% \qquad (5\text{-}9)$$

(3) 通信节点容量。通过统计、计算节点的交叉容量总和获得。

(4) 链路传输带宽。链路传输带宽是指在单位时间(一般指的是 1 s)内能传输的平均数据量,也即指在规定时间内从一端流到另一端的信息量,即数据传输率。可以反映数据的传输能力。传输速率 R_s 一般是指信号在传输线路中信道编码、调制映射之后的速率,又称符号速率。

(5) 信道利用率。信道利用率是指通信网络中用来传输数据信息使用的实际信道数占总信道数的比率,也可以理解为信道平均被占用的程度,反映了信道资源的利用程度。计算公式为

$$\rho = \frac{C_u}{C_t} \qquad (5\text{-}10)$$

式中,C_u 为传输信息使用的实际信道数;C_t 为总信道数。

在光传输网络中,光缆、光纤作为信道将直接影响着光通信网的业务发展,就目前而言,很多业务的发展趋势并不明朗,这就要求我们在使用光纤时有一个度的把握。光纤利用率的数学模型为:

$$光缆利用率 = \frac{使用光纤数}{可用光纤数} \times 100\% \qquad (5\text{-}11)$$

选择光纤利用率作为评估因素的主要目的是:全面掌握光纤资源现状;客观评定光纤方面的发展潜力;寻找光纤使用的缺陷;整合光纤资源,为进一步优化光缆网打下基础。

(6) 节点利用率。节点利用率是指业务中使用的站点容量和总的站点容量的比值。其计算公式为:

$$\beta = \frac{U}{T} \qquad (5\text{-}12)$$

式中,U 为传输业务使用的站点容量;T 为总的站点容量。

可以根据节点利用率,选择不同的传输速率,实现数据的高效传输。

3. 网络维护评估

网络维护效率是网络运维是否合格的基本考核指标,传统通信网络主要可从设备服役时间、备品备件率和业务恢复率三个方面进行评估。

(1) 设备服役时间。一切电子设备均有其使用寿命,超过其寿命年份的设备与其他设备相比,有更高的损坏率和更低的工作效率,对网络的整体效能和稳定性都有不好的影响。长期

使用超过年份的设备甚至还有一定的安全隐患。设备服役时间参数可以反映网络的可靠性、稳定性，是一个重要的录入统计指标。

（2）备品备件率。设备中备品备件是为易损件准备的备用件，以防止因为易损件损坏、失效等原因使网络发生故障。对备品备件的评估，主要是出于维护应急的考虑，反映运营企业对故障修复能力的检验。同时也是对库存数量、库存安全、库存地点的一个检查，对其数量的合理性、库存地点的响应速度、库存安全保障的一个检查。备品备件率是已有的备品数量和应该有的备品数量的比率，可通过计算求得，计算公式为：

$$\varphi = \frac{M_c}{M_d} \tag{5-13}$$

式中，M_c 为已有备品数；M_d 为应该有的备品数。

在实际应用中，确保正常备品备件供应，能够有效降低网络成本。

（3）业务恢复率。业务恢复率是指通信网络遭到攻击破坏后，通过各种方式恢复正常通信业务数与遭到攻击破坏的业务总数的比率，计算公式为

$$\gamma = \frac{R}{W} \tag{5-14}$$

式中，R 为恢复正常通信的业务数；W 为遭到攻击破坏的业务总数。

业务恢复率是衡量网络抗毁生存能力的指标之一。

5.2.3　光网络评估因素的评估方法

光网络评估因素的评估方法根据光网络规划运维特点结合实际应用，主要可以采用录入统计、仿真分析和计算解析三种方式对各个指标进行量化分析与评估。

下面将对这三种评估方式进行简单的介绍。

1. 录入统计评估

录入统计方式是指用户向软件录入通信网系中每个站点或链路的一些性能参数，通过简单统计计算方式（如加权平均）得到全网在这一性能上的整体表现。

如网络覆盖率、建链成功率及自建率、传输误码率等指标由于主要与光传输网网系的隐性参数（如备品备件）和硬件选择相关，网络使用者获取这些参数并不难，可通过网络使用者录入来对其进行统计分析，进而根据统计结果进行评估。

2. 仿真分析评估

仿真分析是在通信网建立之后，通过仿真模拟运行，考虑通信网实际使用中可能遇到的情况，随机且平均地生成、发送实际业务数据，随机产生多种突发事件，统计计算仿真过程中产生的数据，得到指标实际性能的评估方式。

常见的仿真评估因素如业务阻塞率、信道利用率、节点利用率、业务恢复率等，在现网中进行调整分析具有一定难度，宜通过仿真分析方式进行评估。

3. 计算解析方式

计算解析方式是通过公式计算分析的方式估算评价性能指标的一种方式，需要计算解析的指标一般难以直接测量得到。在计算解析方式中，用户需要输入影响相关指标的参数，之后通过计算解析的方式得出相关指标评估值。如通信传输时延和网络连通度等指标可通过公认、可信的计算公式计算解析进行评估。

◆ 5.3 光网络系统评估方法 ◆

5.3.1 光网络系统评估方法概述

光网络系统评价方法很多,应用广泛的也有一些,但是没有一种方法能够适合各种场所以及解决所有问题,每一种方法都有其侧重点和主要应用领域。本节通过分析一些现有的常用评估方法,综合研究它们的评估原理、应用场景、优缺点及其适合的评估目标。

5.3.2 层次分析法

层次分析法(Analytical Hierarchy Process, AHP),是美国运筹学家萨迪(T. L. Saaty)于20世纪70年代提出的,它是一种定性与定量分析相结合的多目标决策分析方法。层次分析法面对的是独立的递阶层次结构,只考虑上一层次元素对下一层次元素的支配和影响,同时假设同一层次的元素之间是相互独立,不存在相互依存的关系。其主要思想是通过分析复杂系统的有关要素及其相互关系,简化为有序的递阶层次结构,使这些要素归并为不同的层次,在每一层上建立判断矩阵,得出该层要素的相对权重,最后计算出多层要素对于总体目标的组合权重,为决策和评选提供依据[11]。

AHP是将复杂的问题分解成各个组成因素,按支配关系聚类形成有序的递阶层次结构,然后按照比例标度经过人们的判断,通过两两比较,先确定各元素相对上一层次各个准则的相对重要性,再通过综合判断,确定相对总目标的各决策要素的重要性排序。AHP处理的层次结构,是元素内部独立的递阶层次结构,任一元素隶属于一个层次;同一层次中任意两个元素之间不存在支配和从属的关系,且层次的内部独立;不相邻的两个层次的任两个元素不存在支配关系如图 5-4 所示[12]。

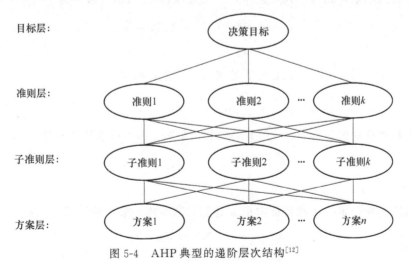

图 5-4 AHP 典型的递阶层次结构[12]

层次分析法的步骤如下。

(1) 对实际问题进行分析,构造一个层次结构模型(层次结构图)。对问题所涉及的因素进行分类,然后构造一个各因素之间相互连接的层次结构模型。一般可将因素分为目标层、准则层和方案层三层。其中,目标层是要进行评估的对象;准则层是衡量目标能否实现的标准;方案层是指实现目标的方案、方法和手段等。从目标到准则、到措施自上而下地将各层因素之间的直接影响关系排列于不同的层次,即可构成一个层次结构图。

(2)逐层进行成对比较,得到若干正逆称方阵。成对比较法是在考虑若干因素后,通过对所有可能的组合进行两两比较来确定这些因素在某些方面的优劣性顺序的一种方法。为了使各因素之间进行的两两比较能够得到量化的判断矩阵,因此引进九级分制,如表 5-1 所示[13]。

表 5-1　九级分制

甲指标与乙指标比	极重要	很重要	重要	略重要	相等	略不重要	不重要	很不重要	极不重要
评价值	9	7	5	3	1	1/3	1/5	1/7	1/9

备注:取 8,6,4,2,1/2,1/4,1/6,1/8 为上述评价值的中间值。

各因素之间依据表 5-1 比较得出的数值,可构造矩阵:

$$J = \begin{pmatrix} a_{11} & a_{12} & \cdots & a_{1n} \\ a_{21} & a_{22} & \cdots & a_{2n} \\ \vdots & \vdots & & \vdots \\ a_{n1} & a_{n2} & \cdots & a_{nn} \end{pmatrix} \tag{5-15}$$

式中,元素 $a_{ij}(i,j = 1,2,\cdots,n)$ 是第 i 个因素的重要性与第 j 个因素的重要性之比,上述矩阵称为判断矩阵。这样,层次结构模型可以通过成对比较法给出各层因素之间的判断矩阵[13]。

(3)求正逆称方阵的主特征值及其相应的主特征向量,并对这些正逆称方阵进行相容性检验,当所有的正逆称方阵都满足相容性条件时,可以根据层次复合原理求出组合权系数。求特征向量可用和积法,步骤如下。

步骤 1,将判断矩阵的每一列元素作归一化处理,其元素的一般项为

$$\bar{a}_{ij} = \frac{a_{ij}}{\sum\limits_{k=1}^{n} a_{kj}} (i,j = 1,2,\cdots,n) \tag{5-16}$$

步骤 2,将每一列经过归一化处理后的判断矩阵按行相加

$$\bar{w}_i = \sum\limits_{j=1}^{n} \bar{a}_{ij} (i = 1,2,\cdots,n) \tag{5-17}$$

步骤 3,相加后的向量再归一化处理,所得的结果 w 即为所求特征向量

$$w_i = \frac{\bar{w}_i}{\sum\limits_{j=1}^{n} \bar{w}_j} (i = 1,2,\cdots,n) \tag{5-18}$$

步骤 4,通过判断矩阵 J 和特征向量 ω 计算判断矩阵的最大特征根 $\lambda\max$

$$\lambda_{\max} = \sum\limits_{i=1}^{n} \frac{(J_w)_i}{n\, w_i} \tag{5-19}$$

式中,$(J_w)_i$ 代表向量 J_w 的第 i 个元素。

一致性检验的步骤:首先,计算一致性指标 CI, CI $= (\lambda_{\max} - n)/(n-1)$,$n$ 为判断矩阵的阶数。其次,选择随机一致性指标 RI,对于 1~9 阶矩阵,RI 如表 5-2 所示。

表 5-2　随机一致性指标 **RI** 的数值[13]

阶数	3	4	5	6	7	8	9
RI	0.58	0.90	1.12	1.24	1.32	1.41	1.45

当阶数小于 3 时,判断矩阵永远具有完全一致性。最后,计算 CR,CR＝CI/RI。若 CR＜0.10,则表明判断矩阵有满意的一致性,否则就要对判断矩阵进行调整[14]。

这种系统性的分析方法尤其可用于对无结构特性的系统评价以及多目标、多准则等的系统评价。简单实用,把定性方法与定量方法有机地结合起来,使复杂的系统分解,通过两两比较确定同一层次元素相对上一层次元素的数量关系后,最后进行简单的数学运算。其另一个显著的优点是所需定量数据信息较少,主要是从评价者对评价问题的本质、要素的理解出发,比一般的定量方法更讲求定性的分析和判断。

但是层次分析法在应用中也有它的局限性和不足。不难看出,方法中指标权重的确定都是依赖专家评判,只是对专家提供的评价信息的处理方式不同。这种赋权方法受到专家知识、经验、偏好的制约,具有极大的主观性和偶然性,并且存在没有充分利用客观数据所提供的信息的不足[15]。

5.3.3　主成分分析法

主成分分析法(Principal Component Analysis,PCA),由霍特林(Hotelling)于 1933 年提出。该方法就是利用降维的思想,在保留原始变量尽可能多的信息的前提下将多个指标转化为几个综合指标,将转化后的综合指标称为主成分,原指标称为原始变量。它的基本思想是用较少的几个不相关的新变量(指标),代替原有较多的相关联变量(指标),并且新变量为原有变量的线性组合。所选取的新变量被称为主成分,选取的原则是尽可能保留原有变量中所包含的信息。从统计学的角度分析,一个变量所含有的信息可用其方差来表征。方差越大,所包含的信息量越大。

利用主成分分析得到的主成分和原始变量之间有如下的基本关系:每一个主成分都是各原始指标的线性组合;主成分的数目远远少于原始指标的数目;主成分最大限度地保留了原始指标的信息;各主成分之间相互独立,互不相关。

设原始变量为 $x_1,x_2,\cdots,x_p$,进行主成分分析后得到的主成分(综合变量)为 $F_1,F_2,\cdots,F_m$($m<p$),它们是 $x_1,x_2,\cdots,x_p$ 的线性组合。新变量 $F_1,F_2,\cdots,F_m$ 构成的坐标系是在原坐标系经平移和正交旋转后得到的,称其空间为 m 维主超平面。

主成分分析法的步骤如下。

设原始数据资料库:

$$\boldsymbol{X} = \begin{pmatrix} x_{11} & x_{12} & \cdots & x_{1p} \\ x_{21} & x_{22} & \cdots & x_{2p} \\ \vdots & \vdots & & \vdots \\ x_{n1} & x_{n2} & \cdots & x_{np} \end{pmatrix} \overset{\Delta}{=} (x_1,x_2,\cdots,x_p) \tag{5-20}$$

(1) 为了排除数量级和量纲不同带来的影响,首先对原始数据进行标准化处理:

$$x'_{ij} = \frac{x_{ij} - \bar{x}_i}{\sigma_i}(i = 1,2,\cdots,n) \tag{5-21}$$

式中，x_{ij} 为第 i 个指标第 j 个样本的原始数据；$\bar{x}_i$ 和 σ_i 分别为第 i 个指标的样本均值和标准差。

（2）根据标准化数据表 $(\dot{x}_{ij})_{p\times n}$，为简单起见，将标准化数据表 $(\dot{x}_{ij})_{p\times n}$ 仍记为 $(x_{ij})_{p\times n}$ 计算相关系数矩阵 $\dot{R} = (r_{ij})_{p\times n}$，其中

$$a_1 \begin{pmatrix} a_{11} \\ a_{21} \\ \vdots \\ a_{p1} \end{pmatrix}, a_2 = \begin{pmatrix} a_{12} \\ a_{22} \\ \vdots \\ a_{p2} \end{pmatrix}, \cdots, a_p = \begin{pmatrix} a_{1p} \\ a_{2p} \\ \vdots \\ a_{pp} \end{pmatrix} \tag{5-22}$$

$$r_{ij} = \frac{1}{n} \sum_{k=1}^{n} \frac{(x_{ki} - \bar{x}_i)(x_{kj} - \bar{x}_j)}{\sigma_i \sigma_j} \tag{5-23}$$

（3）根据特征方程 $|R - \lambda_i| = 0$，计算 R 的特征根 λ_i，并使其从小到大排列：$\lambda_1 \geqslant \lambda_2 \geqslant \cdots \geqslant \lambda_p$ 同时可得对应的特征向量 $a_1, a_2, \cdots, a_p$，它们标准正交。称为主 $a_1, a_2, \cdots, a_p$ 轴。其中说明：$\lambda_i = \mathrm{Var} F_i$，这表明第一主成分方差最大，也说明了为什么主成分的名次是按特征值的大小顺序排列的。选取满足 $\lambda_i \geqslant e$（一般取 $e = 0.85$）的前 p 个主成分作为新的决策指标，从而得到低维指标的主成分决策矩阵 $A = (a_{ij})_{m\times p} = [a_1, a_2, \cdots, a_p]$。

（4）计算贡献率和累计贡献率：

$$贡献率 \quad e_i = \frac{\lambda_i}{\sum_{k=1}^{p} \lambda_k} \tag{5-24}$$

$$累计贡献率 \quad E_m = \frac{\sum_{k=1}^{m} \lambda_m}{\sum_{k=1}^{p} \lambda_k} m = 1, 2, \cdots, p \tag{5-25}$$

第一主成分的贡献率 $e_1 = \dfrac{\lambda_1}{\sum_{k=1}^{p} \lambda_k}$ 就是第一主成分的方差在全部方差中的比值。这个值越大，表明第一主成分综合 $x_1, x_2, \cdots, x_p$ 的信息越强。进而构造主成分加权决策矩阵 $U = (u_{ij})_{m\times p} = \lfloor e_1 Z_1, e_2 Z_2, \cdots, e_p Z_p \rfloor$。

（5）写出主成分

$$F_i = a_{1i} X_1 + a_{2i} X_2 + \cdots + a_{pi} x_p, i = 1, 2, \cdots, p \tag{5-26}$$

至此，通过主成分分析后得到几个新的指标。

PCA 将原来众多具有一定相关性的多个指标，重新组合成一组新的互相无关的综合指标。它是一种最小均方意义上的最优变换，目的是去除输入随机向量之间的相关性，突出原始数据中的隐含特性。PCA 方法的优势在于数据压缩以及对多维数据进行降维，它操作简单，且没有参数限制，可以方便地应用于各个场合。采用主成分分析法仅凭借客观数据特征便能得出评价结果，并且能够高效地找出数据中的主要部分，将原有的复杂数据降维，去除整个数据中的噪声和冗余[16]。PCA 方法算法比较简单，且具有一定的局限性。其不足主要体现在以下两个方面。

（1）所得到的主成分实际含义模糊，没有原始数据的含义确切、清楚。

（2）主成分分析方法只考虑了数据的二阶统计量（自相关），这对于高斯分布是足够的，但对于非高斯分布，由于高级统计量中含有附加的信息，因此 PCA 对其表示不够充分[17]。

5.3.4　神经网络分析法

反向传播(Back Propagation,BP)神经网络这一算法是由 Rumelhart 和 McCelland 等人于 1986 年提出的。BP 算法是一种监督式的学习算法。其主要思想是:对已知的学习样本对采用梯度搜索技术,以期使网络的实际输出值与期望输出值的均方值误差最小。计算时,输入信号从输入层经隐含层单元逐层处理,并传向输出层,每一层神经元只影响下一层神经元的状态。如果在输出层不能得到期望的输出,则转入反向传播,将输出信号的误差沿原来的连接通路返回,通过修改各层神经元的权重,使得误差最小。总结来说就是,按照误差逆传播算法训练多层前馈网络,它可以解决多层的网络里所隐含的单元连接的学习问题。这一方法的提出,为此后打开了重要的一片领域,它成为目前应用最为广泛的模型之一。BP 神经网络一般分为三层结构,包括输入层、输出层以及隐含层。具体的三层 BP 神经网络结构,如图 5-5 所示。

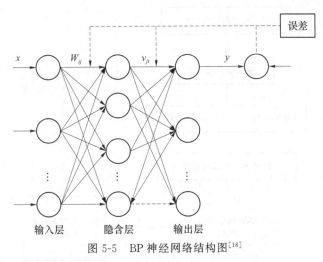

图 5-5　BP 神经网络结构图[18]

BP 神经网络输入层变量属于自变量,是需要通过专业的知识来确定的,如果说增加输入层的变量的数量,那么还要进行主成分分析,再对所有的变量进行缩减,使得数量与增加前的输入层数量相当,然后再对输入变量前与缩减变量后的系统误差进行比较,通过比值的大小达到缩减输入层变量的目的[18]。

输入层变量属于因变量,一般系统不对输入层变量的数量进行具体要求,但是为了网络模型得到更好的训练,系统对于 BP 神经网络应要进行转换,即把具有多个输入变量的模型转换成多个具有一个输出的模型,以达到更好的效果。预处理有很多的方法,一般根据实际需求以及喜好,会采用各不相同的方式。但是殊途同归,进行完数据的处理之后,对网络神经输出的结果进行一定程度的变换,最后得到的数据才是所需数据。并且,与处理后,数据值要控制在 0.2~0.8 之间,使得建立的模型具有一定的外推能力。

BP 神经网络的拓扑结构包含隐含层层数、隐含层结点数、动量因子、初始权值、学习率、误差精度等。BP 神经网络的拓扑结构最应注意的是隐含层节点的数量,过多或过少都会产生问题,或者使得网络训练时间过长、无法找到最优点,或者使得网络的稳定性较差。因此,应合理优化隐含点的节点数,同时考虑网络结构的复杂程度以及误差的大小,综合各方情况确定节点数。BP 神经网络算法学习过程主要分为两个步骤。首先,工作信号的正向传播:工作信号的正向传播指的是输入信号经由输入层传向输出层,最终在输出端产生输出信号。其次,误差信号的反向传播：工作信号的反向传播指的是误差信号由输出端向后传播；误差信号指的是网络实际输出信号和期望输出信号之间的差值。

BP 神经网络算法的工作过程并不复杂，具体如下。

（1）对神经网络参数初始化。

（2）计算隐藏层单元的个数、输出层单元的输出个数、输出层单元误差，若误差在误差范围内，可输出结果。

（3）若步骤（2）中的误差不在误差范围内，则重新调整中间层到输出层连接的权值和输出层单元，再调整输入层到中间层的连接权值和输出单元，更新学习次数。

（4）反复步骤（3），当学习次数大于上限或满足误差要求，结束学习输出结果。

（5）输出最终结果。

BP 算法建模流程，如图 5-6 所示。

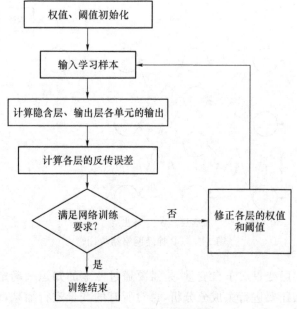

图 5-6　BP 算法建模流程

BP 神经网络评估基本步骤如下。

（1）对网络状态进行初始化：对连接权值 W_{ij}、V_{jt} 和阈值 j、t 赋予 $(0,1)$ 间的随机数；

（2）输入第 1 个学习样本；

（3）计算中间层各个神经元的输入 U_j 和输出 h_j，即

$$U_j = \sum_{i=1}^{n} W_{ij} X_i - \theta_j \qquad h_j = f(U_j) = \frac{1}{1 + \exp\{-U_j\}} \qquad (5\text{-}27)$$

（4）计算输出层各个神经元的输入 l_t 和输出 y_t，即

$$l_t = \sum V_{jt} h_j - y_t \qquad y_t = f(l_t) = \frac{1}{1 + \exp\{-l_t\}} \qquad (5\text{-}28)$$

（5）计算连接到输出层单元 t 上的权值误差 δ_t

$$\delta_t = (C_t - y_t) y_t (1 - y_t) \qquad (5\text{-}29)$$

式中，C_t——样本的期望值。

(6) 计算连接到中间层单元 j 上的权值误差 σ_j：

$$\sigma_j = \sum_{i=1}^{q} \delta_i v_j h_j (1 - y_t) \qquad (5\text{-}30)$$

(7) 更新连接权值 v_{jt} 和阈值 γ_t，即

$$v_{jt}(N+1) = v_{jt}(N) + \alpha \delta_t h_j$$
$$\gamma_t(N+1) = \gamma_t(N) - \beta \delta_t \qquad (5\text{-}31)$$

(8) 更新连接权值和阈值，即

$$W_{ij}(N+1) = W_{ij}(N) + \alpha \sigma_j x_i \qquad \theta_j(N+1) = \theta_j(N) - \beta \sigma_j \qquad (5\text{-}32)$$

(9) 输入下一个学习样本，返回步骤(3)，直至全部 z 个模式训练完毕；

(10) 进入下一轮学习。

BP 神经网络具有结构简单、技术成熟的优点，在很多领域都有广泛的应用。然而它的两个突出问题——收敛速度慢、易陷入局部极小点——制约了它的应用。一方面，训练易陷入瘫痪，收敛速度较慢：收敛速度缓慢的直接原因是固定的学习率、学习过程中样本与神经元的收敛速度不平衡以及学习过程中出现的"平台"或"瘫痪"现象。另一方面，算法易形成局部极小值，得不到全局最优解[19]。陷入局部极小点的原因：从结构上讲，网络输入输出间的非线性关系致使网络的误差或能量函数是一个具有多极点的非线性空间，而 BP 算法一味追求的是网络误差或能量函数的单调下降，也就是说，算法赋予网络的是只会"下坡"而不会"爬坡"的能力。正因如此，常常导致网络落入局部最小点不能自拔，而达不到全局最小点。所以，有人说它是一种急于求成的"贪心"算法。BP 网络以梯度信息指导权值调整的机制使其易陷入局部最小的缺点无法自行克服。但是，BP 神经网络是用来模拟人脑结构及智能特点的一个前沿研究领域，它可以通过网络学习达到其输出与期望输出相符的结果，具有很强的自适应、自学习和纠错能力。由此，不难看出，它还有着十分光明的发展前景。按照工程的实际需求可以把 BP 神经网络与其他的网络评估方法有机地结合起来，以得到更科学、合理的评价结果[20]。

5.3.5 基于贝叶斯网络分析法

贝叶斯网络(Bayesian Networks, BN)是网络节点间变量因果关系的一种图形表示，其坚实的理论基础、知识结构的自然表述方式、强大的推理能力使其成为人工智能领域处理不确定性问题的主要方法。BN 由网络拓扑结构和局部概率分布集合两部分组成。

BN 可以看作一个有向无环图(Directed Acyclic Graph, DAG)，它由代表变量的节点及连接这些节点的有向边构成。图 5-7 所示的是一个简单的六个节点的贝叶斯网络示例(未包含条件概率分布)[21]。

一个具有 N 个节点的贝叶斯网络可用 $N = \langle\langle V, E\rangle P\rangle$ 来表示，其中包括两部分：

(1) $\langle V, E\rangle$ 表示一个具有 N 个节点的有向无环图 G。图中的节点 $V = |V_1, \cdots, V_N|$ 代表变量，节点间的有向边 E 代表了变量间的关联关系。节点变量可以是网络评估中任何问题的抽象，如部件状态、观测值、人员操作等。通常认为有向边表达了一种因果关系，因而贝叶斯网络也称因果网。对于有向边，V_i 称为 V_j 的父节点，而 V_j 称为 V_i 的子节点。没有父节点的节点称为根节点，没有子节点的节点称为叶节点。V_i 的父节点集合和非后代节点集合分别用 $pa(V_i)$ 和 $A(V_i)$ 来表示。

有向图 $\langle V, E\rangle$ 蕴含了条件独立性假设，即在给定 $pa(V_i)$ 下，V_i 与 $A(V_i)$ 条件独立：

$$p(V_i \mid pa(V_i), A(V_i)) = p(V_i \mid pa(V_i)) \qquad (5\text{-}33)$$

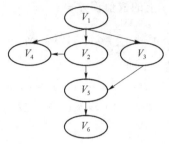

图 5-7　简单的贝叶斯网络示例[22]

（2） P 表示一个与每个节点相关的条件概率分布（Conditional Probabilities Distribution，CPD）。由贝叶斯网络的条件独立性假设可知，条件概率分布可用 $p(V_i \mid pa(V_i^{\sim}))$ 来描述，它表达了节点与其父节点的关联关系。如果给定根节点先验概率分布和非根节点条件概率分布，可以得到包含所有节点的联合概率分布。在图 5-7 所示中，包含全部节点的联合概率分布函数为

$$P(V_1, V_2, V_3, V_4, V_5, V_6)$$
$$= P(V_6 \mid V_5)P(V_5 \mid V_3, V_2)P(V_4 \mid V_2, V_1)P(V_3 \mid V_1)P(V_2 \mid V_1)P(V_1) \tag{5-34}$$

由于贝叶斯网络已经有很成熟的算法计算给定节点的联合概率分布和在各种条件下的条件概率分布，因而在构建了系统的贝叶斯网络之后，就可以很方便地使用概率进行网络评估，包括计算各个后果发生的概率，各底事件的重要度以及其他信息。

① 后果发生概率。在贝叶斯网络中，无须求解割集，利用联合概率分布可以直接计算后果 j 的发生概率：

$$P(\text{outcome} = j) = \sum_{E_1, \cdots, E_M} P(E_1 = e_1, \cdots, E_M = e_M, \text{outcome} = j) \tag{5-35}$$

式中， $j \in O$ ， O 为叶节点 outcome 的状态空间，节点 $E_i(1 \leqslant i \leqslant M)$ 对应于贝叶斯网络中的非叶节点， M 为非叶节点的数目， $e_i \in \{0, 1\}$ 用来表征节点 E_i 对应的事件发生与否。

② 底事件重要度分析。重要度分析是概率安全评估中的一项重要内容，它用来分析网络故障树底事件概率变化对后果发生概率的影响，进而可以改进设计，减小风险。传统的分析方法首先需要对故障树进行重要度分析，然后再对事件树进行分析，而利用整合的贝叶斯网络可以直接分析底事件对各个后果的影响程度。在贝叶斯网络中，节点 E_i 对应的底事件相对于后果的重要度可以通过计算相应的条件概率分布和联合分布得到如下。

a. Risk reduction worth（RRW）重要度：

$$I_{E_i}^{\text{RRW}}(j) = \frac{P(\text{outcome} = j)}{P(\text{outcome} = j \mid E_i = 0)} \tag{5-36}$$

b. Fussel-vesely（FV）重要度：

$$I_{E_i}^{\text{FV}}(j) = P(\text{outcome} = j) - \frac{P(\text{outcome} = j \mid E_i = 0)}{P(\text{outcome} = j)} = 1 - \frac{1}{I_{E_i}^{\text{RRW}}(j)} \tag{5-37}$$

c. Risk achievement worth（RAW）重要度：

$$I_{E_i}^{\text{RAW}}(j) = \frac{P(\text{outcome} = j \mid E_i = 0)}{P(\text{outcome} = j)} \tag{5-38}$$

d. Birnbaum measure（BM）重要度：

$$I_{E_i}^{\text{BM}}(j) = P(\text{outcome} = j \mid E_i = 1) - P(\text{outcome} = j \mid E_i = 0)$$

$$= P(\text{outcome} = j)(I_{E_i}^{\text{RAW}}(j) - \frac{1}{I_{E_i}^{\text{RRW}}(j)}) \tag{5-39}$$

由 BN 的网络结构,BN 的学习可以被分解成参数学习和结构学习两部分。贝叶斯网络的参数学习是在给定贝叶斯网络拓扑结构的情况下,确定各节点的条件概率分布。在完备数据集下,可从样本中直接学习出网络的参数,目前已经有成熟的解决方法。然而在实际的 BN 参数学习过程中,样本常常发生数据丢失的现象,这使得已有的 BN 参数学习算法无法直接从样本中学习出 BN 的参数。围绕这个问题,Binder 和 Lauritzen 等人提出了一些解决方法,这些方法都是基于梯度(Gradient methods)优化或 EM(expectation-maximization)算法来学习具有默认数据的 BN 参数[22]。

EM 算法作为一种可以处理具有默认数据的 BN 参数和结构学习的经典算法,但易于收敛到局部最优和收敛速度慢是其最主要的缺点。特别对于大样本的参数估计问题,EM 算法巨大的计算复杂度使其很难应用于实际问题中。为克服参数 EM 学习算法易于陷入局部最优的问题,已有许多改进算法,如 Gibbs Samples 算法和遗传算法等[23]。

贝叶斯网络模型的学习和推理均已被证明为 NP 问题,因此贝叶斯网络在实际问题领域的应用曾经面临着巨大困难。近年来,许多专家和学者对贝叶斯网络的基础理论、学习和推理进行广泛深入的研究,提出了许多经典有效的算法,使贝叶斯网络在实际网络评估问题领域的应用成为可能。贝叶斯网络技术,具有描述多态性、非单调性、非确定性逻辑关系的能力,而且有高效率概率推理算法和各种成熟软件支撑,更加适合于对复杂系统的安全性和可靠性进行分析。贝叶斯网络是为了解决不定性和不完整性问题而提出的,它对于解决复杂网络不确定性和关联性引起的故障评估有很大的优势。

5.3.6　模糊综合评价法

模糊综合评价法(Fuzzy Comprehensive Evaluation Method,FSE)是通过构造等级模糊子集,把反映被评事物的状态量进行量化,然后利用模糊变换原理对各状态量进行综合评判。综合评判是对多种属性的事物,或者说其总体优劣受多种因素影响的事物,做出一个能合理地综合这些属性或因素的总体评判。例如,网络质量的评估就是一个多因素、多指标的复杂的评估过程,不能单纯地用好、坏来区分。而模糊逻辑是通过使用模糊集合来工作的,是一种精确解决不精确不完全信息的方法,其最大特点就是用它可以比较自然地处理人类思维的主动性和模糊性。因此对这些诸多因素进行综合,才能做出合理的评价。在多数情况下,评判涉及模糊因素,用模糊数学的方法进行评判是一条可行的也是一条较好的途径[24]。

模糊综合评价是以模糊数学为基础,应用模糊关系合成原理,将一些边界不清,不易定量因素定量化,进行综合评价的一种方法。模糊综合评价分为单级和多级,对于网络评估这样一个复杂的系统,多数采用多级模糊综合评价方法。

模糊综合评价法的主要步骤如下[25]。

(1)确定因素集的分层层次。按照指标评价体系 U,将因素集按照某一准则进行分组,设 U 中的因素分为 l 组,即 $U = \{U_1, U_2, \cdots, U_l\}$ 其中 $U_i \bigcap U_j \neq \varnothing$, $i \neq j(i, j = 1, 2, \cdots, l)$

$$U = U_{i=1}^l u_i \tag{5-40}$$

设 $U_i = \{U_{i1}, U_{i2}, \cdots, U_{in}\}$,其中 n 表示第 i 组因素所包含的单因素个数。可见,因素集划分了不同层次,U 为高层因素集,$U_i(i = 1, 2, \cdots, l)$ 为低层因素集。

（2）设置评判集及权重系数。设 $V = \{v_1, v_2, \cdots, v_m\}$ 为评判集，它对任一层、任一因素的评判都适用。$A_i = \{a_{i1}, a_{i2}, \cdots, a_{in}\}$ 为 U_i 中各因素相对 V 的权重系数集，且满足 $a_{i1} + a_{i2} + \cdots + a_{in} = 1$，其中 a_{in} 根据 U_i 中各因素的重要程度分配。$A = \{a_1, a_2, \cdots, a_l\}$ 为 U 中各子因素集 U_i 相对 V 的权重系数集，且满足 $a_1 + a_2 + \cdots + a_l = 1$。

（3）求取综合评价矩阵。对于单因素 u_{in} 求出其对于 V 的单因素评判矩阵 R_i，R_i 的元素 r_{ij} 表示对 U_i 的因素 u_{ij} 的评价中，评判等级，$V_j (j = 1, 2, \cdots, m)$ 所占的份额。在现行的网络评估中，r_{ki} 大多采用以下方法确定：成立一个由若干人组成的评估专家小组，每位专家根据经验和专业知识分别对每个评判因素进行评判，并确定其属于评判集中的哪一级别，则 r_{ij} 的含义就是将单因素 u_{in} 评定为 v_j 级的专家数占专家总人数的百分比。

根据单因素评判矩阵 R_i，利用复合运算即可求得对子因素 U_i 的综合评判结果：

$$b_{ij} = \sum_{k=1}^{n} (a_{ik} \times r_{kj}) \quad B_i = A_i \circ R_i = (b_{i1}, b_{i2}, \cdots, b_{im}) \quad 1 \leqslant j \leqslant m \quad 1 \leqslant i \leqslant l$$

$$(5-41)$$

然后对高层因素进行评判，即对评判空间 (U, V, R) 进行综合评判，而对于因素集 U 的单因素评判矩阵 R，则由较低层次的综合评判输出 B_i 构成，即

$$R = \begin{bmatrix} B_1 \\ B_2 \\ \vdots \\ B_l \end{bmatrix} = \begin{bmatrix} A_1 \\ A_2 \\ \vdots \\ A_l \end{bmatrix} \circ \begin{bmatrix} R_1 \\ R_2 \\ \vdots \\ R_l \end{bmatrix}$$

$$(5-42)$$

因此，对于评判因素集 U 的最后评判结果为 $B = A \circ R = (b_1, b_2, \cdots, b_m)$。

模糊综合评价法通过精确的数字手段处理模糊的评价对象，能对蕴藏的信息呈现模糊性的资料做出比较科学、合理、贴近实际的量化评价，能够对多种因素干扰的事物或目标做出一个总体的评估，能够较好地解决难以具体量化、模糊不定的问题，适合解决一些难以确定的问题；该方法的评价结果是一个向量，而不是一个点值，包含的信息比较丰富，既可以比较准确地刻画被评价对象，又可以进一步加工，得到参考信息。但与此同时，模糊综合评价法的不足也不容忽视。其存在计算复杂、对指标权重向量的确定主观性强等问题。一般情况下，在模糊综合评价模型中，关于权重的确定多采用专家意见调查法，但是这种方法在实践操作中存在调查周期长、主观性误差概率高的缺点，可能延误决策时机，在一定程度上影响了评价结果的实时性。总结来说，模糊评判法（FSE）可以更好地表达经验性知识，是常用方法之一。目前，模糊综合评判的实用模型应用广泛，在许多方面，取得了很好的经济效益和社会效益。但其不易区分状态变量的重要程度，当重要变量状态变化时不敏感，影响了适用效果。

◆ 5.4　未来发展方向 ◆

光传输网络应用的变化对网络体系结构的数据处理、存储、传输方式提出了新的需求，海量数据的高效分发成为光传输网络通信需要解决的一个重要问题。然而，现有网络评估体系结构在性能评估效果和评估时间等方面存在的固有特性难以完全适应网络应用发展的需求，评估体系结构发展速度已严重滞后于光传输网络应用发展的速度，构建新一代网络评估体系结构成为辅助现有光传输网络应用发展需求的必然趋势。综合性、适应性、智能性成为了新一代评估体的主要发展方向。

5.4.1 综合性

网络评估的综合评价体系是在实际光网络规划优化中必不可少的有效工具。单一的评估方法在不同网络环境中对不同的网络指标评估的表现是不平均的。如果仅仅选用一种网络评估方法,得到的结果很容易缺乏全面性、整体性的考虑。使得针对性的网络设计优化效果不能获得收益最大化。

运用综合评估指标体系能够比较容易发现网络的瓶颈和隐患所在,这对网络运营者及时对网络进行优化改造提供了依据。其次,这种评估体系由若干可以分解的模块组成。可以让运营者灵活选择需要评估的层面或项目。再者,运用评估指标和标准统一的评估体系对不同省、地市乃至县级传输网进行评估,可以得出比较客观的评比结论。这对于网络决策者来说是比较有意义的。不同网络评估的方法可以获得网络指标的横向和纵向的总体比较,为网络规模、覆盖和效率的评价提供了可以衡量的指标,对于网络发展规划的方向等具有重大实用价值,对于网络建设也有很大参考。

不同的评估方法的有机结合可以有效地优化网络性能综合评估效果,以下列举了几种已经得到验证的综合评估模型的运作及其效果。

(1) 主成分分析法和 BP 神经网络结合。BP 网络的"黑箱"特性使得人们难以理解网络的学习和决策过程,不能明确获得内部权值所反映的学习信息,这对我们准确地把握网络性能表现的本质是个阻碍。首先,通过主成分分析后把网络指标简化为少数个主成分,这少数个主成分解释了超过 95% 的所有评估指标的信息。再通过 BP 网络建立映射关系,得到每个网络评估指标的预测值。与几种常用的单一方法的对比分析后不难发现,这种综合评估方法数据输入简便,收敛速度快,泛化能力强,且在预测精度上有明显的优势[26]。

(2) 模糊综合法、层次分析法和主成分分析法结合。模糊层次分析法继承了模糊综合法和层次分析法的优点,通过把复杂的多目标问题层次化,建立多层次的分析结构,变复杂化为简单化并把定量和定性的指标相结合。主成分分析法也是一种多目标评价方法,利用多元统计方法,完全依赖于评价指标的实际数据,较为客观,而且将多维数据进行降维处理,可以指出影响评价结果的主要因素。三种方法的综合考虑充分利用了定量指标的数据,并不完全依赖专家主观判断,因而增强了评价指标的客观性和说服力,大大降低了专家经验偏差等主观不良因素的影响[27]。

层次分析法和贝叶斯网络结合。依据贝叶斯网络处理不确定性问题的强大功能对不同专家意见进行集结的评价方法。层次分析法用以分析评价问题的层次结构并得到各指标的权重,贝叶斯网络用以度量网络信息资源质量是否优良的概率,然后将权重及概率集结得到最终概率,它可作为评价网络信息资源的结果。该方法能够对多个专家的不同意见进行合理集结,在数据缺失时也能够有效处理,并且易于对评价结果进行合理解释,从而有效指导实际工作。

由此可见,不同的分析评估方法有不同的侧重点,因此,每一种方法都有其适用范围和局限性。根据不同的光传输网络环境对不同的网络应用需要关注特定的网络性能。选用多种不同评估方法的有机结合对于网络特别需要关注的性能指标的综合评判起到了事半功倍的作用。使得后续的网络优化工作更加有的放矢,更加高效。因此,综合性也是未来的网络评估体系的必然的发展趋势。

5.4.2 适应性

随着光传输网络应用环境、类型及组成的多样化发展,构造符合应用变化需求的未来互联体系结构成为学术界和工业界的共识,如何评估提出的方案是否符合应用发展的需求也成为多维光网络体系结构研究中的一个重要课题。确保评估系统支持灵活多变的网络应用需求是确保多维光网络评估体系结构持续发展的关键。因此,结合应用发展变化的特点,从技术、经济、社会多个角度对影响网络评估体系适应能力的因素进行分析并建立相应的评估适应性调整是颇为必要的。然而,通过总结光传输网络及其现状的研究现状,可以发现,光传输网络体系结构是一个复杂、综合的系统,具备不同特色的各类协议和机制为光传输网络体系结构的评估工作带来很大难度。再有,现有的多数光传输网络体系结构的评估工作相对分散且针对性较强,通常面向特定协议机制的特定属性展开研究,缺乏对体系结构自身适应应用变化能力进行评估的框架及模型。

相对光传输网络体系结构在单一网络性能,例如,服务能力、安全性等方面较为成熟的评估研究而言,针对整体光传输网络体系和衍生出的新兴网络应用适应能力的评估目前仍然存在空白。这些适应性方面的不足主要可以概括为以下三点[28]。

第一,评估体系缺乏用于新兴网络应用的适应能力。光传输网络的新兴应用适应能力是确保其可持续发展的根本,现有体系结构的发展过程表明其本身是具备持续发展能力的,然而随着应用环境及需求的变化,光传输网络适应新兴应用变化的能力面临巨大挑战,研究者们根据不同的技术路线对现有网络进行了改造以期使其符合新兴应用发展的需求,这些方案有些已经得到了广泛部署,有些则并没有得到认可,对这些方案的新兴应用适应能力进行评估将有助于更好地促进光传输网络的发展。但目前缺乏系统的框架来指导光传输网络新兴应用适应能力评估模型的构建,有必要从影响光传输网络新兴应用服务能力的因素入手,建立一个用于评估光传输网络新兴应用服务能力的完整框架。

第二,当前评估模型缺乏对光传输网络应用组成变化和多体系结构竞争的适应性。现有的评估模型主要从用户或运营商的效用出发,将光传输网络提供的应用效用作为一个整体进行对待,并不考虑应用组成或类型变化对光传输网络发展的影响。此外,现有评估工作也很少针对多个竞争者并存下的体系结构发展变化趋势进行分析。事实上,适应任意变化的应用需求是光传输网络符合应用发展的主要衡量指标,而多种体系结构竞争与并存发展也是未来光传输网络适应应用需求的一大趋势。因此,如何有效将应用组成变化以及影响光传输网络应用适应能力的其他各种要素相互结合,构建动态的评估模型是颇具研究意义的。

第三,当前评估模型缺乏对用户群体效应的考虑。用户是光传输网络服务的对象,随着硬件设备越来越便宜,用户生活水平不断提高,光传输网络拥有的用户数量逐渐增多。为便于通信,用户在进行应用选择时,通常会考虑与其社交圈中多数用户一致,这就是我们通常所说的随大流现象。对于光传输网络而言,这种随大流现象也许会对其发展造成难以想象的影响,因此也是在进行光传输网络应用服务能力评估中需要考虑的一个重要研究点。

针对高速发展的光传输网络,未来会更倾向一种应用效用最大化的自适应网络内置评估系统。该系统从网络现状出发,结合现有评估方法的优势,综合考虑网络评估指标参数对网络实际表现多维的影响。神经网络的学习能力可以对评估系统的适应性起到一定的调整作用。机器学习在数据采集以及分析整合方面的突出优势也使其成为未来评估系统的发展方向。满足系统适应性的过程与其智能性的发展是密不可分的。具有适应性的评估体系结构能够提供应用服务过程中的扩展性、可部署性和经济性需求。

5.4.3　智能性

现有的单一评估方法,例如层次分析法、主成分分析法,大多都是基于专家评估指标权重建立的评估方法。这些方法有着技术简单、操作容易等应用优势,但其主观性的弊端也是不可忽视的。光传输网络的飞速发展,规模迅速扩展,网络结构复杂化已经成为发展的必然趋势。所以未来的网络评估系统势必会面对更大型、更复杂的光传输网络,这些现有的专家评估系统显然难以胜任。"智能化"由此成为未来网络评估体系的重要标签之一。

自 1956 年提出人工智能的概念以来,对于人工智能的研究便有了对人类智能宏观功能模拟的符号主义和对人脑生理结构模拟的联结主义两种途径。专家评估系统是以逻辑推理为基础模拟人类思维的符号主义人工智能方法,机器学习、人工神经网络是以联结结构为基础,通过模拟人类大脑结构来模拟人类形象思维的一种非逻辑非语言的人工智能途径。符号处理在脑的思维功能模拟等方面取得了很大进展,却不可能全面地解决认知问题和机器智能化问题,它对高层次脑功能的宏观模拟有效,可对一些低层次的模式处理仍有许多困难。神经网络则采用自下而上的方法,从脑的神经系统结构出发来研究脑的功能,它被普遍认为适于低层次的模式处理。专家评估系统和人工神经评估系统的协同作用类似于人的左脑和右脑的协同作用,把两者结合起来可以更好地发挥各自的特长,解决单独使用专家评估系统或人工神经评估系统无法解决的问题[29]。专家系统和人工神经评估系统的结合方法因其应用领域的不同而有所区别。机器学习、人工神经评估系统与专家评估系统技术相结合建立未来智能评估系统。

未来智能评估体系的运作机制可以分解为如下主要步骤。

首先,需要建立了光传输网络模拟训练情景知识库、网络应用知识库和评估指标体系,结合专家经验和评估规范提取评估规则,采用遗传算法优化后的权重对数据进行多重模糊综合评判。

其次,针对实际的评估问题构造合适的机器学习网络结构,利用 BP 神经网络和深度学习算法具备的自学习优势,以简化评估运算步骤。

再次,将评估指标数据进行归一化处理后作为评估模型的输入数据,将评估结果作为目标数据,采用稀疏自动编码器对大量数据样本进行特征变换,深入学习样本特征并用于分类评估,经反复训练后得到更好的评估模型。

最后,对基于专家系统和机器学习的智能评估方法进行了对比分析。当智能评估体系成熟后,自组织特征映射网络就会具有很强的自组织、自学习能力,并且不需要训练样本集,则体系具有自动聚类的功能[30]。

这种智能性的评估系统主要有三大优势:第一,知识获取的来源较丰富,保证了专家系统的正确性,提高了系统的智能水平。第二,实现了部分知识的自动获取。第三,对不同的评估参数采用不同的网络评估方法,加快了评估系统的运行速度。由此实现更加高速、有效的网络性能评估。

◆ 5.5 本章小结 ◆

多维光传输网络结构是一个包括框架、协议、机制及算法等各层次元素的、能提供多种应用服务的复杂系统。目前，多维光传输网络向更小粒度，更加灵活进一步发展，而组网、业务、网络生存性等关键问题也随之涌现。因此，网络评估技术也需要与时俱进，为网络转型过渡服务。传输网络评估是一项长期的、必要的工作。通过定期进行阶段性评估，可以保证在原有网络投资的基础上提高网络的安全性和稳定性。优化网络资源利用率，终提高投资收益比，实现网络业务规模和质量的持续提升。未来多维光网络势必还将面对更多更艰巨的挑战，针对多维光网络的整体性能评估作为网络运维优化的基础在发展进程中起着举足轻重的作用。

然而评估体系也随着网络发展不断趋于多维化、复杂化，很难用单一的方法和一套统一的标准来完成。全面细致地掌握网络情况通过网络评估后再对网络优化和调整可避免盲目主观的网络调整和扩容。有利于提高网络资源使用效能和组网合理性；有利于降低成本、提高投资收益，实现网络的可持续发展。如果结合相应的规划软件，评估工作量将大大减少，效果也将更好。

采用一些量化指标对网络进行评估，可以全面细致地掌握组网、业务、生存性的网络各方面的详细情况，定量地给出评测数值，定性地给出结论。从不同的层次分析，不同的视角主要包括资源使用、安全稳定、维护效率来观察光传输网络则需要不同的评价指标。本章介绍了多维光网络评估的多种可选指标含义、建模与评估意义。针对不同指标可以采用录入统计、仿真分析和计算解析等三种方式进行计算，本章也对各方法进行了简要的介绍。

针对不同的网络性能可以针对性地选择一个或几个相关的网络指标进行整体性评估。现有的网络系统评估方法很多，目前国内外关于多维光网络评估的方法主要可分为基于概率论的方法、层次分析法、模糊逻辑方法等。每种评估方法都是有利有弊的，为了更好地了解各种光传输网络性能，在不同的实际网络环境中还需要针对所关心的特别的网络方面的各种属性选取最为有效的评估方法来进行评估。通过网络评估后再对网络进行优化和调整，可避免在优化网络上采用盲目的主观调整和增容，可以提高网络资源使用效能和组网合理性；从而降低成本、提高投资收益，实现网络的可持续发展。为了适应未来光传输网络的高速发展及其上层不断出现的新兴应用，综合性、适应性以及智能性成为评估体系发展的必然趋势。

◆ 参考文献 ◆

[1] 张之栋. 光传输网络评估与网络仿真技术研究[D]. 北京：北京邮电大学，2012.

[2] 廖晓闽，韩双利，张引发，等. 光纤通信网可靠性评估方法及其应用研究[J]. 光通信技术，2013，37(1)：12-15.

[3] 宋蕊. 论光传输网络评估仿真技术[J]. 中国电子商务，2013(10)：29-29.

［4］袁有余，张式娟. 浅析本地光传输网络评估方法及思路［J］. 移动通信，2010，34（12）：34-38.

［5］赵东. 本地传输网评估与优化［D］. 西安：西安电子科技大学，2007.

［6］郭方颖. ××市本地传输网络评估与优化［D］. 吉林：吉林大学，2007.

［7］赵冬梅，张玉清，马建峰. 网络安全的综合风险评估［J］. 计算机科学，2004，31（7）：66-69.

［8］辛静薇. 基于网络安全风险评估方法的通用联动系统的研究与实现［D］. 天津：天津大学，2007.

［9］刘占霞，石明，王静. 本地传输网光缆线路评估方法探讨［J］. 现代传输，2008（2）：76-80.

［10］严曙. 高校计算机网络运行质量评价体系研究［J］. 科学技术与工程，2006，6（12）：1731-1733.

［11］徐伟. 中移动广元分公司线路代维项目综合后评价研究［D］. 电子科技大学，2014.

［12］宫宝俊. 基于 ANP 的辽宁省生态港口群评估体系研究［D］. 大连海事大学，2010.

［13］LIU Jin，WANG Yongjie，ZHANG Yirong，et al. Application of Analytic Hierarchy Process to Network Attack Effect Evaluation 层次分析法在网络攻击效果评估中的应用 ＊［J］. 计算机应用研究，2005，22（3）：113-115.

［14］Ma X. Key Management for Mobile Ad Hoc Networks［J］. Communications Technology，2003.

［15］Xiao J，Wang C S，Zhou M. IAHP-based MADM method in urban power system planning［J］. Proceedings of the Csee，2004，24（4）：50-57.

［16］赵蔷. 主成分分析方法综述［J］. 软件工程，2016，19（6）：1-3.

［17］Luo M，Bors A G. Principal Component Analysis of spectral coefficients for mesh watermarking［C］// IEEE International Conference on Image Processing. IEEE，2008：441-444.

［18］岳阳. 基于 BP 神经网络的计算机网络安全评估［J］. 电脑知识与技术，2013（18）：4303-4307.

［19］张琛. BP 神经网络模型优化研究［J］. 吉林省教育学院学报，2011（7）：149-152.

［20］Xiao-Feng L I，Jiu-Ping X U，Wang Y Q，et al. The Establishment of Self-adapting Algorithm of BP Neural Network and Its Application［J］. Systems Engineering-theory & Practice，2004.

［21］周忠宝. 基于贝叶斯网络的概率安全评估方法及应用研究［D］. 国防科学技术大学，2006.

［22］ZHOU Zhongbao，DONG Doudou，ZHOU Jinglun，等. Application of Bayesian Networks in Reliability Analysis 贝叶斯网络在可靠性分析中的应用［J］. 系统工程理论与实践，2006，26（6）：95-100.

［23］俞奎，王浩，姚宏亮，等. 并行的贝叶斯网络参数学习算法［J］. 小型微型计算机系统，2007，28（11）：1972-1975.

［24］吴姜，蔡泽祥，胡春潮，等. 基于模糊正态分布隶属函数的继电保护装置状态评价［J］. 电力系统保护与控制，2012，40（5）：48-52.

［25］魏姗琳，邓彦. 基于模糊综合评判法的高校财务系统安全评估问题研究［J］. 财会通讯，2010（32）：60-61.

［26］喻胜华，邓娟. 基于主成分分析和贝叶斯正则化 BP 神经网络的 GDP 预测［J］. 湖南大学学报（社会科学版），2011，25（6）：42-45.

［27］Bourne M，Mills J，Wilcox M，et al. Designing，implementing and updating performance measurement systems［J］. International Journal of Operations & Production Management，2000，20（7）：754-771.

［28］朱敏. 互联网体系结构应用适应性评估方法研究［D］. 北京：清华大学，2014.

［29］张攀，王波，卿晓霞. 基于神经网络与专家系统的智能评估系统［J］. 土木建筑与环境工程，2004，26（1）：129-132.

［30］廖晓闽，韩双利，张引发，等. 光纤通信网可靠性评估方法及其应用研究［J］. 光通信技术，2013，37（1）：12-15.

第 **6** 章

网络虚拟化与拓扑分析

◆ **6.1 逻辑拓扑与虚拟化** ◆

多维光网络中的逻辑拓扑常常被称为虚拓扑,但其概念与虚拟化的常用狭义概念又有一定区别。从广义上来讲,基于多维光网络物理资源结构进行资源抽象形成拓扑都可以被称为虚拟化。这时虚拟化包括逻辑拓扑与虚拟专网两种概念,其中虚拟专网技术是狭义的虚拟化概念。事实上两种技术都对多维光网络的资源高效应用有着重要作用,因此本章将对广义虚拟化及多维光网络拓扑分析技术进行总结与介绍。

6.1.1 逻辑拓扑概念

网络的逻辑拓扑又称为虚拓扑,它与节点间的业务流量的分布密切相关。逻辑拓扑结构的引入可以克服业务需求和网络物理设计之间的矛盾,在目标和有效性上,对业务需求的变化提供更好的适应性,能够有效地节约网络资源。逻辑拓扑的设计问题是伴随着支持分组业务的网络产生的。由于目前光域识别地址信息的技术还不够成熟,因此要在光网络上支持无连接业务一般采用光电结合的方式,在光网络层建立网络进行透明传输,在电网络层读取地址进行路由计算。由于电节点的处理能力远低于光节点,而且光电/电光转换代价较高,因此我们希望信号尽量在光域进行处理,减少电节点的转发次数,但是在所有电节点之间都建立光路是不现实的。假设一个具有 N 个节点的网络,如果要在所有电节点之间都建立光路连接,则共需要建立 $N(N-1)$ 条光路,因此每一个节点的出入度就应该为 $N-1$,但是网络中光节点的接收机和发射机的数量并不是无限制的,由于成本及技术的限制,光节点的接收机和发射机数量并不能无限增加。而且当 N 不断变大时,$N(N-1)$ 的链路规模也不断增大,这就要求每一根光纤上需要同时复用多个不同的波长,这在实现上也有困难。因此,如何充分利用有限数量的光发射机和光接收机及可用的波长资源,最大可能地减少电节点上信息的存储和交互,对网络的性能指标进行了优化,就归结为逻辑拓扑设计问题。逻辑拓扑的最优化问题对于光传送网的结构设计是十分关键的一环,而如何设计出优秀的映射机制,实现虚拟网络至底层物理网络的高效映射又是逻辑拓扑设计中的核心问题。

通信网络中的拓扑结构可以分成两类,分别是物理拓扑和逻辑拓扑,逻辑拓扑又可以称为虚拓扑,其中物理拓扑表示实际的底层网络结构,虚拓扑则表示实际网络中各节点间的流量分布情况,如图 6-1 所示。

物理拓扑和虚拓扑的区别如下:

(1) 物理拓扑代表的是底层物理网络中节点及光纤链路的连接情况,逻辑拓扑代表的是虚拟网络的虚拟节点及链路的逻辑连接情况。

(2) 从传输网络层次模型,物理拓扑位于传输介质层,逻辑拓扑位于信道层。

(3) 在物理拓扑路由节点作为 WDM 网络节点的光学组件的抽象,边表示光纤链路,终端节点的逻辑拓扑是波分复用网络中节点的电气元件抽象考虑,边表示光通道。

(4) 实际物理拓扑中节点的度数是由两个方面的因素决定的,一是此节点与其他物理节点有多少条相连接的链路,二是该物理节点波长选路时开关端口的数量,在逻辑拓扑中,虚拟节点的度数取决于此节点的光发射机的数目、光接收机的数目和电开关端口数量。

(5) 逻辑拓扑可以与实际网络的物理拓扑结构有所不同,但必须是基于物理拓扑结构的。

(6) 物理拓扑需要满足网络信息能够稳定传输,在此基础上再根据各个节点链路的建造成本、地理位置等因素综合决定设计方案;虚拓扑设计是基于物理拓扑结构,考虑节点的流量业务分布,选择合适的拓扑设计方案,以达到最佳的信息传输性能。

实际物理拓扑结构存在的物理节点和物理节点间链路的连接结构,取决于在实际操作环境下敷设的光缆线路决定。因此,实际的物理拓扑确定以后,是无法随意修改和变更的,这也是物理拓扑中不能够灵活地根据业务分布对网络做出调整的根本原因。因此,为适应分组业务的传输请求,提高光传送网络结构的灵活性,光网络虚拓扑设计概念被提出[1],以使设计出的网络的业务信息传送性能达到最佳。

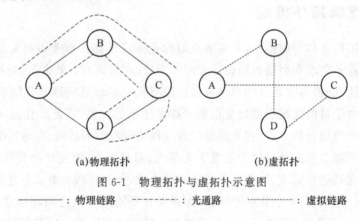

(a)物理拓扑　　　　　　　　　　　　　(b)虚拓扑

图 6-1　物理拓扑与虚拓扑示意图

————：物理链路　　--------：光通路　　·········：虚拟链路

6.1.2　虚拟化概念

虚拟化技术最早在 IBM 公司的主机上实现运行的,因此并非近几年的新生产物,且最早的话可以追溯到 40 多年前,不过随着以后的发展,虚拟化技术开始在小型机和 x86 服务器上运行。近年来,在云计算、数据中心等一系列新型技术的驱动下,虚拟化技术再次展现其潜在的生命力,引起广泛关注的同时也得到了飞速的发展。

虚拟化技术并非特指某一项单一的技术,而是指通过对网络资源的抽象、封装、组合,从而实现对多个物理资源的单一逻辑表示和对单一的物理资源的多个逻辑表示的一系列的技术组合。例如,可以实现将一台普通的计算机通过虚拟化技术,将其在逻辑上分割成多台计算机,供用户使用,这些在逻辑上相互独立的计算机可以安装不同的操作系统,不同系统上的程序运行空间因为是互相独立的,因此也不会产生任何影响,因此利用虚拟化技术可以大大提高实际物理资源的利用,同时提高计算机的工作效率。由此看来,实质上虚拟化技术是将实际的物理资源从逻辑的角度进行划分,重新进行资源的配置和整合,将硬件的具体实现和软件相互分离,用户可以在虚拟化出来的资源中运行系统和软件,并不需要特别的考虑在资源的具体的物理实现方式。相比较于传统的 IT 资源配置方式,虚拟化技术不但可以实现物理资源利用率的显著提高,同时对于实现资源的管理升级,服务器的整合等都具有非常大的帮助,并且因为资源之间的相互隔离,使用户的运行环境变得更加安全、高效。事实上,除了上述的服务器虚拟化,依据虚拟化对象种类的不同,虚拟化可以分成网络虚拟化、存储虚拟化和应用虚拟化。其中存储虚拟化是指从该逻辑空间的分配与物理磁盘空间分配的隔离。多个物理位置上的有效存储设备,可以组合成一个单一的逻辑资源。同样,一个物理设备也可以分为几个逻辑的存储资源。虚拟化程序或设备负责维护物理存储空间和逻辑空间之间的映射的一致性。服务器虚拟化是指将一个物理主机资源分割为几个运行环境,每个运行环境来支撑一个虚拟的主机,这在企业数据中心中是一种常用的虚拟化方法,服务器虚拟化用来提高硬件资源的利用率并将管理集中化,服务器虚拟化使服务器上运行的软件和物理硬件设备隔离,一个物理的主机可以被逻辑地分为几个虚拟机,每个虚拟机都可以运行自己的操作系统。应用程序虚拟化指的是将一些程序从其运行的操作系统上隔离出来,应用程序对其操作系统有一些依赖关系,除了操作系统的服务,还有内存分配、环境变量、数据库和一些配置文件等,通过使用应用程序虚拟化,应用程序可以脱离这些依赖关系,好比直接从操作系统获取服务。

网络虚拟化可以方便实现与物理网络层面资源的共享,并且也可以实现与物理拓扑无关的逻辑组网,当前采用的比较广泛的网络虚拟化的代表性技术主要包含两个方面,即虚拟化专用网络与叠加网络。网络连接的虚拟化和网元的虚拟化两个技术可以实现虚拟化专用网络功能。其中前者通常以 VPN 技术为达标,即虚拟专用网络,该技术通过一系列的封装机制和信令机制,可以在公共网络上实现搭建专用通信网络的目的;网元虚拟化方面以路由器技术为代表,由业务需求生成多种逻辑形式的业务网络,按照这种方式可以为自营业务和网络内容服务商 ICP 提供虚拟网络。与虚拟化专用网络不同,叠加网络通常是在底层的二三层网络,即数据链路层和网络层之上构建的逻辑网络,逻辑网络网元以及拓扑结构均独立于实际的底层物理网络,其常见形式包括互联网数据中心 IDC 的二层组网和广域网中的 CDN 内容分发网络。

叠加网解决基础网络中存在的一些局部问题,例如修补和增强网络的可靠性和传输性能,高校实现应用间的交互,以实现业务部署和资源分配效率的目的。基于统一的开发的资源管理的平台,网络虚拟化技术充分利用网络资源,使得网络基础设施的资源配置达到最优的情况。而光网络中的虚拟化就是通过对光网络资源进行聚合或者分离,将区域中的资源进行互连,形成多个虚拟的光网络。具体而言,光网络中的虚拟化就是指多个虚拟出来的光网络共享相同的底层物理网络的资源,虚拟出来的光网络实际上就是由一系列虚拟的网络节点和网络链路构成的。光网络虚拟化资源首先就是需要将实际底层物理资源进行抽象,之后,对抽象出来的资源再进行分离和聚合。抽象就是指对物理设施中的具体实现形式进行屏蔽,屏蔽掉具体的实现方法和固有属性后,再次对这些物理设施中的通用属性、功能进行分析,统计和收集;完成抽象后,进行分离,即对抽象出来的实际物理资源进行分割,分割成多个相互独立的部分,每个部分与相对应的物理资源有着同样的性能;聚合是指将多个相互连接的实际物理资源聚合成一个虚拟的资源,之后以该虚拟的物理资源去呈现。现在数据链路层和网络层的网络虚拟化已经有了相对完整的定义,而且有了相对广泛的商业应用,但光网络由于其本身特殊属性的物理限制,存在更为复杂的虚拟化方法。比如,光网络中的信号调制方式和信道速率的选取、光谱连续性限制以及色散、偏振模色散和增益抖动等各种物理层损伤都会对共存的 VON 的独立性造成很大的影响。

6.1.3 虚拟化的意义

互联网(Internet)经过 40 多年的发展和应用,已经成为全球化的资源共享平台和信息交换平台,为用户提供着多样化的应用服务。互联网的体系架构设计遵循着简单接入的原则,其初衷是为确保网络在特殊情况下更高的生存性能,因此这样的设计架构是不支持大规模通信的。当今互联网的数据规模不断增加,其发展也遇到了新的瓶颈,主要体现在无法对更细粒度的网络进行控制和管理、难以保障高质量的服务,以及在移动支付方面存在着较大的困难等。除此之外,云计算、物联网等新型技术的出现,对现有的互联网体系架构有更高的要求。

基于以上原因,构建一个全新的互联网体系架构显得尤为重要,以普林斯顿大学 Larry Peterson 教授为首的研究团队于 2005 年提出可以使用网络虚拟化技术,以推动未来网络体系架构的根本性改革。网络虚拟化作为一种新兴的网络技术,利用了虚拟化技术在网络中的应用,通过对公用的底层基础设施进行抽象,并提供了统一的可编程接口,同时将多个相互隔离且具有不容拓扑结构的虚拟化网络映射在共用的底层实际网络设施上,为用户提供差异化的服务。网络虚拟化技术在保证底层数据传输可靠性和隔离性的前提下,通过租用或者购买底层物理基础设施的切片,以获得网络端到端的控制权,以实现灵活定制底层数据传输的流量转发策略,以实现高级应用的发布部署以及新技术的研发,促进新型下一代互联网的演进发展。

◆ 6.2 网络虚拟化技术 ◆

网络虚拟化技术在计算机和网络传输领域有着广泛的应用。近年来,在计算机领域已经出现了包括 CPU 虚拟化、存储虚拟化、服务器虚拟化等多种虚拟化技术。本节将从网络虚拟化技术的发展现状、虚拟化问题建模、网络虚拟化映射算法等方面对网络虚拟化技术进行分析阐述。

6.2.1 虚拟化技术发展现状

在网络领域,网络虚拟化并不是一个新的概念,它的发展经历了包括虚拟局域网、虚拟专用网、覆盖网络、虚拟网络等几个历程。本小节将对上述几种技术进行介绍。

1. 虚拟局域网

以太网是一种数据网络通信技术,其共享通信介质,基于两种机制,即载波侦听多路访问/冲突检测机制(Carrier Sense Multiple Access /Collision Detect,CSMA,CD),由于网络中主机数目的增加,网络会出现各种问题,如严重的冲突。广播的泛滥等问题,致使网络性能严重下降,无法使用网络。虽然有方法可以利用交换机去实现局域网 LAN 的互联,以解决严重冲突的问题,但该方法无法隔离广播报文。为了解决以上网络存在的问题,虚拟局域网(Virtual Local Area Network,VLAN)技术[2]被提出,该技术通过把一个局域网 LAN 划分成多个虚拟局域网 VLAN,一个虚拟局域网 VLAN 同时又是一个广播域,虚拟局域网内的主机之间的通信和在同一个局域网内的通信一样,同时各个虚拟局域网之间是不能够直接互通的。因此,基于这种方式,广播报文被限制在了一个 VLAN 内,从而解决了广播泛滥问题。

以下是 VLAN 的基本工作原理:虚拟局域网中的交换机接收到从主机发出的数据帧后,会将该数据帧与虚拟局域网 VLAN 中的配置数据库进行对比,用来确定数据帧的发送方向。如果通过对比发现,该数据帧是要发往与此 VLAN 相关的设备,那么就在此数据帧上加上一个标记(VLAN Tag),可以根据该标记和数据帧的目的地址,虚拟局域网中的交换机就可以将该帧进行转发到目的主机;若该数据帧要发往的是设备与该 VLAN 不相关,那么 VLAN 交换机只负责发送该数据帧,不会为该数据帧添加 VLAN Tag。

IEEE 802.1Q 协议标准草案对数据帧结构中带有 VLAN Tag 的情况进行了标准化规定,也就是在原来的以太网数据帧结构的 MAC 地址和源媒体访问控制地址之后,又加入了 4 个字节的 VLAN Tag,该标签内容包含四个部分,TPID 标签协议标识符、优先级,标准格式指示位和 VLAN 网络标识符,如图 6-2 所示。

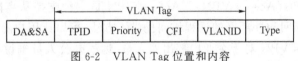

图 6-2 VLAN Tag 位置和内容

其中,DA&SA 表示本数据帧目的地址和源地址,均为 MAC 地址;TPID 部分是用来判断该数据帧是否带有 VLAN Tag;Priority 用来指示说明该数据帧的处理优先级;CFI 部分是用来标识该数据帧的 MAC 地址在不同的传输介质中,是否以标准格式进行了封装;VLAN ID 用来标识本数据帧所属的虚拟局域网 VLAV 的网络编号。

基于以太网来实现虚拟局域网 VLAN,主要有以下三种实现方式。

(1) 基于交换机端口来划分 VLAN。此种划分虚拟局域网的方法是按照以太网交换机端口来作为参考的,对 LAN 进行划分,将以太网交换机某些端口的集合作为 VLAN 的成员。这部分端口可以来自同一台交换机,也可以是来自不同的交换机。VLAN 的管理程序依据交换机端口的标识去划分虚拟局域网,同一个 VLAN 中的主机间则可以直接进行通信。不同的 VLAN 中的主机间则可以通过路由器进行间接的通信。该种划分 VLAN 的方法的优点在于配置方式简单并且容易实现。缺点则是不允许多个 VLAN 共享同一个物理网段。因此,如果一台主机从一个 VLAN 移动到其他 VLAN,主机的网络地址则需要重新进行新的配置。

(2) 基于 MAC 地址的方式划分 VLAN。此种划分 VLAN 的方式也被称为是基于用户的划分方法,主要是按照每个主机 MAC 地址对 LAN 进行划分,将部分 MAC 地址的集合作为 VLAN 成员。MAC 地址是与主机网卡绑定的,此种划分方法可以在不改变主机所属 VLAN 和网络地址的情况下,从一个交换机移动到另一个交换机。这种划分方法的主要缺点在所有主机必须进行初始化 VLAN 配置,当网络规模较大时,会出现配置过程过于烦琐的问题。

（3）基于网络层的 VLAN 划分。此种划分方法依据的是每个主机网络层地址或协议类型的不同,对 LAN 进行的划分,虽然利用的是网络地址的划分,但它与网络层路由协议没有关系。该方法的优点在于可根据网络层地址或协议类型自动划分 VLAN,以降低网络管理复杂性。缺点就是由于交换机需要对每一个数据包进行网络层地址的检查,因此会增加交换机的计算开销,效率比较低。

VLAN 技术可以对网络中的广播风暴进行有效的控制,增加网络的安全性,提供网络管控的灵活能力。注意,VLAN 虚拟化局域网技术只能完成局域网络的虚拟化,并不是全网络虚拟化的方案。

2. 虚拟专用网

随着各种网络经济、网络应用的发展,企业网的范围也在不断地扩大过程之中,从本地网络发展到跨区域网络、跨国家的网络。以前的基于传统企业网专线的连接技术,目前已经难以适应现代化企业发展的需求。VPN 虚拟专用网络的技术,有望为上述问题的解决提供强有力的手段[3]。VPN 技术是在公用网络基础之上建立的虚拟的专用的网络。虚拟网络指的是在VPN 中任意两个节点间连接不存在传统专网中那样的端到端的物理链路,而是直接构建于公用网络服务提供商所提供的网络平台的逻辑链路之上的,用户之间的数据在逻辑链路中直接进行传输;专用是指 VPN 与公网的逻辑独立,用户使用 VPN 时,与自己独自享有整个网络体验是一样的。按照 VPN 的应用对其进行分类,可以将其分为以下三类。

（1）远程接入 VPN(Access VPN)。Access VPN 是一种支持从离散的地点访问固定的网络资源,为企业内部网和外部网的远程访问提供了方法,可以让用户随时随地对企业资源进行访问。因此,Access VPN 对于企业内部出差人员、远程办公人员来说非常实用。远程接入网包含两种网络结构:一种是由用户发起的 VPN 连接;另一种是接入服务器后发起的 VPN连接。其中用户发起的 VPN 连接指的是在用户通过服务网点接入因特网后,便可以访问企业网,网络隧道加密协议可以使用户和企业内网建立一条加密的隧道,通过该安全隧道,用户便可以安全地访问企业内网中的数据了。接入服务器发起 VPN 指的是从远程用户通过使用本地的号码或者免费的号码拨入 ISP,然后网络服务商的网络接入服务器将会为该用户建立一条加密隧道,用户利用该加密隧道就可以连接到用户的企业网。

（2）内联网 VPN(Intranet VPN)。在全世界范围内建立办事处、研究院,分公司等是现代企业发展的趋势,将大量相关的机构互联,传统网络连接方式采用的是租用专线。随着公司的机构增加和业务的广泛开展,网络的结构也会越来越复杂,费用也会越来越高。内联网 VPN将允许企业在各地的部门在公网公用的基础上进行互联,作为传统专线网络的替代形式。虽然与专线网络结构不同,但却可以提供和专线网络的相同特性,包括可靠性、安全性、可管理性等。通常来讲,内联网 VPN 通过在公用网络路由器上建立加密隧道,就可以传输企业用户的私有数据。

（3）外联网 VPN (Extranet VPN)。信息时代的到来加速了企业间的合作,信息交换也较之前频繁了许多,同时这种信息的频繁交换,使得企业间的安全性保障和网络互联互通可靠性的问题就激增出来。利用传统专线网络互连方法去解决上述问题,在网络管理和控制访问的方面成本很高,外联网 VPN 则可以通过利用公网在企业间建立加密的隧道,以此实现将客户群、合作伙伴连接到企业的内部网络当中,易于构建和管理,目前已受到很多企业的青睐。

目前,实现 VPN 的技术主要有以下两种。

基于隧道技术实现。目前来讲,应用最广泛的 VPN 技术是隧道技术。从本质上讲,隧道就是一种数据单元,它是采用一种网络协议,并且运用这种网络协议去传输另一种网络协议,二层隧道协议(Layer 2 Tunneling Protocol,L2TP)[4]主要是将数据链路层协议进行了封装和传输,使其可以在多种网络(如,ATM、帧中继、IP 网)上建立多协议的全 VPN 通信。二层隧道协议是一种典型的隧道协议,这种协议通过将位于数据链路层的点对点协议数据帧封装在公共网络设施中进行隧道传输。二层隧道协议结合了二层转发协议和点到点隧道协议的优点,允许用户从客户端或者访问服务器端发起 VPN 的连接。

事实上 L2TP 协议已经实现了 Access VPN 的工业标准。常用的三层隧道协议主要采用的是 GRE 路由封装协议和 IPSec 互联网安全协议。其中,GRE 主要应用于两端路由器之间,建立隧道使用,可以满足内联网 VPN 和外联网 VPN 的需求;IPSec 支持 IP 网络上数据的安全传输,同时对于安全性要求较高的需求业务方面也应该采用 IPSec 隧道技术去构建 VPN。

因为 VPN 的构建是在整个公共网络之上的逻辑网络,其性能可能存在不稳定的因素,因此这就需要引入服务质量 QoS 技术。常用的 QoS 机制包括供给和配置机制,通信处理机制。在这其中,供给和配置机制主要包括子网带宽管理 SBM,以及资源预定 RSVP 等;通信处理机制包括区分服务、综合服务(Integrated Services,IntServ)[5]等。

VPN 技术在增加企业网络功能方面为其提供了一种低成本的,可扩展的,灵活的组网解决方案,扩大了专用网络的覆盖范围。需要注意的是 VPN 技术,其主要是应用于链路的虚拟化,不能够用于端到端的部署或者实现底层物理网络的全网虚拟化。

3. 覆盖网络

覆盖网络指的是在底层物理网络之上构建起来的虚拟网络。覆盖网络中的节点通过虚拟的链路相互连接,本质上是一条虚拟链路对应底层物理网络中一条链路或者路径,覆盖网络中的节点不被物理位置所限制,节点可自由加入或退出网络,该网络具有结构灵活、易于构建和部署的特点,是修复互联网和部署新特性的有力手段。当今互联网中覆盖网络得到了非常广泛的应用,包括路由性能和可靠性、提供 QoS 保障提高数据传输的可靠性和吞吐量、应用层组播 ALM、内容分发网络 CDN、构建网络实验床、抵御拒绝服务 DoS 攻击等,这些方面涵盖了 TCP/IP 分层模型的多个层面。下面将对基于覆盖网络的技术的典型项目和应用进行介绍。

传统的网络层组播技术,在传输和管理方面存在着非常严重的问题(例如,路由器需要维护组播组状态、组播组加入或退出管理率开销非常大),基于这些原因,传统的网络层组网技术并没有在互联网上得到广泛应用。随着近年来视频会议、远程教育、协同计算等的新型应用的出现,对组播技术的需求也变得越来越迫切,研究人员需要重新对组播技术进行更加深层次的考虑,因此提出了新的组播技术方案即应用层组播(Application Layer Multicast,ALM)[6]。ALM 技术是一种基于覆盖网络的组播技术,通过增加端系统的功能以实现组播功能,不需要对底层网络设备路由器等进行升级和扩展。基于覆盖网络的 ALM 技术因其具有实现简单、易于部署等特点,已经成为主流的组播技术,并得到了广泛应用。

内容分布网络 CDN 是构建于互联网之上的,它属于覆盖网络,基本思想如下。

将放置在不同地方的缓存或者媒体服务器构成覆盖的网络,结合系统中的内容分发、负载均衡和优化可调度等功能模块,将用户所关注感兴趣的内容安排在最贴近用户的位置,降低内容的访问时延,减少主干网带宽消耗。CDN 网络由:核心节点和分发节点两部分组成。通常情况下,核心节点由职能的 DNS 域名系统、CDN 网管中心组成;分发节点则是由高速缓存器、负载均衡设备组成。CDN 网络用户的请求一般由以下几个步骤构成。

(1) 用户向本地 DNS 发出域名解析请求;

(2) 本地 DNS 发现所解析域名指向智能 DNS,则向智能 DNS 发出域名解析请求;

(3) 智能 DNS 通过查询获得距离用户最近的缓存服务器 IP 地址,并将该地址返回给本地 DNS;

(4) 本地 DNS 将 IP 地址解析结果返回给用户;

(5) 最后用户可以访问 IP 地址指定的服务器。

由上所述,覆盖网络技术具有诸多优点,但它也只能是缓解或解决当前互联网在单独某一个方面存在的问题,不能从根本上解决问题,本质上是一种互联网缺陷修补技术,并不是互联网的革命性技术。此外,覆盖网络是构建在 IP 层之上的一种网络,它只支持在网络层之上的应用部署和评估,并不支持异构的网络架构。

4. 虚拟网络

众所周知,互联网是由世界上的多家运营商共同运营,这就使得互联网的研究人员在实现新型互联网体系架构的验证、部署、实现时,存在非常大的困难。同时这也严重制约了互联网的发展创新。为解决这样的问题,Tom Anderson、Jonathan Turner 等人提出了网络虚拟化的新型概念。在相同的底层物理网络之上构建多重结构不同的虚拟网络,这种网络虚拟化方法可以在很大程度上支持网络创新,其被认为是未来网络必备的关键特性。许多发达国家已经率先发起了一系列的相关研究项目,比较著名的有美国的 GENI、VINI、CABO,欧洲的 FIRE、4WARD 项目[7]等。

通常来讲,可编程虚拟路由器和虚拟链路是组成虚拟网络的两个关键组件。通过可编程虚拟路由器,可以实现在一个实际的物理路由器中虚拟出多个逻辑上独立的虚拟路由器,而且通过其开放的可编程接口,可以定制出个性化的路由协议和光网络接口。可编程虚拟路由器具有诸多很好的特性,例如资源隔离性、高效包处理特性以及可编程可扩展特性。在这些特性之中,资源的隔离性指的是每台虚拟路由器均具备单独的计算带宽和缓存等资源,从而在根本上确保了虚拟路由器的性能可靠性以及数据安全性;高效包处理是指在包处理性能上,虚拟路由器应该达到和传统专用路由器相似的性能;可编程可扩展特性是指虚拟路由器开放的多个可编程接口可以供开发人员去使用,可以支持多种网络体系结构和协议。目前,借助多种服务器虚拟化技术如 Xen、Vserver 以及模块化软件路由器 Click、XORP、NetFPGA 等可扩展开放路由平台技术,研究人员已提出了多种实现可编程虚拟化路由器的方案。虚拟链路与虚拟路由器概念类似,指的是逻辑上独立且构建于物理链路之上的链路,和 VPN 中的虚拟链路概念一致。因此,应用于 VPN 中的虚拟链路技术(例如,隧道、MPLS 等)可以直接应用于虚拟网络中虚拟链路的实现。

值得关注的是近几年出现的软件定义网络(Software Defined Network,SDN)技术在不断地扩展着网络虚拟化的内涵,同时 SDN 技术也不断地为网络虚拟化注入着新的活力,创造着新的方向。SDN 技术的最基本思想就是在整个互联网的体系架构中将控制平面从网络节点中进行分离,将控制功能移交给软件驱动的中央控制节点,已达到简化网络、简化控制、提高新业务的部署速度的目的。SDN 的关键特性是开放接口、可编程、控制与转发分离、虚拟化。

SDN 的当前关键技术之一就是 OpenFlow。OpenFlow 实际上是一种协议规范,其规定了网络数据的转发方式。OpenFlow 最早起源于斯坦福大学的"Clean Slate"项目,该项目由 Nick McKeown 等人发起,且受到了 GENI 项目的资助。该项目的主要研究目的是探索如何去以一种新的架构去设计互联网。该网络主要由 OpenFlow 控制器和 OpenFlow 交换机组成。OpenFlow 控制节点通过 OpenFlow 协议可以对 OpenFlow 交换机进行配置,控制其数据转发路径。

　　在 OpenFlow 网络中,实现网络的虚拟化主要利用的是 FlowVisor 或 Open vSwitch 技术[8]。FlowVisor 是位于 OpenFlow 交换机网络和多个 OpenFlow 控制器之间,它是作为 OpenFlow 交换机和 OpenFlow 控制器之间的透明代理。FlowVisor 可以实现将物理网络分成多个虚拟的网络,并提供对虚拟网络拓扑、带宽、CPU 利用率和流表等资源的管理。而 Open vSwitch 是遵循 Apache 2.0 开源代码协议的具有产品级质量的多层虚拟化软件交换机标准。OpenFlow 借助 Open vSwitch 可以提供多种功能,例如网络隔离、流量监控、QoS 保障等,从而可以实现网络虚拟化。

6.2.2　网络虚拟化问题建模

　　虚拓扑映射问题是指在已知底层物理网络资源的条件和限制下,如何将多个不同的虚拟网络同时映射到同一个底层物理网络中,并且能够实现底层物理网络资源的高效利用。由于虚拓扑映射问题属于 NP-hard 问题,一般利用启发式算法解决该问题,因此,可以从节点计算能力、地理位置和链路带宽三个限制条件进行分析。本节将详细地介绍虚拓扑映射模型,使用的符号,如表 6-1 所示。

表 6-1　虚拓扑映射模型的符号对照表

G^s	底层物理网络	G^v	虚拟网络
N^s	物理节点集合	N^v	虚拟节点集合
E^S	物理链路集合	E^v	虚拟链路集合
n^s	一个物理节点	n^v	一个虚拟节点
e^s	一条物理链路	e^v	一条虚拟链路
cout()	节点计算能力	bw()	链路可用带宽
$M_N()$	节点映射函数	$M_E()$	链路映射函数
p^s	一条物理路径	ps	物理路径集合
A()	路径可用带宽	hop()	经过的跳数

　　利用一个带权无向图来代表底层物理网络,记为 $G^S = (N^s, E^S)$。其中 N^S 是物理节点的集合,E^S 是物理链路的集合。每一个物理节点 $n^s \in N^s$ 具有相应的节点计算能力 count(n^s)。邻接物理节点 i 和 j 之间的物理链路 $e^s(i,j)$ 具有相应的带宽值 bw(e^s)。相应地,把虚拟网络请求也用一个带权无向图来表示,记为 $G^V = (N^v, E^V)$。其中,N^v 是虚拟节点的集合,E^V 是虚拟链路的集合。每一个虚拟网络请求中,虚拟节点 $n^v \in N^v$ 相应的节点计算能力为 count(n^v),邻接虚拟节点 i 和 j 之间的物理链路 $e^v(i,j)$ 具有相应的带宽值 bw(e^v)。

1. 节点映射

将虚拟网络的节点映射至底层的物理网络节点上,然后动态地修改底层物理网络节点的信息。同一个虚拟网络请求中的一个节点 n^v 只能够映射至一个物理网络节点上，即物理网络节点与虚拟网络节点是一对一的关系。不同虚拟网络中的节点，可以映射至同一个物理网络节点上，即物理网络节点与多个虚拟网络请求中的虚拟节点关系为一对多的关系。由于本文只考虑节点的计算能力以及地理位置两个限制因素，因此在映射时需要满足以下限制条件：

$$\text{count}(n^v) \leqslant \text{count}[M_N(n^v)] \tag{6-1}$$

式中，$\text{count}(n^v)$ 为待映射虚拟节点 n^v 的计算能力；$M_N(n^v)$ 表示将虚拟节点 n^v 映射至底层物理网络；$\text{count}[M_N(n^v)]$ 表示虚拟节点 n^v 映射至物理节点的计算能力。

2. 链路映射

用 P^s 表示物理路径的集合，$p^s(s,t) \in P^s$ 表示从物理节点 n^s_s 到物理节点 n^s_t 的物理路径。在底层物理网络不支持路径分割时，一条虚拟链路 e^v 只可以映射到一条物理路径上。此时，虚拟链路 $e^v \in E^v$ 的映射关系为

$$M_E(e^v) = p^s \tag{6-2}$$

底层物理网络支持路径分割时，一条虚拟链路 e^v 可以映射至 k 条物理路径上，当 $k \geqslant 1$ 时，虚拟链路 $e^v \in E^v$ 的映射关系为

$$M_E(e^v) = (e_1, e_2, \cdots, e_k) \tag{6-3}$$

即虚拟链路 e^v 映射为底层物理网络路径 $e_1, e_2, \cdots, e_k$，其中，$M_E(e^v)$ 表示将虚拟链路 e^v 映射至一条底层物理路径 p^s，该条物理路径 p^s 的可用带宽为

$$A(p^s) = \min_{e^i \in p^s}(\text{bw}(e^s)) \tag{6-4}$$

虚拟链路映射的限制条件为

$$\text{bw}(e^v) \leqslant \min_{e^i \in p^s}(\text{bw}(e^s)) \tag{6-5}$$

以图 6-3 所示为例讲解当有两个虚拟网络请求到达底层物理网络时，节点及链路是如何完成映射的。其中图 6-3(a)、(c)为两个虚拟网络请求，图 6-3(b)(d)分别为底层物理网络及完成第一个虚拟网络映射后更新过后的底层物理网络。节点旁边的方框中数值代表该节点的计算能力，链路上的数值代表该链路的带宽。当虚拟网络的节点和链路完成到底层物理网络的映射后，底层物理网络就会更新节点及链路的信息。例如将图 6-3(a)映射至底层物理网络，节点映射关系为{a→C,b→A,C→F,d→B,e→D}。

链路的映射关系为

{ab→(CA),ac→(CE,EF),ad→(CB),de→(BD)}，相应的底层物理网络节点及链路完成信息的更新，如将虚拟节点 a 映射至物理节点 C 后，C 的节点计算能力由 20 降为 15，虚拟链路 ac 映射至物理链路 CE 及 EF 后，链路 CE 及 EF 的可用带宽分别由 25 和 10 降为 15 和 0。之后在完成第一个虚拟网络映射以后，在更新过底层物理网络信息的基础上进行第二个虚拟网络的映射，如图 6-3(c)、(d)所示。

3. 虚拟光网络映射算法的性能指标

虚拟光网络映射的主要目标是要充分利用底层物理网络的资源，同时实现资源负载的均衡，因此定义以下三个参数作为映射算法性能的主要评价指标：频谱资源负载方差（Square Deviation of Spectrum Resource Load，SDSRL）、物理路径平均跳数（Average Substrate Path Hop Count，ASPHC）和频谱使用总数（Spectrum Usage，SU）。具体定义如下。

（1）频谱资源负载方差（SDSRL）。SDSRL 是本章研究中最重要的评价标准之一，它是由虚拟网络映射成功后所有物理光纤链路上的频谱利用率的方差决定，用于衡量底层物理网络负载均衡的程度，其计算公式为

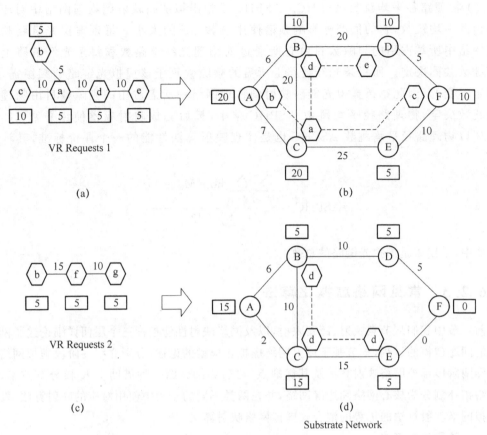

图 6-3　虚拓扑映射示例

$$\mathrm{SDSRL} = \frac{\sum\limits_{e_i^s \in E^S}(u(e_i^s) - u_{\mathrm{avg}})^2}{\mid E^S \mid} \tag{6-6}$$

$$u_{\mathrm{avg}} = \frac{\sum\limits_{e_i^s \in E^S}u(e_i^s)}{\mid E^S \mid} \tag{6-7}$$

式中，$u(e_i^s)$ 表示在物理光纤链路 e_i^s 上已占用的频隙数和 e_i^s 上总频隙个数的比值；u_{avg} 是代表物理网络 G^S 中所有物理光纤链路 E^S 频谱利用率的平均值；$\mid E^S \mid$ 是物理网络中光纤链路的总数。物理网络中光纤链路上的频谱利用率的方差值越小，代表整个物理网络 G^S 的频谱资源负载越均衡。物理基础网络的频谱资源负载可以在一定程度上反映底层物理资源的利用效率，一般性能好的虚拟网络映射方案有较低的频谱资源负载方差值。

（2）频谱使用总数 SU。SU 是底层基础物理网络完成映射需要使用的频谱总个数，其计算公式为

$$\mathrm{SU} = \sum_{G_i^r \in G^r}\sum_{e_j^r \in E_i^r}\mathrm{hop}(M_E(e_j^r)) * B_{e_j^r}^r \tag{6-8}$$

式中，$M_E(e_j^r)$ 是虚拟光链路 e_j^r 映射到物理网络中对应的物理路由；$\mathrm{hop}(M_E(e_j^r))$ 表示 $M_E(e_j^r)$ 所经过的光纤链路的跳数；$B_{e_j^r}^r$ 是虚拟光链路 e_j^r 所需的连续频率间隙数。频谱使用总数反映了底层物理网络资源的使用情况，高效的映射算法经常以最小化频谱使用总数为优化目标。

（3）物理路径平均跳数 ASPHC。ASPHC 是指虚拟链路映射到物理网络中对应的物理路由的平均跳数，它的值能够影响频谱使用总数 SU 的大小。每条虚拟光链路映射到物理网络中所需占用的频隙数目由它所经过的物理光纤链路数和每条光纤链路上所需的频隙数共同决定。而每条光纤链路上所需的频隙数等于该虚拟光链路的频隙需求数，是固定不变的，因此每条虚拟光链路映射到物理网络中所需占用的频隙数目由物理路径平均跳数决定，物理路径平均跳数 ASPHC 越小，最后完成映射频谱使用总数 SU 也越小。所以物理路径平均跳数 ASPHC 也是体现映射算法性能的一个评价标准，其计算公式为

$$\text{ASPHC} = \frac{\sum\limits_{G_i^r \in G^r} \sum\limits_{e_j^r \in E_i^r} \text{hop}(M_E(e_j^r))}{\sum\limits_{G_i^r \in G^r} |E_i^r|} \tag{6-9}$$

式中，$|E_i^r|$ 是虚拟光链路的总数。

6.2.3　常见网络虚拟化算法

前一节中我们从节点映射、链路映射，以及网络映射性能指标三个层面详细论述了网络虚拟化的问题建模的过程，本节基于以上网络虚拟化模型的论述，分别介绍一阶段虚拟网络映射算法和两阶段虚拟网络映射算法及其优缺点，之后详细介绍一种借助于 K 核分解技术，将虚拟网络拓扑划分为核心网络和边缘网络，并在两类不同的子网中使用对应的映射算法，发挥两类虚拟网络映射算法的优势的混合式虚拟网络映射算法。

1. 一阶段映射算法

虚拓扑映射算法可以分为虚拟节点的映射和虚拟链路的映射两种。一阶段映射算法顾名思义就是将虚拟节点的映射以及虚拟链路的映射作为一个整体，在完成一个虚拟节点的映射之后就及时将该虚拟节点映射至相关联的链路。一阶段映射算法基于回溯算法，在完成一个虚拟节点映射之后（将虚拟节点 n_i^v 映射至物理节点 n_i^s），遍历该物理节点的邻接节点寻找满足条件的物理链路完成映射，如果寻找到满足映射条件的链路，就完成该链路的映射以及下一个虚拟节点的映射（虚拟节点 n_{i+1}^v 映射至物理节点 n_{i+1}^s），再重新完成映射的节点进行映射；如果寻找不到满足映射条件的链路，就从 n_i^v 回溯至 n_{i-1}^v 寻找新的映射方案。因此，当采用了回溯算法回到虚拟节点 n_{i-1}^v 尝试新的映射方案时，需要设置搜索的阈值，即在物理节点 n_{i-1}^s 的 N 跳范围内寻找满足映射条件的下一个节点，避免没有设置阈值而造成时间复杂度呈指数型增长。

一阶段映射算法便具有以下优缺点。

（1）一阶段映射算法的优点

① 资源利用率高。由于回溯算法设置了探测阈值，因此下一个节点必然是映射在上一个节点的 N 跳范围内（N 为回溯算法中设置的探测阈值），从而有效地避免了带宽资源的浪费，所以回溯算法的资源利用率普遍较高。

② 当底层物理网络为稠密图，而虚拟网络为稀疏图时，映射的成功率较高[9]。当底层物理网络为稠密图时，一个节点周围有较多的节点，在搜索阈值 N 内的备选节点和映射方案都较多，因此映射成功率高。

③ 由于一阶段映射算法只关注探测阈值 N 内的相关节点,并不需要关注整个底层物理网络的信息,因此在映射过程中并不需要更新整个底层物理网络的信息,而只需要更新探测阈值 N 内的信息即可,这就可以减少底层物理网络信息更新时所带来的花费。

(2) 一阶段映射算法的缺点

① 由于设置了探测阈值 N,因此在映射时备选的节点和映射的方案也减少了,因此映射成功率不可避免会降低。如图 6-4 所示,假设该映射方案中设置的探测阈值为 3,将虚拟节点 a 映射至 A 后,便开始满足映射条件的物理节点,依次搜索物理节点 B、C、D 后均不满足映射条件,由于设置的探测阈值为 3,便不再尝试别的节点的映射方案,从而判定该映射失败,然而实际上是下一个物理节点 E 就满足映射条件。

② 时间复杂度高,因为回溯算法是采用试错的思想,在映射失败后便返回上一个节点尝试别的映射方法,因此不可避免会造成整个映射过程经常出现映射错误再返回重新映射的可能,设置的探测阈值越大,时间复杂度越高。

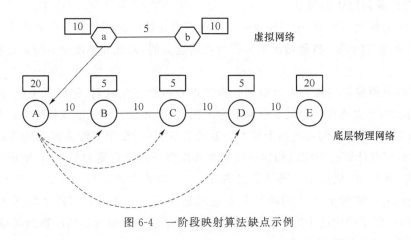

图 6-4 一阶段映射算法缺点示例

2. 两阶段映射算法

两阶段映射算法是将整个映射过程分为节点映射和链路映射两个阶段[10],即先完成节点的映射再进行链路的映射。具体过程为,通过节点能力计算公式计算每一个虚拟节点以及物理节点的节点能力,再对其进行排序,然后通过虚拟节点能力及物理节点能力的排序表,利用贪婪算法,匹配地完成物理节点和虚拟节点的映射;在完成了节点的映射之后,在底层物理网络支持路径分割的基础上[11],通过 K 条最短路径完成链路的映射。两阶段映射算法能够很好地匹配虚拟网络的节点能力和底层物理网络的节点能力,但由映射过程中节点映射和链路映射本就是一个整体,其在节点映射时忽略了链路的因素,因此两阶段映射算法有如下的优缺点。

(1) 两阶段映射算法的优点

① 由于两阶段映射算法综合评估了整个底层物理网络和整个虚拟网络的节点能力,能够对节点能力的大小有一个清晰的描述,能够快速找出节点能力最强的节点及节点能力弱的节点,从而更为容易对节点进行分析利用,有利于资源的合理利用。

② 节点的匹配选取。因为综合评估了整个底层物理网络节点及虚拟网络节点的能力,因此采用贪婪算法,将虚拟节点中能力最强(资源需求最大)的节点映射至底层物理网络节点中

能力最强（可用资源最大）的节点上，有利于节点资源的合理利用，提高第二阶段链路映射的成功率，使映射方案成功率提高。

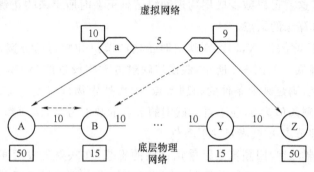

图 6-5　两阶段映射算法优缺点示例

（2）两阶段映射算法的缺点

① 节点能力评估不准确，由于任何一个节点能力评估公式都是建立在某几个条件如节点计算能力、节点邻接阶段个数等情况下分析节点的能力的，因此并不能全方位地准确评估一个节点能力。

② 由于两阶段映射将映射人为地划分为节点映射和链路映射，破坏了映射的一致性，在节点映射过程中，很大程度上忽略了链路的影响因素，因此很有可能造成将原本容易的映射变为一个复杂的映射过程。例如将两个原本邻近的节点，映射至距离相去甚远的节点。如图 6-5 所示，如果将节点计算能力乘以相连链路带宽和作为评判节点能力的大小，则虚拟网络节点 a、b 的能力为 50 和 45，底层物理网络节点 A、B、Y、Z 的能力依次为 500、300、300、500。因此利用贪婪算法，将 a 映射至 A，b 则映射至 Z，这就造成了 A 需要经过多跳才能到 Z，使 A 到 Z 经过的链路都承载了相应的带宽，造成了带宽资源的浪费。然而观察底层物理网络节点，不难看出节点 B 就完全满足映射条件。

3. 混合式虚拟网络映射算法

一阶段的虚拟网络映射算法和两阶段的虚拟网络映射算法具有各自的特点。混合式虚拟网络映射算法发挥了两个算法各自的优点，规避了两个算法的缺点。

1）*K* 核分解

两类虚拟网络映射算法分别有自己的缺陷，本文通过 k-core 分解算法对虚拟网络请求进行分层，根据不同子图的不同特性，使用不同的虚拟网络映射算法来映射，达到有效利用资源的目的。

作为一个图分析工具，*K* 核分解（*K*-core decomposition）[12] 能够发掘诸如度分布等普通拓扑方法不能衡量的结构信息。通过一系列对拓扑的迭代裁剪（pruning），*K* 核分解方法能够识别网络拓扑中的特殊子网络，即 *K* 核，并作为一种检测手段来衡量网络拓扑中的分层属性、向心性以及连通性。

假设对于一个无向图 $G=(V,E)$，有 $|V|=n$ 个节点和 $|E|=e$ 条边。*K* 核分解有以下定义：

（1）一个图的 *K*-core 可以通过迭代地删除所有小于度数为 *K* 的节点，直到剩余图中所有节点度数至少为 *K* 时得到。

（2）如果一个节点属于 K-core，而不属于 $(K+1)$-core，那么这个节点的壳指数（shell index）为 K。

如图 6-6 所示，经过 1-core，2-core 和 3-core 分解，左侧的拓扑图可以根据壳指数赋予各个节点层次属性，从而对该拓扑的结构有了更清晰地描述。

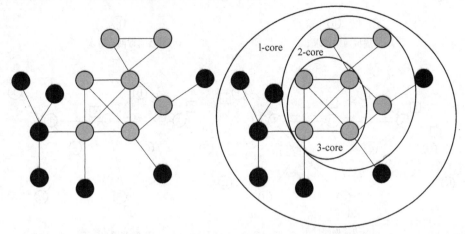

图 6-6　K 核分解

2）虚拟网络的分解

根据前述，一阶段的虚拟网络映射算法适合在虚拟网络请求为稀疏图而物理网络为稠密图时进行映射，这时其映射成功率较高，并且能有效避免带宽的浪费，因此，一阶段的虚拟网络映射算法适合在稀疏的边缘网络中进行映射。而两阶段的虚拟网络映射算法适合在全局发现资源能力较强的物理节点或资源需求较高的虚拟节点，尤其是其采用贪婪匹配算法进行节点匹配映射，更利于虚拟网络中的骨干节点在物理网络中的映射。因此，首先得区分虚拟网络请求中哪些节点属于重要节点，哪些节点属于次要节点。本文采用 K-core 分解的方法对虚拟网络进行划分，属于 2-shell 或具有更高壳指数的子图被划分为核心网络，而 1-shell 组成的子图属于边缘网络。

具体步骤为：删除拓扑中度数为 1 的节点以及相应的边，针对裁剪后的剩余图继续迭代地删除度为 1 的节点以及相应的边，直到拓扑中没有度数为 1 的节点为止，并将所有裁剪掉的节点的壳指数赋值 1。同样地，按照前面的方法，再迭代地删除度数为 2 的节点以及相应边，得到壳指数为 2 的节点，如此重复直到网络中所有的点都被分配了一个壳指数。1-shell 的节点和相应边构成多个边缘子网络，大于 1-shell 的所有节点和相应边构成一个核心网络。

图 6-7 描述了如何对新来的一个虚拟网络请求进行了 K-core 分解。图 6-7 的（a）和（b）描述了该虚拟网络请求的分解过程。在图 6-7（b）所示中，经过 K-core 分解之后的剩余网络，被称为核心网络，用粗线来表示。裁剪掉的节点和对应的链路组成了两个相互独立的边缘网络，用虚线表示。如果一个虚拟节点既在核心网络中，又有一条边跟边缘网络直接相连，被称为核心节点，例如图 6-7（b）所示中的虚拟节点 b 和 c。本文所采用的 K-core 算法和现有的经典 K-core 算法有所不同。为了保证裁剪后的核心网络的规模不至过小，本文对经典 K-core 算法进行改进，限制核心网络最小规模为 3。

基于 K-core 分解，虚拟网络请求分为核心网络和边缘网络，整个虚拟网络的映射也划分为核心网络的映射和边缘网络的映射。由于边缘网络对应的核心节点在核心网络中，因此，核

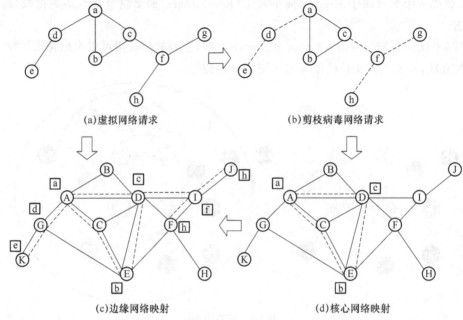

图 6-7 虚拟网络请求的 K 核分解

心网络的映射具有更高的优先级。

在核心网络的映射阶段,采用两阶段的虚拟网络映射算法 RW-MM-SP 进行映射,即基于全局的节点能力资源评估。首先在节点映射阶段,采用贪婪匹配算法将核心网络中的所有虚拟节点全部映射至物理网络中;其次,在链路映射阶段,采用 K 条最短路径算法寻找满足虚拟链路资源需求的物理路径,如图 6-7(d)所示。

在边缘网络的映射阶段,假设虚拟网络请求中有 n 个星形节点,由于边缘网络都是由度数为 1 的节点生成,因此 n 个星形节点就意味着存在 n 个边缘网络,每个边缘网络的拓扑为树状拓扑。值得注意的是,星形节点已经在核心网络的映射阶段全部映射完毕,因此,每个树状拓扑的根节点都已经映射完毕,可以采用一阶段的虚拟网络映射算法来实现每个树状拓扑的映射。如图 6-7(c)所示,本文采用 RW-BFS 来实现每个边缘网络的映射,即基于树的广度优先算法[88]遍历边缘网络,以此作为边缘网络中节点的映射顺序,通过一阶段的映射算法完成节点以及相应边的映射。

6.2.4 网络虚拟化算法

前文中已经介绍了几种常见的网络虚拟化映射算法,本节将针对光网络下的网络虚拟化,提出一种以物理网络链路中频隙占用负载的均衡和减少使用的频隙总数为综合优化目标,实现虚拟光网络需求 $G^r(N^r, E^r, C_{N^r}, B^r)$ 到底层物理基础 $G^s(N^s, E^s, C_{N^s}^s, B_{E^s}^s)$ 的映射算法。

负载均衡的虚拟网络嵌入(Virtual Network Embedding with Load Balancing,VNE_LB)算法采用虚拟节点与虚拟链路的协同映射方案[13]:当一个虚拟节点映射成功后,即刻利用链路映射算法将与该节点相连接的虚拟链路进行映射;在节点映射的同时也考虑了其周围虚拟链路的映射约束情况;与虚拟光节点优先映射方案相比,VNE_LB 算法能更好地适应虚拟网络拓扑的变化,大大提高了节点映射后进行相应链路映射成功性,同时避免出现虚拟链路被映射到长的物理路径,减少了对物理底层网络的资源消耗,提高了物理资源利用率,网络取得更佳的映射效果。为了进一步提升网络映射的成功率,VNE_LB 算法采用了基于子图同构检测的回溯方案[14,15],它对经典的子图同 VF 算法[16]进行了改进,在映射过程中增加了对节点和链路的资源约束条件的检测操作;如果某一个虚拟节点映射成功后,与其相连的虚拟链路找不到对应的物理光纤路径,即虚拟链路映射失败,算法则回溯到上一个虚拟光节点映射阶段选择下一个可行的候选节点对进行虚拟节点重新映射,直到全部虚拟网络完成映射,VNE_LB 算法停止。

VNE_LB 算法在映射第 i 个虚拟网络 $G_i^r(N_i^r, E_i^r, C_{N_i^r}, B_{E_i^r})$ 时,首先初始化一个 G_i^r 的空子图 $G_{\mathrm{sub}(i)}^r$ 以及 $G_{\mathrm{sub}(i)}^r$ 所映射的物理拓扑图 $M(G^r)$,然后不断地将 G_i^r 中已成功映射的虚拟节点、虚拟链路加入到 $G_{\mathrm{sub}(i)}^r$,将它们所映射的物理节点、物理链路添加到 $M(G^r)$ 中,直到子图 $G_{\mathrm{sub}(i)}^r$ 等于 G_i^r 为止。依次对一组虚拟光网络请求 G^r 按照上述操作映射,直到全部映射完毕,得到的 $M(G^r)$ 即为一种从 G^r 到 G^s 可行的映射方案。VNE_LB 算法具体流程,如表 6-2 所示。

在虚拟节点映射过程中,VNE_LB 算法借鉴文献[15]的策略,先构造出所有虚拟节点满足其计算资源需求的物理节点的候选节点集合 C。构造方法如下。

首先,寻找图 G_i^r 中未加入 $G_{\mathrm{sub}(i)}^r$,并和已加入 $G_{\mathrm{sub}(i)}^r$ 中的节点有虚拟链路相连的节点集合 $F_{G_{\mathrm{sub}(i)}^r}(G_i^r)$,其计算公式为:

$$F_{G_{\mathrm{sub}(i)}^r}(G_i^r) = F_{G_{\mathrm{sub}(i)}^r}^{\mathrm{in}}(G_i^r) \bigcup F_{G_{\mathrm{sub}(i)}^r}^{\mathrm{out}}(G_i^r) \tag{6-10}$$

$$F_{G_{\mathrm{sub}(i)}^r}^{\mathrm{in}}(G_i^r) = \{n_j \mid (n_i, n_j) \in E_i^r, n_i \in N_i^r, n_j \in N_i^r, n_i \in N_{\mathrm{sub}(i)}^r, n_j \notin N_{\mathrm{sub}(i)}^r\} \tag{6-11}$$

$$F_{G_{\mathrm{sub}(i)}^r}^{\mathrm{out}}(G_i^r) = \{n_i \mid (n_i, n_j) \in E_i^r, n_i \in N_i^r, n_j \in N_i^r, n_i \notin N_{\mathrm{sub}(i)}^r, n_j \in N_{\mathrm{sub}(i)}^r\} \tag{6-12}$$

则映射候选节点集合 C 为

$$C = \{(n^r, n^s)\} = \begin{cases} N_i^r \times N^s, & \text{当} F_{G_{\mathrm{sub}(i)}^r}(G_i^r) = \varnothing \text{ 时} \\ F_{G_{\mathrm{sub}(i)}^r}(G_i^r) \times \{N^s / M_N(G_{\mathrm{sub}(i)}^r)\}, & \text{当} F_{G_{\mathrm{sub}(i)}^r}(G_i^r) \neq \varnothing \text{ 时} \end{cases} \tag{6-13}$$

$$N^s / M_N(G_{\mathrm{sub}(i)}^r) = \{n^s \mid n^s \in N^s \bigcap n^s \notin M_N(G_{\mathrm{sub}(i)}^r)\} \tag{6-14}$$

上述式子中 × 表示迪卡儿积。候选节点对集合 C 确定后,将 C 中不满足 $C_{n^s}^s \geqslant C_{n^r}^r$ 条件的节点对排除,然后把剩余的候选映射节点对按照相应虚拟节点的计算能力值降序排列。为了提高了虚拟网络映射成功的可能性,将计算需求资源大的虚拟节点排列在前面优先进行映射。属于同一个虚拟节点 n^r 的候选节点对 (n^r, n^s),它们的排序参考值定义如下:

$$m((n^r, n^s)) = \sum_{n_k \in N} \frac{\mathrm{hop}(P^s(M_N(n_k), n^s))}{|N|} \tag{6-15}$$

式中,N 是虚拟网络 G_i^r 中已经映射的虚拟节点集合;$|N|$ 是该集合的个数;$M_N(n_k)$ 代表虚拟节点 n_k 所映射的物理节点;$P^s(M_N(n_k), n^s)$ 是从物理节点 $M_N(n_k)$ 到 n^s 的最短路由,$\mathrm{hop}(P^s(M_N(n_k), n^s))$ 是它的跳数。在候选的映射节点对中,如果与某一个节点直接相连虚拟链路(该虚拟链路的另一个节点已映射)相应的物理映射路由跳数平均值越小,该虚拟节点越优先进行映射。该方法有效地降低了全网虚拟链路映射到物理网络对应的物理路由的平均跳数 ASPHC 的值,从而减少了网络所占用的频谱使用总数 SU。

表 6-2　VNE_LB 算法流程图

VONE_LB算法输入：G^s (N^s, E^s, $C_{N^s}^s$, $B_{E^s}^s$)，G^r (N^r, E^r, $C_{N^r}^r$, $B_{E^r}^r$)　　　　　　　　　　输出：M (G^r)
步骤1:　初始化 M (G^r) $=\phi$
步骤2:　　for所有的 G^r (N^r, E^r, $C_{N^r}^r$, $B_{E^r}^r$) do
步骤3:　　　取出第 i 个虚拟光网络 G_i^r (N_i^r, E_i^r, $C_{N_i^r}^r$, $B_{E_i^r}^r$)，并初始化子图 $G_{\text{sub }(i)}^r =\phi$
步骤4:　　　计算图 G_i^r 中未加入 $G_{\text{sub }(i)}^r$，并和 $G_{\text{sub }(i)}^r$ 中节点有链路相连的节点集合
步骤5:　　　if节点集合 $F_{G_{\text{sub }(i)}^r}$ (G_i^r) 为空集合 do
步骤6:　　　　映射候选节点集合 $C=N_i^r \times N^s$（卡迪尔积）
步骤7:　　　　else $C=F_{G_{\text{sub }(i)}^r}$ (G_i^r) $\times \{N^s \backslash M_N$ ($G_{\text{sub }(i)}^r$) $\}$
步骤8:　　　end if
步骤9:　　　将集合 C 中的候选映射节点对按照虚拟节点的计算能力值降序排列
步骤10:　　　for C 中的每个节点对 (n^r, n^s) do
步骤11:　　　　设 F=Success
步骤12:　　　　for所有与 n^r 有连接关系的链路 E_{new}^r do
步骤13:　　　　　计算 e^r ($e^r \in E_{\text{new}}^r$) 的 K 条最短光路径集合 $p_{e^r}=\{p_{e^r}^1, p_{e^r}^2, \cdots\cdots, p_{e^r}^K\}$
步骤14:　　　　　for p_{e^r} 中的每一条路径 $p_{e^r}^k$ do
使用首次命中法为 $p_{e^r}^k$ 进行频隙分配
步骤15:　　　　　　if频隙资源分配成功
步骤16:　　　　　　路径 $p_{e^r}^k$ 的代价值设为 $\cos t$ ($p_{e^r}^k$) $=\text{hop}$ ($p_{e^r}^k$) $*\max\limits_{l_j \in p_{e^r}^k} u$ (l_j)
else $\cos t$ ($p_{e^r}^k$) $=\infty$
步骤17:　　　　　　end if
步骤18:　　　　　end for
步骤19:　　　　　选择代价值最小的那条路径 $p_{e^r}^k$ 作为 e^r 最终的物理映射路径
步骤20:　　　　　if $\cos t$ ($p_{e^r}^k$) 值为无穷大
步骤21:　　　　　　虚拟链路 e^r 映射失败，设 F 的值为 Failure，break for
步骤22:　　　　　end if
步骤23:　　　　end for
步骤24:　　　　if F 值为 Success
步骤25:　　　　　将 n^r、E_{new}^r 从 G_i^r 中移除，并加入到子图 $G_{\text{sub }(i)}^r$ 中； 　　　　　　将 n^r、M_E (E_{new}^r) 添加到子图 M (G^r) 中，算法跳转到步骤4；
步骤26:　　　　end if
步骤27:　　　if G_i^r 为空集合
步骤28:　　　　break for
步骤29:　　　end if
步骤30:　　end for
步骤31:　end for
步骤32:　返回子图 M (G^r)

其次,从排序后的集合 C 选出第一个(虚拟节点,物理节点)映射节点对 (n^r, n^s),将虚拟节点 n^r 映射到物理节点 n^s,然后 VNE_LB 算法的节点链路协同映射机制开始工作,算法进入与 n^r 有连接关系的链路集合 E_{new}^r(E_{new}^r 中链路的另一端节点也已实现映射)的映射阶段。为了进一步提高虚拟网络链路映射的成功率,优先处理频隙需求大的虚拟链路,将 E_{new}^r 中的虚拟链路按照其上频隙资源需求 B_{E^r} 值的降序依次进行映射。在链路映射阶段,采用 K-Shortest-Path(KSP)算法作为路由方案,First-Fit(FF)算法作为频谱分配方案。路由和频谱分配(RSA)操作在物理网络中为 E_{new}^r 中的每一条虚拟光链路 e^r 映射之前,均预计算了 K 条最短光路径,并依次进行频隙资源预分配。每条路径上频隙资源预分配必须确保该路径经过的物理光纤链路分配相同的频隙,同时满足映射的光纤链路的可用的频隙数不小于虚拟链路所需要的频隙数的条件。

当一条路径 P^s 的资源分配操作完成后,按照以下定义计算路径代价值后释放预分配的资源,进行下一条路径的资源分配。为了实现映射完成后物理网络链路中频隙占用的负载均衡和使用的频隙总数尽量少的综合最优目标,在链路映射时,尽量将虚拟链路映射到频隙已使用率低并且路径跳数少的物理路径上。为了衡量一条物理映射路径在这两方面的性能,将路由 P^s 的权重值定义为

$$\text{cost}(P^s) = \text{hop}(P^s) * \max_{l_j \in P^s} u(l_j) \qquad (6\text{-}16)$$

式中,$\text{hop}(P^s)$ 为路由 P^s 的跳数,$l_j(j = 1, 2, \cdots, \text{hop}(P^s))$ 表示路由 P^s 所经过的物理光纤链路,而 $u(l_j)$ 是链路 l_j 的频隙利用率。最后遍历完所有的 K 条路径,选取其中代价值最小的那条路径作为虚拟光链路 e^r 最终的物理映射路径,并按照资源预分配方案分配频隙资源。利用该链路映射路由选择策略,在一定程度上均衡了物理光纤链路的负载,同时选择跳数越少的物理路由,意味着映射到该路由上需要消耗的频隙资源总数越小,整个物理网络最终消耗的资源总数越小。

因此,VNE_LB 映射算法很好地解决了虚拟网络映射后物理网络的负载均衡和消耗的网络资源总数两个性能上的矛盾,取得了较好的折中效果。

1. VNE_LB 算法仿真

下面针对本节所提出的 VNE_LB 算法进行仿真。

为了更直观地进行算法性能比较,在此引入两种传统的映射方法 VNE_RCFS(Virtual Network Embedding with the Reduced Consumption of Frequency Slots)算法和 VNE_BLSL(Virtual Network Embedding with the Balanced Load at Substrate Fiber Links)算法。VNE_RCFS 算法和 VNE_BLSL 算法也是基于节点链路协同映射的基本方案,在节点映射问题上,采取和 VNE_LB 算法相同的操作,但在链路映射方法上有较大的不同。

在仿真中,采用如图 6-8 所示的 NSFNET 网络(14 个节点、21 条链路)作为物理仿真拓扑。拓扑中的每个物理节点的计算能力为 250 个单位,每条物理光纤链路上有 300 个可用频隙。虚拟网络拓扑是通过随机操作产生的,其中虚拟节点的个数可能为 2,3,4,5,6,它们分别是以 15%,25%,30%,25%,5% 的概率出现的。一对虚拟节点间有链路相连的情况出现的概率为 50%,虚拟节点所需的计算资源和虚拟光链路上所需的频隙资源个数也是随机的,它们的值分别均匀分布在 [1,8] 之间和 [5,10] 之间。在链路映射阶段为虚拟链路预计算 K 条路由时,取 $K = 4$。我们进行了 9 组数据的仿真,每组数据中虚拟网络的个数分别为 $10, 20, 30, 40, \cdots, 90$。

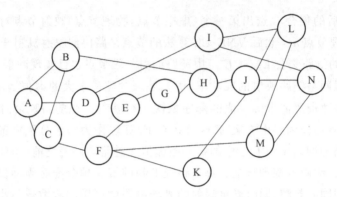

图 6-8 NSFNET 仿真图

2. 性能对比分析

图 6-9 所示分别在比较了 VNE_RCFS、VNE_BLSL、VNE_LB 三种算法的频谱资源负载均衡方差（SDSRL）、频谱使用总数（SU）、物理路径平均跳数（ASPHC）的性能。由图 6-9（a）（b）所示可知，VNE_BLSL 算法的频谱资源负载均衡方差值明显小于其他两种算法的 SDSRL 值，但是需要分配最多的频谱总数。其原因在于，在链路映射阶段，VNE_BLSL 算法只考虑物理链路频谱资源的负载均衡，它的链路映射路由的代价值只由链路上的频隙利用率决定，从而导致在虚拟链路选择最终的物理映射路由时，极有可能会从 K 条候选路径中选一条虽有最低频谱利用率之和，但物理跳数却最多的路由。VNE_RCFS 算法恰与它相反，在频谱消耗性能上有最优的表现，在三种算法上需要的频谱总数是最少的，但物理网络中频谱资源负载均衡性最差。这是因为，与其余两种算法相比，VNE_RCFS 算法在为虚拟链路选路阶段有最高的概率选择 K 条路由中跳数最小的那一条，由于每条虚拟链路都选择最小跳物理路由映射，使得整个虚拟网络链路都集中映射在某些物理光纤链路上，从而导致物理链路频谱资源的负载失衡。就网络频谱资源负载均衡性而言，我们提出的 VNE_LB 算法取得了更好的均衡效果，但是它是以牺牲频谱消耗总数性能为代价的。从仿真结果可发现，物理链路上更好的负载的均衡性能可以通过稍微放松对网络资源消耗的限制来实现。

如图 6-9（c）所示，在物理路径平均跳数的仿真中，三个算法的 ASPHC 指标性能与 SU 指标性能仿真结果相仿，都是通过选择跳数小的物理映射路径来减少对网络资源的占用。VNE_LB 算法得到的 ASPHC 性能指标值介于 VNE_BLSL 算法和 VNE_RCFS 算法之间。VNE_BLSL 算法中，ASPHC 值最大，虚拟链路映射到物理网络中对应的路径平均跳数最多，这是因为它在链路映射阶段未考虑物理路径跳数，虚拟链路最终选择的映射路径经过的光纤链路数是三个算法里面最多的。

图 6-10 所示的是对图 6-9 所示中的数据取平均值得到的，它们分别代表虚拟网络组频谱资源负载平均方差（Average Square Deviation of Spectrum Resource Load，ASDSRL）、虚拟网络组占用频隙平均数（Average Spectrum Usage，ASU）和虚拟网络组物理路径平均跳数的平均值（Average Substrate Path Hop Count，ASPHC）。从图中可以观察到，与 VNE_RCFS 算法相比，提出的综合考虑物理网络链路频隙占用负载均衡和使用的频隙总数的 VNE_LB 算法在 NSFNET 网络中，ASDSRL 值降低了 36.85%，而 ASU 值只小幅度提高了 12.74%；与 VNE_BLSL 算法相比，VNE_LB 算法增加了 4.82% 的频谱资源消耗，换取了虚拟网络组物理路径平均跳数 5.57% 缩短。这充分说明了，VNE_LB 算法在网络的负载均衡和消耗的网络资源总数两个性能表现上取得了很好的折中。

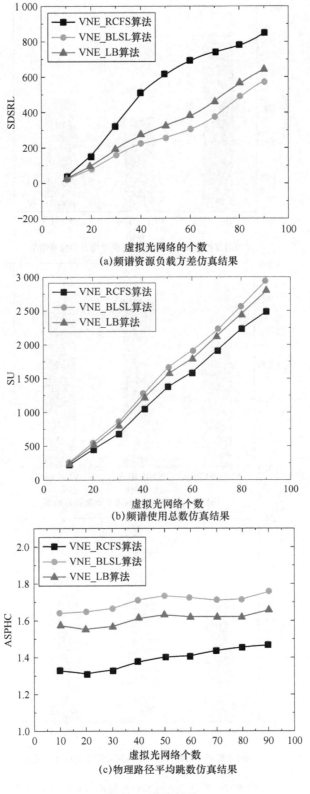

(a)频谱资源负载方差仿真结果

(b)频谱使用总数仿真结果

(c)物理路径平均跳数仿真结果

图 6-9　仿真结果

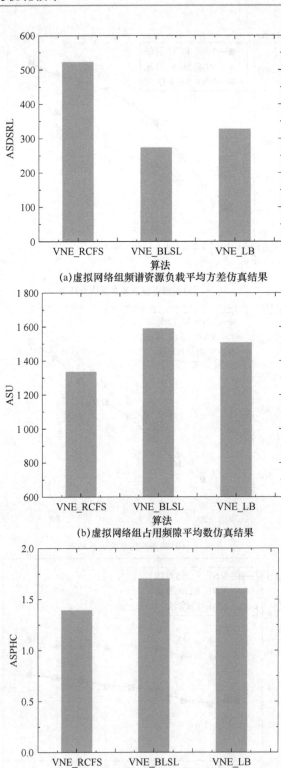

(a)虚拟网络组频谱资源负载平均方差仿真结果

(b)虚拟网络组占用频隙平均数仿真结果

(c)虚拟网络组物理路径平均跳数的平均值仿真结果

图 6-10　对图 6-9 所示的平均值仿真结果

◆ 6.3　拓扑结构与网络性能 ◆

网络拓扑结构是网络节点互联所形成的抽象连接方式,通过网络拓扑结构可以清晰地展现网络连接方式以及网络的外貌结构。网络拓扑结构对于网络性能起着非常大的影响,现实中的很多问题,通过建模的方式,都可以抽象成图结构模型,通过对复杂问题的建模,可以有效地分析其结构特征和传播机理。在各种网络拓扑结构对网络性能的影响实例中,光网络中的预配置保护环机制,即 P 圈保护机制就是一个非常典型的应用。

众所周知,光网络的服务质量直接影响着数据信息传递的有效性,有效的光纤链路和节点保护机制对保护其服务质量至关重要。由于光纤的传输量大的特性,因此一旦发生故障,就会对业务有非常严重的影响[17]。传统光网络的保护机制主要有 $1+1,1:1$ 和 $1:N$[18] 几种方式。$1+1$ 保护,也就是为工作路径提供了 1 条专有的保护路径,在这种保护方式下,工作路径发生故障可以立即实施业务倒换,其保护时间短但是资源利用率很低。

$1:1$ 和 $1:N$ 两种保护方式,指的就是为 1 条或者多条工作路径提供 1 条保护路径。它们与 $1+1$ 保护方式的区别在于,这条保护路径在无故障时是可以传送低优先级业务的。该保护方式的资源利用率比 $1+1$ 保护方式高,但是可靠性较低。预配置环(p-Cycle)简称 P 圈,如图 6-11 所示,于 1998 年由 Grover 教授提出的概念,在格状网络中预先计算并配置出若干个环状连接模型,用这种环状连接对环上的链路进行相应的保护,同时也可以对跨接的链路进行相应的保护,发生故

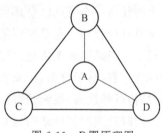

图 6-11　P 圈原理图

障时可以将业务倒换到预先配置好的环上,并且重新进行传输,有着利用率高和可靠性高等特点。P 圈相比于普通的环网结构,多了一层保护功能,它既能够保护环上的链路,也可以对不在环上的链路(类似环上的弦,称为跨接链路) 进行保护[19]。当环上的 1 条链路发生故障时,P 圈保护机制可以进行类似于环保护的环回保护倒换。当出现 1 条跨接链路发生故障时,该机制有 2 条通路可以进行保护倒换。但是现有的环保护对单位容量都只能最多提供 1 条保护路径,而且只保护环上的故障。相比之下,P 圈的保护效率就大大提高,通过对该实例说明,可以非常直观地感受到对网络拓扑结构特性的分析对于网络性能的提高存在非常大的帮助。

6.3.1　拓扑结构与图论

图论学科当中存在着对拓扑结构的研究。图论的诞生可追溯到 1763 年,是一门非常古老的学科,图论一直在离散数学领域内占领着主导的地位。其具有非常多的特点,诸如直观、清晰、解决问题简捷等,最重要的是,许多实际的问题经过数学模型的抽象分析之后,都可以划分成等价的图论问题。因此,图论具有非常广泛的应用价值,将非常复杂的工程系统和管理问题可以用图论中的方法模型来描述,可以用数学的方法求得最优的结果。图论中所研究的"图",是由若干个点构成的,点和点之间用若干条线段进行连接,这些线段被称为边。一般情况下,

顶点可以用来表示事务,边用来表示事物间的关系。顶点位置、边长度的信息不是十分重要,但可以设置不同的边的长度来表示点之间关系的强弱。图论为解决许多工程问题,提供了一种非常有效的数学模型,便于计算分析和存储。在光网络规划与优化问题,将光网络节点与链路的关系及问题与图论的切合度非常高,利用图论来解决相关问题能够达到事半功倍的效果。图论的发展主要是源于计算机性能的飞速提高,从而提升给予了它一个充分展示的平台,同时使得那些原本只能停留想象中的状态,通过计算机而得到了模拟和展示。利用图论来进行光网络结构与业务规划方面的研究是非常常见与有效的方法。

6.3.2 常见拓扑结构特性

针对光网络中常见的拓扑结构我们在第 2 章中已经进行过简要介绍,在本章中结合网络虚拟化与管控特点我们对常见的网络拓扑结构及其特性进行进一步的介绍。

1. 总线型网络拓扑结构

如图 6-12 所示,总线型拓扑结构采用单根传输线路作为总线,通过相应的接口和电缆可以将网络中所有的站点连接到这根共享的总线上,从而使得这些站点共享一条数据通道。总线上的任何一个节点信息都可以沿着总线向两个方向传播扩散,并且可以被位于总线中任何一个节点接收到。在总线型结构中,假设节点数为 N,则链路数为 $N+1$;每个节点的度均为 1,对于实现结构的模块化比较方便,信息传送速度快,但网络拓扑结构不对称。总线型拓扑结构的优点有:易于分布,扩充方便,主链路为双向通道,有利于信息进行网播式传播;分布式控制;结构可靠性高;系统的可扩充性较高。

同时总线型拓扑结构也有以下缺点:故障诊断相对困难;故障隔离困难;对每个节点要求较高,节点都需要有介质访问控制的功能;所有的工作站通信均通过一条共用的总线,因此实时性会比较差。

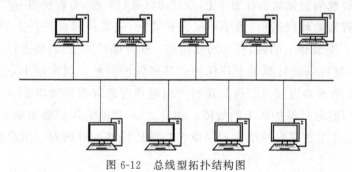

图 6-12　总线型拓扑结构图

2. 环形拓扑结构

如图 6-13 所示,环型拓扑结构中的各节点在一条首尾相连的环路之中,且环路是闭合的通信线路,且各节点地位相同,环路上任何节点都可以请求发送信息,请求一旦被批准,就会向环路发送信息。

这种拓扑结构使公共传输电缆组成环形连接,在这种环路中,数据只能进行单向传输。对于不同的节点之间网络时间差距比较大;节点的度为 2,对于模块化也比较方便,网络结构对称。

环形拓扑结构有如下优点：

两个节点间仅有唯一的一条通路，因此简化了路径选择的控制；如果某个节点发生故障，其可以自动旁路，可靠性非常高；这种拓扑结构所需的电缆长度要比星形拓扑要短得多。

环形拓扑结构的缺点如下：

要扩充网络中环的配置或着选择关闭一些已连入环的站点，都会影响到网络的正常运行；当节点过多时，影响传输效率；但当网络确定时，其延时固定，实时性强。

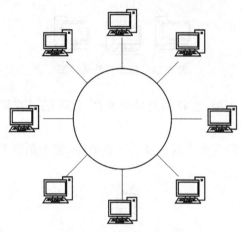

图 6-13　环形拓扑结构图

3. 星形拓扑结构

如图 6-14 所示，星形拓扑结构是一种以中央节点为中心，把若干外围节点连接起来的辐射式互联结构。网络中的各节点通过点到点的方式连接到一个中央节点上，由该中央节点向目的节点传送信息。中央节点执行集中式通信控制策略，因此中央节点相当复杂，负担比各节点重得多。对于有 N 个节点的星形网络，链路数为 $N-1$，网络直径为 2，不同节点之间消息传送时延恒定；最大节点度为 $N-1$；网络结构对称。

星形结构的优点如下：

网络结构简单，便于大型网络的维护和调试；控制简单；网络延迟时间较短，误码率较低；每个连接只接一个设备，单个连接的故障只影响一个设备，不会影响全网。

星形结构的缺点如下：

一条通信线路只被该线路上的中央节点和一个站点使用，因此线路利用率不高；对中央节点的依赖性较强，所以对中央节点的可靠性和冗余度要求较高。

4. 树形网络结构

如图 6-15 所示，树形网络结构实形上是星形拓扑结构的扩展。在树形网络结构中，网络节点是分层进行连接的，越是靠近根节点，节点位置越靠近主干，节点的稳定性越重要；越是靠近叶子节点，节点的重要性相对也降低，节点的功能丧失对整个系统的影响相对减小。任何一个节点送出的信息都由根接收后重新发送到所有的节点，可以传遍整个传输介质，也是广播式网。对于特殊的树形结构完全二叉树，$N=2^{k-1}$ 个节点，大多数节点的度为 3，对于结构的模块化很方便，直径为 $2(k-1)$ 反映了树形结构两个节点之间传输信息的最大代价，另外树型网络拓扑结构不对称。

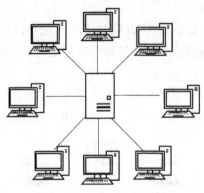

图 6-14　星形拓扑结构图

树形结构的优点：易于扩展，有较强的可折叠性，故障隔离容易，树形结构可以减少布线投资。

树形结构的缺点：一旦靠近根节点的系统出现故障，整个系统都将瘫痪，对靠近根节点的安全性，稳定性要求很高。

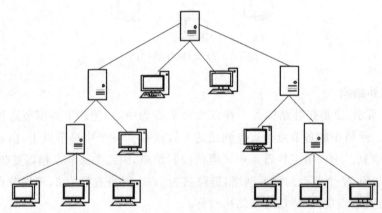

图 6-15　树形网络结构图

5．胖树网络结构

如图 6-16 所示，胖树是树形拓扑结构的扩展。它具有树形拓扑结构的层次特性，可以向下扩展，但是和树形不同的是在层次之间，层次之间采用了一种类似全连接的方式来建立拓扑。例如，第二层的任一节点跟第三层及第一层的所有节点之间都有连接。网络结构中信息的交换主要也是发生在层次之间，同层的节点信息没有交换。设胖树的层数为 n，每层的节点数分别为 $x_1, x_2, \cdots, x_n$，则胖树中总的节点数为 $s = x_1 + x_2 + \cdots + x_n$，第 i 层节点的度＝第 $i-1$ 层的度＋第 $i+1$ 的度，每一次节点的度都是一样的，对于模块化也是比较方便的。网络的直径为 $n-1$，网络的通信速度会更加的快。

胖树拓扑的优点：相比树形拓扑，网络的健壮性受根节点附近节点影响明显减弱，某一个中央处理设备瘫痪后，底层节点还可以通过其他的路径来传送信息，拓扑结构更加的安全稳定；易于扩展；网络中信息交换的速度与树形结构相比也有明显的加快。

胖树拓扑的缺点：网络结构比较复杂，当节点很多的时候，建立拓扑速度会比较慢；网络中的链路数明显增多，网络结构建模的造价相对比较高。

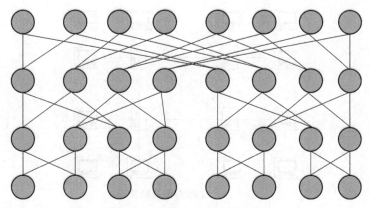

图 6-16　胖树网络拓扑结构图

6. 网格拓扑结构

如图 6-17 所示,网格拓扑结构是一种比较规律的结构,就类似画的表格一样,每个网络节点占据表格中的一个节点,网格拓扑的大小取决于网格的行数和列数,除了边界和顶点节点网格中的每一个节点的邻居为 4,其可靠性和稳定性都比较好,不会因为某一个节点的功能丧失而影响整个网络。对于有 N 个节点的 $r×r$ 的网格结构,有 $2N-2r$ 条链路,直径为 $2(r-1)$,网络通信开销相对较大,节点的度为 4,对于拓扑模型的模块化比较有利。

网格拓扑的优点:网络结构清晰、规律,模型容易构建。

网格拓扑的缺点:网络连接复杂,构建网络的成本也较大。

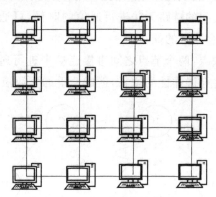

图 6-17　网格拓扑结构图

7. 分布式拓扑结构

如图 6-18 所示,分布式拓扑结构的网络是将分布在不同地点的网络节点通过线路互连起来的一种网络形式,网中任一点均至少与两条线路相连,当任意一条线路发生故障时,通信可转经其他链路完成,具有较高的可靠性。同时,网络易于扩充。

分布式拓扑结构的优点:该结构采用的是分散控制,即使整个网络中的某个局部出现故障,也不会影响全网的操作,可靠性非常好;各个节点间均可以直接建立数据链路,信息流程最短;以便于实现全网范围内的资源共享。

分布式拓扑结构的缺点:连接线路的电缆长,造价高;网络管理软件复杂;报文分组交换、路径选择、流向控制复杂;在局域网中一般不采用这种结构。

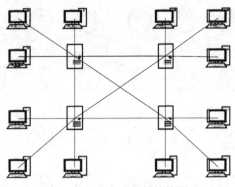

图 6-18　分布式拓扑结构图

8. 全链接（Full-mesh）网络拓扑结构

如图 6-19 所示，全链接 Full-mesh 是分布式结构的一种特殊情况，即链路中所有的节点之间都是直接连接的方式，属于带弦环的一种特殊情形，在 Full-mesh 网络结构中，每个网络节点要么存在一条实际的物理链路，要么存在一条虚拟链路与所有其他网络节点相连。Full-mesh 提供了大量的冗余，从而可以保证网络通道的安全性和稳定性。对与有 N 个节点的 Full-mesh 网络，网络中的链路数为 $n(n-1)/2$，与相同节点的其他网络相比，Full-mesh 的通信链路最多。这种方式网络的直径为 1，这也说明了网络通信非常的方便，这方面性能比其他的网络有更大的优势，网络的度为 $N-1$，节点的度恒定，这种网络结构对于模块化也是最好的。

Full-mesh 网络拓扑的优点：该网络中所有的节点之间可以通过虚拟通道或者物理通道直接交换信息，当两个节点之间的链路无法进行通信的时候，可通过其他的线路通信，网络通信的延迟以及信息的丢失率会非常的低。

Full-mesh 网络拓扑的缺点：两个节点之间直接连接来进行通信，最大的缺点就是当节点数量巨大的时候，网络链路将会爆炸性的增长，造成严重的资源浪费和管理上的困难。

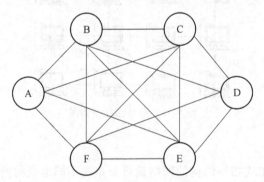

图 6-19　全链接（Full-mesh）网络拓扑结构图

6.3.3　环结构判别算法

为了在光网络中实现节点和链路故障恢复和保护策略，我们提到了 P 圈保护策略，在实现该策略的方法中，需要我们对光网络的拓扑结构特性进行分析，其中最主要的一点就是要实现该拓扑网络中的环结构的判定，同时引用 P 圈在光网络节点和链路生存性方面的应用思路。可以发现,在实现拓扑虚拟化时,我们同样可以借助预配置保护环的策略,即 P 圈机制,在实现虚拟节点和链路映射时,对需要映射的相关节点和链路进行保护,这对于实现光网络虚拟化中网络的稳定性能和资源的利用,提高服务质量具有重要意义。因此下面将重点介绍实现网络拓扑结构中环判别环结构的算法。

该算法针对的是无向图中环结构的搜索,最终实现的目标是将给定网络中的环结构全部搜索出来。该算法是基于深度优先搜索实现的。以如图 6-20 所示的网络拓扑为例,详细阐述该环判别算法。

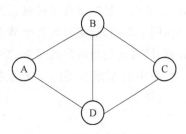

图 6-20　无向图网络拓扑图

(1) 首先整个无向图用邻接表来存储,设置 A 目标节点,同时设其为首个搜索起始点,算法最后可以搜索出(A,B,D,A)和(A,B,C,D,A)两个环,当然要想实现搜索出图中所有的环,需要从所有点均开始搜索一遍,之后可以对重复的环进行去重处理。

(2) 在整个搜索环的过程中,维持一个栈的数据结构以存储访问过的节点,同时定义一个计数器,记录访问过节点的数量。

(3) 首先将 A 节点加入栈中,同时设置该节点是否被遍历的属性为 true,若是,则计数器加 1,之后取出 A 节点的首个邻接点 B,进入条件为 true 的 while 循环中,在该循环中,首先判断该邻接点 B 是否被遍历过,该节点未被遍历,那么将 B 节点作为新的起始搜索点进行 DFS 递归调用。

(4) 将 B 节点加入栈中,标记 B 节点被遍历过,同时计数器加 1,取 B 节点的首个邻接点,假设为 A 节点,进入 while 循环,判断 A 节点被遍历过,且是目标节点,但计数器为 2,说明不成环,因为在无向图中默认两点构不成一个环,继续获取 B 节点的下一个邻接点,假设是 D(B 的邻接点分别为 ADC),D 未被遍历过,那么将节点 D 作为新的搜索起始点进行 DFS 递归调用。

(5) 将节点 D 加入栈中,标记被遍历过,同时计数器加 1,获取节点 D 的首个邻接点,假设是 A 节点,进入 while 循环,判断 A 节点被遍历过,且 A 是目标节点,计数器为 3,遍历此时栈中的节点 ABD,A 构成环结构,即搜索到了首个环形结构(ABDA),此时获取 D 的 A 之后的下一个邻接点,假设为 B,判定节点 B 被遍历过,但不是目标节点,因此获取 D 的 B 之后的下一个邻接点,为节点 C,C 为被遍历,将其作为新的搜索起始点进行 DFS 递归调用。

(6) 将 C 节点加入栈中,标记被遍历过,同时计数器加 1,获取节点 C 的首个邻接点,假设是 B,进入 while 循环,判断 B 节点被遍历过,但不是目标节点,因此继续获取节点 C 的下一个邻接点 D,判断节点 D 被遍历过,但不是目标节点,因此去获取下一个邻接点,C 节点只有 BD 两个邻接点,因此下一个邻接点为 null,将回退标志 recall 设置为 true,将此时栈中栈顶的元素 C 节点去除,同时初始化节点 C,即恢复其遍历标记,计数器减 1,recall 标记为 false,此时获取节点 D 的下一个节点,下一个节点未 null,因此将回退标志 recall 设置为 true,将此时栈顶元素 D 节点去除,同时初始化节点 D 节点,计数器减 1,recall 标记为 false,此时获取节点 B 的下一个邻接点 C,C 未被遍历过,将其作为新的搜索起始点进行 DFS 递归调用。

（7）将 C 节点加入栈中，标记被遍历过，同时计数器加 1，获取节点 C 的首个邻接点 B，进入 while 循环，判断节点 B 被遍历过，但不是目标节点，因此获取 C 节点的下一个邻接点为 D，D 未被遍历，将 D 作为新的搜索起始点进行 DFS 递归调用。

（8）将节点 D 放入栈中，标记被遍历过，同时计数器加 1，获取节点 D 的首节点，为 A 节点，A 节点为目标节点且被遍历过，计数器为 4，因此栈中的节点 ABCD，A 构成一个环，剩下操作同上类似，继续寻找各个节点下一个邻接点，邻接点为 null 时，进行回退操作，去除栈顶元素，同时初始化该节点元素，至此完成了以 A 节点为目标节点的环结构搜索。

图 6-21 所示是环判别算法的程序流程图。

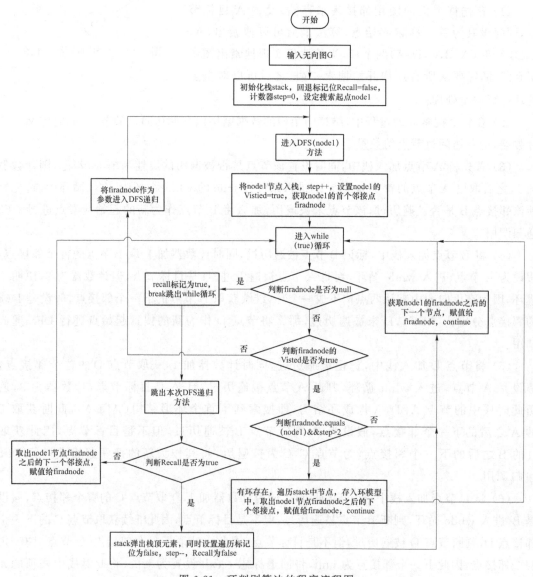

图 6-21　环判别算法的程序流程图

同理以上操作，设置其他节点为目标节点，便可以搜索出所有的环形结构。

◆ 6.4 功能虚拟化 ◆

随着当前互联网的急速发展,各种新兴业务不断出现,在网络架构当中,由于不同业务服务需要特定的服务设备支撑,因此业务接入多样化直接导致了专有网络设备的增加,由此带来的是服务提供商的资本和运营费用的增加,同时造成网络僵化的问题。网络功能虚拟化(Network Function Virtualization,NFV)被提出来解决这些问题,即在通用硬件上通过编程实现网络功能,即实现底层通用硬件的纯软件化。NFV 允许网络功能灵活地配置、部署和集中化管理。通过与 SDN 的整合,软件定义的网络功能虚拟化架构可以进一步提供灵活的流量转向,并且实现联合优化网络功能和资源的目的。这种架构有很大的优势,如在服务链中的实现,服务链正在成为 NFV 实现的主要形式。在本节中,我们首先对网络功能虚拟化 NFV 的发展历程进行详细的描述,之后对整合 SDN 的软件定义网络功能虚拟化架构进行介绍,之后对网络功能虚拟化的特点进行讨论,最后对网络功能虚拟化和网络虚拟化进行相同和不同点的分析比较,提出两者不同的应用场景。

6.4.1 功能虚拟化概述

当前不同的网络服务依赖于特定用途的网络设备,这种情况导致了所谓的网络僵化问题,妨碍了服务增加和网络升级的操作。为了解决这个问题并减少资本支出(Capital Expenditures,CapEx)和运营支出(Operating Expense,OpEx),虚拟化已经成为将软件网络处理和应用程序与其支持的硬件分离并解耦的一种方法,即将网络服务作为软件来实现[20-22]。ETSI 行业规范组织提出了网络功能虚拟化来虚拟化先前由专用硬件执行的网络功能[23,24]。通过将网络功能与底层硬件设备分离,NFV 可以提供基于软件的具有灵活配置网络功能的共享物理基础设施,解决了那些利用专有设备带来的控制和管理的运营成本问题。

随着软件定义网络的发展,以及更多抽象引入到网络架构中,整合 SDN 和 NFV 来实现各种网络控制和管理目标的趋势越来越明显。SDN 的理念主要是希望采用软件来控制网络,使得网络能力能够开放,让基于网络的创新能够更方便、更快捷。通过控制平面与数据平面的分离,SDN 架构将网络底层网络设施与网络应用抽象分离开来,从而实现构建可管理、可编程的、可动态改变的网络,由于 SDN 新颖的、动态的网络架构能够提高网络的延展性、灵活性和可管理性,未来网络将越来越依赖于软件 。虽然 NFV 和 SDN 在架构上是分开的,但两种技术都是为了增加灵活性,减少成本,支持可伸缩性并加速引进新服务,同时在功能上 NFV 和 SDN 是互补的,SDN 通过改善性能提高灵活性和简化操作,使得 NFV 的应用更加简单高效,特别是用 SDN 支持 NFV 可以帮助流量转向(卸载、旁路、选择等),动态扩展和缩小,多租户,负载均衡。

SDN 应用于 NFV 可以帮助解决动态资源管理和智能业务编排的问题。通过 NFV,SDN 能够为一系列特定的服务链动态创建虚拟化的服务环境,从而避免了为一个新到来的服务请求提供专用硬件设备和复杂的劳动力。结合 SDN 的使用,NFV 进一步实现了实时和动态的功能配置以及灵活的流量转发。

软件定义的网络功能虚拟化利用网络虚拟化和逻辑集中式智能,将提供服务的成本降至最低,并最大限度地利用网络资源。在这种情况下,资源利用率越高,对硬件设备的调式就越少,以此简化组网操作。而且,通过对当前密集的手动网络配置、供应和管理实现自动化,时间和操作复杂度显著降低,同时手动配置带来的错误也显著减少,这提供了更好的可扩展性。另一方面,特别是在大规模网络中,部署和提供新的服务通常会导致漫长而重复的过程,需要很长的验证和测试周期。通过自动化 NFV 相关基础设施的控制、管理和编排,这些新业务的网络配置、运营变更的部署时间和运营成本将大大缩短。随着 NFV 大幕的拉开,从运营商到设备商再到传统 IT 设备商,各方都展现了积极参与的态势,唯恐被行业落到了后面。下面对近年来 NFV 业界的发展进行简单的介绍。

2012 年 6 月 14 日,思科推出了开放网络环境(Open Net Environment,ONE),旨在让思科网络更灵活、可定制,以便适应更新型的网络和 IT 趋势。近期,思科又宣布推出思科演进服务平台(Evolution Service Platform,ESP),进一步扩展其面向电信运营商的虚拟化产品和服务阵容。这一平台利用的是业内最为开放、完备且灵活的软件定义网络(SDN)和网络功能虚拟化(NFV)方法构建而成,是思科开放式网络环境(ONE)战略的关键组成部分,将与架构中基础设施层协同工作。

2014 年世界移动通信大会上,华为正式推出基于开源 OpenStack 系统的 FusionSphere 云平台,借助前些年在硬件、软件和集成服务的积累,能利用不同软件功能和虚拟化方案来实现各种网络功能,实现网络资源的动态调度和分配,提升网络利用率、网络扩展性,并实现敏捷业务部署。

2014 年 3 月到 2015 年 12 月期间,工业和信息化部电信研究院与中国联合网络通信集团有限公司将牵头进行基于 SDN/NFV 的接入网及家庭网络技术研究,除了对 SDN 在接入网及家庭网络中的总体技术要求进行研究,还重点研究网络虚拟化技术的概念、虚拟化用例、虚拟化技术框架、虚拟化需求、虚拟化在客户网络和接入网络中的应用。

2014 年 3 月到 2015 年 12 月期间,中国电信集团公司、中国移动通信集团公司将牵头进行基于 SDN 及网络功能虚拟化(NFV)的 IMS 网络虚拟化要求的研究。研究范围包括 IMS 网络虚拟化的架构、虚拟化 IMS 网络的功能技术要求、虚拟化 IMS 网络的性能技术要求等。

6.4.2 网络功能虚拟化特点

网络功能虚拟化(Network Functions Virtualization,NFV)利用虚拟化技术将网络功能从专用硬件中分离形成虚拟网络功能,然后把虚拟网络功能映射到通用服务器、交换机或者存储器中,能有效地降低网络投资成本和运营成本,并提高网络服务部署的灵活性。传统网络中,企业网络和电信运营商为了提供多种服务,需要部署大量的 QoS 监视器、负载均衡器、防火墙、入侵检测系统等特定设备来实现特殊的网络功能(Network Fuction,NF),这些设备被称为中间盒或者中间件(Middle-box)。网络数据流需要穿过这组有序的 NFs,该组有序的 NFs 被称为网络功能链(网络服务链或服务功能链)。由于中间件的大量应用,这意味着要修改网络功能链就必须修改网络拓扑或者改变中间盒的连接,因此提供新服务时,部署和升级物理基础设施将带来巨大的投资成本和运营成本。网络功能虚拟化(NFV)作为一种源于工业的网络体系结构,其支持动态建立,同时具备服务感知功能,可以提升网络服务的灵活性,降低网络的投资成本和运营成本。下面将从 NFV、SDN 的整合，以及未来 NFV 的发展领域来讨论网络功能虚拟化 NFV 的特点。

中间件也称为网络设备，是一种网络转发或处理设备，用于网络控制和管理的目的来传输、转换、过滤、检查或控制网络流量[25]。中间件服务或功能是由相关的应用程序的特定网络设备执行的方法或操作。中间件的典型例子包括修改数据包的目的地和源地址的网络地址转换器，以及过滤不需要或恶意的流量的防火墙。传统上，一种新型的中间件通常是作为某种特定需求的解决方案而出现的，之后通过广泛的部署被整合到基础网络中。这种部署方法导致基础设施硬件资源的使用和管理显著低效。在 NFV 之前，研究人员转而采用了古老的整合思路，通过系统地重新设计中间件基础设施利用对系统硬件的整合来应对上述挑战，这是当前 NFV 范式的前身，由此不断地过渡到了目前的网络功能虚拟化模型。

对比软件定义网络 SDN，不难发现 NFV 和 SDN 具有以下不同点。

NFV 是以软件的方式实现网络功能的概念，而 SDN 则是实现中央控制和可编程网络架构的概念，以提供更好的连接性。

NFV 旨在降低资本支出，运营成本，空间和功耗，而 SDN 旨在提供网络抽象，实现灵活的网络控制、配置和快速创新。

NFV 将网络功能从专有硬件中分离出来，实现灵活的配置和部署，而 SDN 将网络控制平面与数据平面转发分离，通过启用可编程性提供集中式控制器。

通过整合 SDN 和 NFV 形成软件定义的 NFV 架构，这种架构为运营商在服务提供和服务模式上提供了极大的灵活性、可编程性和自动化。

软件定义的 NFV 技术目前正在小型应用中交付使用，而其全面使用尚未实现。但可以预期基于软件定义的 NFV 架构未来会在云计算、移动网络，以及企业网络中广泛应用，云计算[26]使全球分布式服务和企业能够动态快速部署、管理和优化其计算基础架构。通过跨多个全局分布的实例对服务进行分区或复制，可以使这些服务更贴近用户，从而提供更丰富的用户体验，避免基础设施瓶颈，实现容错。

另一方面，NFV 通过明确的标准来考虑所有网络功能的虚拟化，在移动网络中，NFV 的目标是虚拟化移动核心网络和移动网络基站。NFV 也使移动服务提供商拥有的数据中心受益，包括移动核心网络、接入网络和移动云网络。对于移动网络最重要的核心网络[27,28]，NFV 允许蜂窝提供商采用更类似于数据中心的网络，它由一个结构简单的转发设备组成，大部分功能在靠近基站的商品服务器上执行，一些网络功能甚至可以通过直接安装在交换机中的数据包处理规则来实现。在该系统中，逻辑中心控制器能够通过所需的网络功能引导网络流量，实现业务链。

NFV 无疑将在企业中得到广泛的应用，网络管理者希望尽可能多地或尽可能少地使用网络，但企业客户需要什么与服务之间存在差距，这可以由 NFV 解决。它能够在几分钟内而不是几个月内在商品服务器上动态提供虚拟网络服务。

6.4.3 网络虚拟化与网络功能虚拟化

网络虚拟化（Network Virtualization ，NV）的概念很早就已经提出，其具体定义在业界存在多种说法。目前通常认为网络虚拟化是对物理网络及其组件（比如交换机、端口以及路由器)进行抽象,并从中分离网络业务流量的一种方式。采用网络虚拟化可以将多个物理网络抽象为一个虚拟网络,或者将一个物理网络分割为多个逻辑网络。网络虚拟化打破了网络物理设备层和逻辑业务层之间的绑定关系,每个物理设备被虚拟化的网元所取代,管理员能够对虚拟网元进行配置以满足其独特的需求。

网络功能虚拟化(NFV)是由欧洲电信标准组织(ETSI)从网络运营商的角度出发提出的一种软件和硬件分离的架构,主要是希望通过标准化的 IT 虚拟化技术,采用业界标准的大容量服务器、存储和交换机承载各种各样的网络软件功能,实现软件的灵活加载,从而可以在数据中心、网络节点和用户端等不同位置进行灵活的部署和配置。

业界对网络虚拟化及网络功能虚拟化技术的应用场景也在积极研究和探索,并在一些已有明确业务需求的场景(如数据中心网络、移动核心网络、家庭网络等)中尝试引入。数据中心网络虚拟化可通过 Overlay 方式全面屏蔽底层物理网络设施,以软件方式实现底层物理网络的共享和租户隔离,实现针对每个租户的单独网络定义(组网、流量控制、安全管理等),云数据中心资源管理平台通过应用编程接口(Application Programming Interface,API)接入 SDN 控制器,通过可编程方式实现多租户网络的灵活部署(包括跨数据中心部署)。演进分组核心网(EPC)网元虚拟化采用"Applications ＋ Controller ＋ Switch"3 层架构,将网元的流量流向、需要进行哪些流量处理功能等控制功能提取出来由"Applications ＋Controller"两层来实现,"Switch"层实现基于流的转发功能(甚至可能集成深度包检测等流量分析及处理功能),并逐步实现控制面网元的集中化,通过系统架构演进(SAE)网关的信令面与 MME、策略与计费规则功能(PCRF)等设备的融合形成移动核心网虚拟控制云。家庭网络虚拟化是将家庭网络中的家庭网关(HG)、机顶盒(STB)设备中控制面功能及业务处理功能(如防火墙、地址管理、设备管理、故障诊断等)分离出来,虚拟化后迁移到控制器侧或云端,HG 及 STB 设备上仅保留物理接入接口(广域网口、局域网口、USB 接口等)以及数据面二层转发。

◆ 6.5　本章小结 ◆

本章中主要对网络虚拟化和相关拓扑知识进行了详细分析描述,可以发现随着近年来互联网技术的迅猛发展,各种新型数据业务的兴起,迫使当前的网络拓扑架构做出调整,而由于各种复杂因素的考虑,直接改变现有的网络架构存在着非常大的障碍,需要实现一种在不影响现有网络的情况下,模拟新型网络架构实现的一种技术方案,在这种条件下虚拟化的技术应运而生。

本章中对网络虚拟化技术的发展历史进行了详细的阐述,同时对网络虚拟化问题进行了建模,指出了整个虚拟化映射过程可以分为节点映射、链路映射,同时为算法的性能指标以及对常见算法进行了说明,之后提出了一种针对光网络中,考虑负载均衡的虚拟光网络映射算法。之后论述了网络拓扑结构和网络性能的关系,总结了几种常见的拓扑结构模型,同时指出其具有的优缺点,重点分析了网络拓扑中的环结构模型,通过对光网络中的节点和链路的保护和恢复的预配置环策略,即 P 圈保护方法策略的说明,指出了拓扑中环结构的固有属性和该结构的重要性,对此提出了一种判别环结构模型的算法,可以准确搜索出拓扑结构中的环结构,对于分析和利用拓扑结构特性有非常大的帮助。

　　本章的最后,对网络功能虚拟化进行了分析说明,指出当前网络架构存在的问题,同时说明针对当前问题,实现软硬件解耦以及功能抽象的必要性,通过网络功能虚拟化,资源可以充分灵活共享,从而实现新业务的快速开发和部署。通过将功能虚拟化和网络虚拟化共同说明,阐述了在未来网络中虚拟化技术将发挥巨大的作用。

◆◆ 参考文献 ◆◆

[1] 喻玥. 软件定义光网络中资源虚拟化映射算法研究.[D]. 北京:北京邮电大学,2015.

[2] Augustin B,Cuvellier X,Teixeira R. Aoiding traceroute anomalies with Paris traceroute. in Proceedings of the 6th ACM SIGCOMM conference on Internet measurement,2006,pp. 153-158

[3] He J,Rexford J. Toward internet-wide multipath routing. Network,IEEE, Vol. 22, No. 2,2008,pp. 16-21

[4] Seetharaman S. Energy conservation in multi-tenant networks through power virtualization. in Proceedings of the 2010 international conference on Power aware computing and system,2010.

[5] Shamsi J,Brockmeryer M. QoSMap:Qos aware Mapping of Virtual Networks for Resiliency and Efficiency. in Proceedings of IEEE Globecom Workshops 2007.

[6] Hosseini M,Ahmed D T,shirmohammadi S,et al. A survey of application-layer multicast protocols. IEEE Communications Surveys & Tutorials,2007,9(3):58-74.

[7] Niebert N,Bauck S,EI-Khayat I,et al. The way 4WARD to the creation of a future Internet. in Proceedings of IEEE PIMRC,2008:1-5.

[8] Sherwood R,Gibb G, Yap K,et al. Flowvisor:A network virtualization layer,OpenFlow Switch Consortium. Technical Report,2009.

[9] 李文,吴春明,陈健,等. 物理节点可重复映射的虚拟网映射算法. 电子与信息学报. 2011,33(4):909-912.

[10] 潘丹. 光网络虚拟拓扑设计研究. 北京:北京邮电大学,2014.

[11] 卿苏德. 网络虚拟化映射算法研究. 北京:北京邮电大学,2013.

[12] Dorogovtsev S N,Goltsev A. K-core organization of complex networks [J]. Physical review letters,2006,96(4):040601.

[13] Chowdhury N M M K, Rahman M R, Boutaba R. Virtual network embedding with coordinated node and link mapping[C] // INFOCOM 2009, IEEE. IEEE, 2009: 783-791.

[14] Zhang Q,Xie W, She Q. RWA for network virtualization in optical WDM networks [J]. in Proc. OFC, JTh2A. 65, 2013.

[15] Lischka J, Karl H. A virtual network mapping algorithm based on subgraph iso-

morphism detection［J］. in Proc. ACM，2009.

［16］Cordella L P，Foggia P，Sansone C，et al. Improved Algorithm for Matching Large Graphs［J］. 3rd IAPR-TC15 Workshop on Graph-based Representations in Pattern Recognition，pages 149{159，2001.

［17］鲍宁海，刘翔，张治中，等. WDM 节能光网络中的抗毁保护算法研究［J］. 重庆邮电大学学报：自然科学版，2012,24(3)：278-282.

［18］ZHOU Dongyun，SUBRAMANIAM S. Survivability in optical networks［C］∥ IEEE Network，2000：16-23.

［19］李彬，臧云华，邓宇，等. 格状光网络中基于非对称业务的 P 圈配置策略［J］. 北京邮电大学学报，2008,31(1)：1-4.

［20］Schaffrath G，et al. Network virtualization architecture：Proposal and initial prototype. in Proc. 1st ACM Workshop Virtualized Infrastruct. Syst. Archit. ，2009，pp. 63-72.

［21］Chowdhury N M M K，Boutaba R. A survey of network virtualization. Comput. Netw，2010,54(5)：862-876.

［22］Chowdhury N M M K，Boutaba R. Network virtualization：State of the art and research challenges. IEEE Commun. Mag，2009,47(7)：20-26.

［23］Guerzoni R，et al. Network functions virtualisation：An introduction，benefits，enablers，challenges & call for action. in Proc. SDN OpenFlowWorld Congr，2012：1-16.

［24］Joseph D，Stoica I. Modeling middleboxes. IEEE Netw，2008,5：20-25.

［25］Sekar V，Ratnasamy S，Reiter M K，et al. The middlebox manifesto：Enabling innovation in middlebox deployment. in Proc. 10th ACM Workshop Hot Topics Netw，2011，Art. ID 21.

［26］Armbrust M，et al. A view of cloud computing. Commun. ACM，2010,53(4)：50-58.

［27］Yang M，Li Y，Jin D，et al. OpenRAN：A software-defined ran architecture via virtualization. ACM SIGCOMM Comput. Commun. Rev，2013,43(4)：549-550.

［28］Ge X，Yang B，Ye J，et al.. Spatial spectrum and energy efficiency of random cellular networks. IEEE Trans. Commun，2015,63(3)：1019-1030.

［29］程祥. 高效可靠的虚拟网络映射技术研究［D］. 北京：北京邮电大学，2013.

［30］郝爽. 基于 SDN 的光网络虚拟化技术研究［D］. 北京：北京邮电大学，2015.

第 7 章

人工智能与网络规划优化

◆ 7.1 人工智能技术概述 ◆

普通公众对人工智能快速发展的认知,始于 2016 年年初 AlphaGo 的惊世对局。在欣赏围棋对局的同时,人们总是不惜发挥丰富的想象,将 AlphaGo 或类似的人工智能程序与科幻电影中出现过的、拥有人类智慧、可以和人平等交流、甚至外貌与你我相似的人形机器人关联起来。但若想真正理解和认识人工智能,首先我们必须面对一个可能让很多人难以相信的事实:人工智能已经来了,而且它就在我们身边,几乎无处不在。21 世纪将成为智能技术快速发展的时代,在这个快速发展的信息时代,人工智能学科最终分为三种主义,即行为主义、联结主义、符号主义,随着各自的发展,这三种主义逐渐形成统一。人工智能在多学科的交叉发展与研究中,一定会掀起一场智能技术的革命,走向人机协同解决问题的新纪元。

人工智能对我们生活的各个方面都将产生极大的影响,与此同时,光网络规划优化早已成为利用计算机技术来计算实现的高计算需求科学。早在人工智能广为人知之前,光网络规划优化技术中已经使用包括蚁群算法、遗传算法等启发式算法。因此可知人工智能也注定能够应用于多维光网络规划优化,并提高多维光网络规划优化效果。本章将对人工智能技术进行介绍并对其在多维光网络规划优化中的应用进行探索。

7.1.1 人工智能介绍

人工智能属于计算机科学的这个大范围内,它的目的是使计算机能像人类自身一样智能,具备人类拥有的学习、思考等高级能力,这样计算机就能够代替人类完成一些工作。

人工智能的大体结构如图 7-1 所示。

从本质上来分析,研究人工智能主要是为了探索、了解、掌握人类智能的内涵,继而可以使计算机能够模拟人类的智慧,并形成一套完善的系统,这种智能化的机器和人类的智慧相当。人工智能并不能完全代替人类的智慧,但是由于它对人类思维的学习和模拟的相似度,在某些领域和方面,人工智能可以做到的甚至比人类本身还要多。虽说人工智能的发展前景很广阔,但学习它所需涉及的学科太多极具挑战性,比如计算机科学、心理学、数学、统计学、神经心理学等。另外,研究人工智能的范围也分为很多方面,比如机器学习、智能控制、专家系统、图像识别、语音和图像理解等。

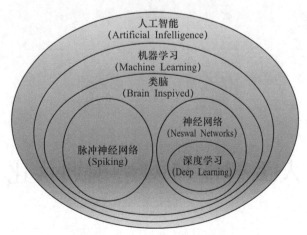

图 7-1　人工智能的大体结构

当前,人工智能发展迅猛,这主要归功于人类对人工智能研究的不断深入,于是与人工智能相关的技术及理论也日益完善,尤其像大数据、云计算这些技术对人工智能的发展起了极大的推动作用。如今,人工智能的应用领域随着它的快速发展也开始不断扩大,由此我们可以大胆设想,在未来,人工智能技术可以囊括人类的所有智慧,它对人类的意识、思维的过程的模拟,使它可以像人一样思考,甚至可以超过人的智能。

前面提过,人工智能的学习极富挑战性,若想掌握好这门技术,需要掌握的知识很多,并且,它又由不同的领域组成,虽说研究人工智能的目的是让机器胜任一些本需人类智慧来解决的复杂工作,但是随着技术的发展,不同的时代、不同的人对"复杂工作"有着不同的理解。

7.1.2　人工智能的发展

历史上,人类梦想发明各种机械工具和动力机器,这些机械工具和动力机器可以协助人们完成一些体力劳动,极大减轻了人类的劳苦。第一次工业革命,瓦特发明的蒸汽机开启了这个时代的新纪元,那是人类第一次使用机器动力来代替劳作。此后,显著减轻体力劳动和实现生产过程自动化才成为可能。

自此以后,人们盼望能制造出智能工具的愿望越来越强烈。20 世纪 40 年代,计算机开始问世,20 世纪 50 年代,人工智能出现了,人们不再执着让机器代替体力劳动,人类的梦想登上了一个新台阶,这开辟了人工智能代替人类从事脑力劳动的新纪元。此后,显著减轻脑力劳动和实现生产过程智能化才成为可能。

在 2016 年 3 月,似乎人人都在谈人工智能。AlphaGo 与李世石的一盘棋将普通人一下子带入科技最前沿。纵观人工智能发展史,人机对弈只是人工智能在公众心目中的地位起起落落的一个缩影。对于人工智能的技术研发者而言,选择人机对弈作为算法的突破口,这一方面是因为棋类游戏代表着一大类典型的、有清晰定义和规则、容易评估效果的智能问题;另一方面也是因为具备一定复杂性的棋类游戏通常都会被公众视为人类智慧的代表,一旦突破了人机对弈算法,也就意味着突破了公众对人工智能这项新技术的接受门槛。

人工智能的发展经历了三个阶段。

第一个阶段为 20 世纪 50～60 年代,电子计算机的诞生促进了人工智能的发展,人工智能在各大学的实验室里崭露头角。以艾伦·图灵（Alan Turing）提出图灵测试为标志，数学证明系统、知识推理系统、专家系统等里程碑式的技术和应用一下子在研究者中掀起了第一拨人工智能热潮。但那个年代，无论是计算机的运算速度还是相关的程序设计与算法理论，都远不足以支撑人工智能的发展需要。例如，计算机科学和人工智能的先驱艾伦·图灵就曾在 1951 年发表过一份写在纸上的象棋程序，可惜当年的计算机难以实现这样复杂的运算。这就像探险家发现新大陆一样，第一次踏足新大陆和真正让新大陆蓬勃发展起来是根本不同的两件事。于是，从 20 世纪 60 年代末开始，无论是专业研究者还是普通公众，大家对人工智能的热情迅速消退。

第二阶段为 20 世纪 70～80 年代，提出了专家系统，基于人工神经网络的算法研究发展迅速，随着半导体技术和计算硬件能力的逐步提高，人工智能逐渐开始突破，分布式网络降低了人工智能的计算成本。

第三阶段自 20 世纪末以来，尤其是 2006 年开始进入了重视数据、自主学习的认知智能时代。深度学习被提出，随着移动互联网发展，人工智能应用场景开始增多，深度学习算法在语音和视觉识别上实现突破，同时人工智能商业化高速发展。传统的基于符号主义学派的技术被研究者抛弃在一边，基于统计模型的技术悄然兴起，并在语音识别、机器翻译等领域取得了不俗的进展，人工神经网络也在模式识别等应用领域开始有所建树，再加上 1997 年深蓝计算机战胜人类棋王卡斯帕罗夫，普通人的积极性一度高涨起来。

随着后移动时代来临，互联网发展红利逐步消失，全球互联网科技巨头均积极布局人工智能战略，谋划云端人工智能服务生态系统。2012—2015 年，在代表计算机智能图像识别最前沿发展水平的 ImageNet 竞赛（ILSVRC）中，参演的人工智能算法在识别准确率上突飞猛进。2014 年，在识别图片中的人、动物、车辆或其他常见对象时，基于深度学习的计算机程序超过了普通人类的肉眼识别准确率。Apple 公司 2017 年 5 月收购了人工智能公司 Lattice Data，使用人工智能推理引擎处理非结构化的数据，将其变为结构化的数据。谷歌 2014 年收购了 Deepmind，致力于开发能够"独立思考"的软件，2016 年 10 月宣布其发展战略从 Mobile First（移动先行）转向 AI First（人工智能先行）。Facebook 组建了顶级研究实验室（FAIR）和应用机器学习（AML）小组，在很多产品上都采用了人工智能技术。2016 年 9 月，Alphabet、IBM、Facebook、亚马逊和微软等公司宣布组成人工智能联盟"Partnership on AI"，2017 年 1 月，苹果公司加入该联盟。

在我国，人工智能的发展轨迹也有迹可循。

1981 年中国人工智能学会在长沙艰难成立，其后长期得不到国内科技界的认同，只能挂靠中国社会科学院哲学研究所，直到 2004 年，才得以"返祖归宗"，挂靠到中国科学技术协会；1985 年以前，人工智能在西方国家得到重视和发展，而在苏联却受到批判；我国人工智能也与"特异功能"一起受到质疑，人工智能学科群专著不能公开出版；1986 年清华大学校务委员会经过三次讨论后，决定同意在清华大学出版社出版人工智能著作，我国首部人工智能、机器人学和智能控制著作分别于 1987 年、1988 年和 1990 年在清华大学出版社、中南工业大学出版社和电子工业出版社问世。

紧接着，面对人工智能的机遇和挑战，中国的一些公司对人工智能技术开始重视了起来。这其中，百度对技术的嗅觉最为灵敏，它布局人工智能的时间相对较早。在 2013 年，百度成立了深度学习研究院，这个举措意义重大，因为它是全球第一家以深度学习命名的研究院；2016 年发布了人工智能平台级解决方案"天智"，实现了全方位融合人类智能、智能大数据、智能多媒体和智能物联网的智能平台。腾讯 2016 年成立了人工智能实验室，专注于自然语言处理、机器学习、语音识别、计算机视觉等人工智能核心领域，布局内容、社交、游戏和平台工具四大场景。阿里巴巴面向人工智能的布局聚焦于 ET 医疗大脑、ET 工业大脑和机器学习平台 PAI 2.0。美团利用大数据分析技术，在不到 100 ms 的时间内计算出最高效的送货路线。国内最大的打车应用滴滴出行也致力于深度学习、人机交互、计算机视觉和智能驾驶技术，公司平均每天处理超过 2 000 万的订单，路由请求超过 200 亿次。科大讯飞专注于语音和语言识别，拥有中国智能语音行业最大的市场份额。海康威视将人工智能技术应用于安防领域，包括智能摄像头等。

7.1.3 人工智能技术的核心

1. 数据的深度挖掘

机器学习是人工智能所包括的其中一项技术，其大多被应用在挖掘深度数据过程中，并能对数据之间的关系起到明晰作用。目前，神经网络的深度学习已经逐渐普及，其所包括的众多优势也被凸显出来，比如反馈和调整多层深度、分布式计算功能等，都能在计算和分析海量数据时发挥出关键性作用，并能以数据训练实现模型分析，加上其拥有的自主学习性，已经被广泛应用于智能关联的数据搜索。

2. 数据的专业化处理

海量、精准、高质量的数据为训练人工智能提供了原材料。大数据的背景下，人工智能飞速发展，对数据处理的需求越发强烈，而数据为人工智能技术的实现和人工智能应用的落地提供了基础的后台保障。那么，如何获取和加工处理数据以获得人工智能基础数据就变成了目前的两大难题。以及如何将非结构化的数据处理成机器可识别的有价值的数据，用来满足数据服务"质""量""速度"的要求是人工智能技术的核心要处理的部分。目前的人工智能实际上就是一种处理数据的方法，一种算法。即人工智能对数据深度学习进行处理，输出新数据。通过数据分析提炼出的知识可以解决咨询、金融、法律方面的问题。数据来源于物联网、传感器等，人工智能分析后，通过汽车、机器人等作用到工业系统和全社会。另外，孤立地考虑人工智能，它的作用是相当有限的。必须跟产生数据的方法、组织数据的方法、应用数据的方法结合起来，才能发挥它的作用。

3. 人机交互

模式识别技术和机器人学是人机交互中最主要的应用技术，机器人需要通过人的行为来进行模拟，以实现提高工作效率的作用，其属于目前国际技术领域中的先进智能化发展技术。人工智能的研究目的主要是对人类感知模式加以明确，并逐渐以计算机代替人类，这也是其研究模式识别的主要方向，以将人类感觉器官通过计算机系统的模拟实现对外界的感知。

7.1.4 人工智能的技术体系

人工智能主要体现在计算智能、感知智能、认知智能三个方面。计算智能，即机器智能化存储及运算的能力；感知智能，即具有如同人类"听、说、看、认"的能力，主要涉及语音合成、语音识别、图像识别、多语种语音处理等技术；认知智能，即具有"理解、思考"能力，广泛应用于教育评测、知识服务、智能客服、机器翻译等领域。人工智能领域技术主要包括机器人、语言识别、图像识别、自然语言处理和专家系统等。数据资源、计算能力、核心算法是推动人工智能发展的三大关键要素，驱使人工智能从计算智能向更高层的感知、认知智能发展，推动通用技术发展及人工智能产品大规模应用。随着人工智能技术的发展，人工智能研究发展迅速。

结合人工智能技术发展及研究，人工智能技术体系可概括为机器学习、自然语言处理、图像识别以及人机交互四大模块，如表 7-1 所示。

表 7-1　人工智能技术体系

名称	描述
机器学习	监督学习（分类任务、回归任务）、无监督学习、迁移学习、强化学习
自然语言处理	数据稀疏与平滑、汉字编码词法分析、句法分析、语义分析、文本生成、语音识别
图像处理	特征抽取和选择、分类器设计、分类决策、神经网络图像识别、非线性降维
人机交互	交互界面设计、增强现实、地理空间跟踪技术、动作识别技术、触觉交互技术、语音识别技术、眼动跟踪技术、人机界面技术

1）机器学习

机器学习是指计算机通过分析和学习大量已有数据，从而拥有预测判断和做出最佳决策的能力。其代表算法有深度学习、人工神经网络、决策树、增强算法等。机器学习是人工智能的关键技术，算法对人工智能的发展起主要推动作用。当前，主流应用的多层网络神经的深度算法提高了从海量数据中自行归纳数据特征的能力以及多层特征提取、描述和还原的能力。深度学习的发展经历了从感知机、神经网络到深度学习的发展阶段。深度学习是相对于简单学习而言，深度学习属于传统的神经网络的拓展，可通过学习一种深层、非线性网络结构，表征输入数据，实现复杂函数逼近，具有强大的从少数样本集中学习数据集本质特征的能力。

2）自然语言处理技术

自然语言处理将人类语言转化为计算机程序可以处理的形式，以及将计算机数据转化为人类自然语言的形式，从而让计算机可以理解人类的语言，其语言形式可以为声音或文字。自然语言处理综合了语言学、计算机科学、数学等学科，主要研究能实现自然语言通信的计算机系统，包括信息检索、信息抽取、词性标注、句法分析、语音识别、语法解析、语种互译等技术。

3）图像处理技术

图像处理技术使计算机拥有人类的视觉功能，可以获得、处理并分析和理解图片或多维度数据，包括图像获得、图像过滤和调整、特征提取等。传统计算机在模拟人脑神经元多层、深度传递解决复杂问题的信息交互处理过程中，由于其传统架构限制计算能力无法有效迅速提升，同时芯片计算能耗大。人工智能领域数据密集，传统的数据处理技术难以完全满足高强度并行数据处理要求。当前，超级计算机的出现和云计算技术的发展为人工智能的发展提供了有力支撑。适应网络神经算法的 NPU、FPGA 等芯片及其如何融入超级计算机芯片矩阵是人工智能重点研究方向之一。

4）人机交互技术

人机交互技术是指计算机系统和用户可以通过人机交互界面进行交流，机器通过输出或显示设备给用户提供大量提示及请求信息等，用户通过输入设备给机器输入有关信息、回答问题，实现互动。人机交互技术主要包括计算机图像学、交互界面设计、增强现实等。人机交互是目前用户界面研究中发展得最快的技术之一。目前，不少产品和技术已经问世，如能够随意折叠的柔性显示屏、3D 显示器、多触点式触摸屏技术、手写汉字识别系统以及基于传感器捕捉用户意图的隐式输入技术等。

◆ 7.2 人工智能的研究 ◆

7.2.1 人工智能的研究学派

目前人工智能研究主要分为三大学派：符号主义学派、连接主义学派和行为主义学派，下面对各学派进行简要的介绍。

（1）符号主义学派

符号主义学派又称为逻辑主义或心理学派。

符号主义学派的主要观点是：AI起源于数理逻辑，人类认知的基元是符号，认知过程是符号表示上的一种运算。

符号主义学派的代表性成果是：纽厄尔和西蒙等人研制的称为逻辑理论机的数学定理证明程序LT。

符号主义学派的代表人物是：纽厄尔、肖、西蒙和尼尔逊（Nilsson）。

（2）连接主义学派

连接主义学派又称为仿生学派或心理学派。

连接主义学派的主要观点是：AI起源于仿生学，特别是人脑模型，人类认知的基元是神经元，认知过程是神经元的连接活动过程。

连接主义学派的代表性成果是：由麦克洛奇和皮兹创立的脑模型，即MP模型。

（3）行为主义学派

行为主义学派又称为进化主义或控制论学派。

行为主义学派的主要观点是：AI起源于控制论，智能取决于感知和行为，取决于对外界复杂环境的适应，而不是推理。

行为主义学派的代表性成果是：Brooks教授研制的机器虫。

行为主义学派的代表人物是：Brooks教授。

从诞生到现在，人工智能的研究学派有很多，但关于它的研究途径主要分为以下两种：

第一种是以符号处理为核心的方法——主张通过运用计算机科学的方法进行研究，实现人工智能在计算机的模拟。

第二种是以网络连接为主的连接机制方法——主张用生物学的方法进行研究，搞清楚人类智能的本质。

7.2.2 以符号处理为核心的方法

以符号处理为核心的方法起源于纽厄尔等人的通用问题求解系统（GPS），用于模拟人类求解问题的心理过程，逐渐形成为物理符号系统。

这种方法认为，人类研究的目标是实现机器智能，因为计算机本身具有的符号处理能力具有演绎推理的内涵，所以可以通过一些程序的运行完成一些具有逻辑思维的智能行为，这样就达到了人们期待的模拟人类智能活动的效果。现如今，这种方法的适用范围最广。

该方法的主要特征如下。

（1）立足于逻辑运算和符号操作，适合于模拟人的逻辑思维过程，主要解决必要的逻辑推理的相关问题；

（2）知识可用显式的符号表示；

（3）便于模块化；

（4）能与传统的符号数据库链接；

（5）可对推理结论做出解释，便于对各种可能性进行选择。

但这种以符号处理为核心的方法不适合于形象思维，并且，符号表示得正确与否很重要，这直接决定了用符号表示概念时是否有效，另外，当面对带噪声的信息或不完整的信息时，这种方法不好处理。

7.2.3　以网络连接为主的连接机制方法

以网络连接为主的连接机制方法是在人脑神经元及其相互连接而成的网络的启示下，想要利用协同工作的多人工神经元来实现模拟人工智能的目标。

这种方法认为，人类的大脑是人类所有智能活动的基础，所以若能够把大脑的结构和它处理各类信息的机理弄明白，进而对机器进行人脑智慧的模拟，以达到人工智能的目标。

该方法的主要特征如下。

（1）动态改变神经元之间的连接强度来模拟人类学习、分类等智能活动；

（2）适合于模拟人类的形象思维过程；

（3）相比而言，这种方法可以较快地求出一个近似结果。

但是对于模拟人类的逻辑思维过程，这种方法并不适用。并且，由于神经网络的研究现状尚未成熟，这种方法还不能满足开发样式丰富的知识的要求。

7.2.4　系统集成

符号方法可以通过模拟人类的逻辑思维来求出问题的最优解，但是由于它求解的运算量的复杂度很高，是呈指数性增长的，这是它的缺点。另外，符号方法不具备对知识和信息进行符号化处理的能力。

连接机制方法的长处在于它善于模拟人类的形象思维过程。它可以并行处理一些问题，虽然速度很快，但是求得的解一般并不准确。另外，这种方法的求解过程并不是显式的，我们并不能看到它的求解过程。

将符号方法和连接机制方法这两种方法结合在一起，去其糟粕，取其精华。这主要分为两个步骤，先运用形象思维设想出一个解，然后再运用逻辑思维来论证那个解，这样最终可以得到一个最优的解。但是这存在一个问题，因为符号方法和连接机制方法有着很多的不同点，所以若想把它们真正地结合起来仍存在很多困难。

就目前的研究而言，这两种方法结合起来有以下两种途径。

（1）结合——不影响符号方法和连接机制方法各自的结构，但是让它们互相帮助，任何一种方法都可以把自己不能解决的问题交给另一种方法来解决。

（2）统一——把符号方法和连接机制方法连接起来放到同一个系统中，这样这个系统兼具形象思维和逻辑思维两个功能。

目前的一些体系结构包括：黑盒/细线结构（Black-box/Thin-wire）、黑盒模块化（Black-box modularity)、并行管理和控制(Parallel monitoring and control)、神经网络的符号化机制 (The symbolic setup of a neural net)、符号信息的神经网络获取机制(Neural net acquisition of symbolicinformation)和两院结构(Bicameral architecture)。

◆ 7.3 人工智能的算法分析 ◆

算法对一个问题建模的方式有很多,我们可以基于经历、环境或者任何称之为输入数据的算法来决定建模的方式。机器学习和人工智能的教科书通常会让读者首先考虑算法能够采用什么方式来学习。实际上,对机器学习算法进行分类是很有必要的,因为这迫使人们思考输入数据的作用以及模型的准备过程,从而选择一个最适用于解决手头问题的算法。

首先我们根据学习方式可以将人工智能的多种算法分为三类:监督学习、无监督学习和半监督学习。监督学习的输入数据被称为训练数据,并且每一个都带有标签,比如"广告/非广告",或者当时的股票价格。通过训练过程建模,模型需要做出预测,如果预测出错会被修正。训练过程会一直持续,直到模型输出准确的结果。无监督学习就是一系列的样本,不仅它的输入数据没有标签,而且它的输出也并没有标准答案。无监督学习主要通过推断输入数据的结构,然后再进行建模。这可能是提取一般规律,可以是通过数学处理系统地减少冗余,或者根据相似性组织数据;半监督学习的输入数据包含带标签和不带标签的样本。半监督学习的情形是,有一个预期中的预测,但模型必须通过学习结构整理数据从而做出预测。常用于解决的问题是分类和回归。

除了根据学习方式对算法进行分类,研究人员常常通过相似的功能来对算法进行分类。那么,从功能角度来看,人工智能的算法又可以分为以下11类。

① 深度学习算法(Deep Learning Algorithms)。
② 模型融合算法(Ensemble Algorithms)。
③ 人工神经网络(Artificial Neural Network Algorithms)。
④ 正则化算法(Regularization Algorithms)。
⑤ 关联规则学习(Association Rule Learning Algorithms)。
⑥ 回归算法(Regression Algorithms)。
⑦ 贝叶斯算法(Bayesian Algorithms)。
⑧ 决策树算法(Decision Tree Algorithms)。
⑨ 降维算法(Dimensional Reduction Algorithms)。
⑩ 基于实例的算法(Instance-based Algorithms)。
⑪ 聚类算法(Clustering Algorithms)。
下面就对这11类算法进行简要分析。

7.3.1 深度学习算法(Deep Learning Algorithms)

近年来,深度学习得到广泛应用,尤其是语音识别、图像识别。深度学习算法是人工神经网络的升级版,它可以充分利用廉价的计算力,深度学习算法会搭建规模更大、结构更复杂的神经网络。很多深度学习方法都涉及半监督学习问题,这种问题的数据一般量极大,而且只有很少部分带有标签。常用的深度学习算法包括：卷积神经网络（CNN）、深度玻尔兹曼机（DBM）、深度信念网络（DBN）和栈式自编码算法（Stacked Auto-Encoder）。

卷积神经网络（CNN）是今年才发展起来的一种高效识别方法，它引起了相关研究人员的广泛重视，也是众多科学领域的研究热点之一。卷积神经网络的长处在于模式分类领域，因为这种网络可以直接输入原始的图像，而普通的网络却要对原始图像进行很复杂的预处理，卷积神经网络就避免了这种麻烦，因此它得到了更为广泛的应用。

7.3.2 模型融合算法（Ensemble Algorithms）

模型融合算法将多个简单的、分别单独训练的弱机器学习算法结合在一起，这些弱机器学习算法的预测以某种方式整合成一个预测。通常这个整合后的预测会比单独的预测要好一些。构建模型融合算法的主要精力一般用于决定将哪些弱机器学习算法以什么样的方式结合在一起。模型融合算法是一类非常强大的算法，因此也很受欢迎。常用的模型融合增强方法包括 Boosting 、Bagging、AdaBoost 、堆叠泛化（混合）、GBM 算法、GBRT 算法和随机森林。

GBM 算的主要思想是基于之前建立的基学习器的损失函数的梯度下降方向来建立下一个新的基学习器，目的就是希望通过集成这些基学习器使模型总体的损失函数不断下降，模型不断改进。

7.3.3 人工神经网络（Artificial Neural Network Algorithms）

人工神经网络是一类受生物神经网络的结构及（或）功能启发而来的模型。它们是一类常用于解决回归和分类等问题的模式匹配。不过，实际上它是一个含有成百上千种算法及各种问题变化的子集，人工神经网络指的是更加经典的感知方法。常用的人工神经网络包括：反向传播算法（BP）、感知机、Hopfield 网络、径向基函数网络（RBFN）。

反向传播算法（BP）是在有导师指导下，适合于多层神经元网络的一种学习算法。它建立在梯度下降法的基础上。BP 网络的输入输出关系实质上是一种映射关系：一个 n 输入 m 输出的 BP 神经网络所完成的功能是从 n 维欧氏空间向 m 维欧氏空间中一有限域的连续映射，这一映射具有高度非线性。它的信息处理能力来源于简单非线性函数的多次复合，因此具有很强的函数复现能力。这是反向传播算法（BP）得以应用的基础。

7.3.4 正则化算法（Regularization Algorithms）

正则化算法背后的思路是，当参数值比较小的时候模型更加简单，它对模型的复杂度会有一个惩罚值，偏好简单的、更容易泛化的模型。正则化算法十分受欢迎、功能强大，而且能够对其他方法进行简单的修饰。常用的正则化算法包括 LASSO 算法、岭回归、Elastic Net 和最小角回归算法（LARS）。

LASSO 算法的基本思想是在回归系数的绝对值之和小于一个常数的约束条件下，使残差平方和最小化，从而能够产生某些严格等于 0 的回归系数，得到可以解释的模型。R 的 Lars 算法的软件包提供了 LASSO 编程，我们根据模型改进的需要，可以给出 LASSO 算法，并利用 AIC 准则和 BIC 准则给统计模型的变量做一个截断，进而达到降维的目的。因此，我们通过研究 LASSO 算法可以将其更好地应用到变量选择中去。

7.3.5　关联规则学习（Association Rule Learning Algorithms）

关联规则学习在数据不同变量之间观察到了一些关联，算法要做的就是找出最能描述这些关系的规则，也就是获取一个事件和其他事件之间依赖或关联的知识。常用的关联规则算法包括 Apriori 算法和 Eclat 算法。

Apriori 算法是一种用于关联规则挖掘（Association rule mining）的代表性算法，它同样位居十大数据挖掘算法之列。Apriori 算法的核心思想是通过候选集生成和情节的向下封闭检测两个阶段来挖掘频繁项集。而且算法已经被广泛地应用到商业、网络安全等各个领域。

7.3.6　回归算法（Regression Algorithms）

回归分析是研究自变量和因变量之间关系的一种预测模型技术，这些技术应用于预测时间序列模型和找到变量之间关系。回归分析也是一种常用的统计学方法，经由统计机器学习融入机器学习领域。"回归"既可以指算法，也可以指问题，因此在指代的时候容易混淆。实际上，回归就是一个过程而已。常用的回归算法包括：普通最小二乘回归（OLSR）、线性回归、逻辑回归、逐步回归、多元自适应回归样条法（MARS）、局部估计平滑散点图（LOESS）。

逻辑回归的过程：面对一个回归或者分类问题，建立代价函数，然后通过优化方法迭代求解出最优的模型参数，然后测试验证这个求解的模型的好坏。虽然该算法的名字里带"回归"，但是实际上它是一种分类方法，主要用于两分类问题（即输出只有两种，分别代表两个类别）。

7.3.7　贝叶斯算法（Bayesian Algorithms）

贝叶斯算法指的是那些明确使用贝叶斯定理解决分类或回归等问题的算法。常用的贝叶斯算法包括朴素贝叶斯算法、高斯朴素贝叶斯算法（NBC）、多项式朴素贝叶斯算法、AODE 算法、贝叶斯信念网络（BBN）和贝叶斯网络（BN）。

朴素贝叶斯算法发源于古典数学理论，有着坚实的数学基础，以及稳定的分类效率。同时，朴素贝叶斯算法模型所需估计的参数很少，对缺失数据不太敏感，算法也比较简单。理论上，朴素贝叶斯算法模型与其他分类方法相比具有最小的误差率。但是实际上并非总是如此，这是因为朴素贝叶斯算法模型假设属性之间相互独立，这个假设在实际应用中往往是不成立的，这给朴素贝叶斯算法的正确分类带来了一定影响。

7.3.8　决策树算法（Decision Tree Algorithms）

决策树算法的目标是根据数据属性的实际值，创建一个预测样本目标值的模型。训练时，树状的结构会不断分叉，直到做出最终的决策。也就是说，预测阶段模型会选择路径进行决策。决策树常被用于分类和回归。决策树一般速度快，结果准，因此也属于最受欢迎的机器学习算法之一。常用的决策树算法包括：分类和回归树（CART）、ID3 算法、C4.5 算法和 C5.0 算法（它们是一种算法的两种不同版本）、CHAID 算法、单层决策树、M5 算法、条件决策树。

C4.5 算法是一系列用在机器学习和数据挖掘的分类问题中的算法。它的目标是监督学习：给定一个数据集，其中的每一个元组都能用一组属性值来描述，每一个元组属于一个互斥的类别中的某一类。C4.5 的目标是通过学习，找到一个从属性值到类别的映射关系，并且这个映射能用于对新的类别未知的实体进行分类。C4.5 由 J. Ross Quinlan 在 ID3 的基础上提出的。ID3 算法用来构造决策树。决策树是一种类似流程图的树结构,其中每个内部节点(非树叶节点)表示在一个属性上的测试,每个分枝代表一个测试输出,而每个树叶节点存放一个类标号。一旦建立好了决策树,对于一个未给定类标号的元组,跟踪一条有根节点到叶节点的路径,该叶节点就存放着该元组的预测。决策树的优势在于不需要任何领域知识或参数设置,适合于探测性的知识发现。从 ID3 算法中衍生出了 C4.5 和 CART 两种算法,这两种算法在数据挖掘中都非常重要。

7.3.9　降维算法(Dimensional Reduction Algorithms)

降维算法和聚类算法类似,也是试图发现数据的固有结构。但是,降维算法采用的是无监督学习的方式,用更少(更低维)的信息进行总结和描述。降维算法可以监督学习的方式,被用于多维数据的可视化或对数据进行简化处理。很多降维算法经过修改后,也被用于分类和回归的问题。常用的降维算法包括:主成分分析法(PCA)、主成分回归(PCR)、偏最小二乘回归(PLSR)、萨蒙映射、多维尺度分析法(MDS)、投影寻踪法(PP)、线性判别分析法(LDA)、混合判别分析(MDA)、二次判别分析(QDA)、灵活判别分析(Flexible Discriminant Analysis,FDA)。

主成分分析(PCA)是一种统计方法。通过正交变换将一组可能存在相关性的变量转换为一组线性不相关的变量,转换后的这组变量称为主成分。在实际课题中,为了全面分析问题,往往提出很多与此有关的变量(或因素),因为每个变量都在不同程度上反映这个课题的某些信息。主成分分析首先是由 K. 皮尔森(Karl Pearson)对非随机变量引入的,而后 H. 霍特林将此方法推广到随机向量的情形。信息的大小通常用离差平方和或方差来衡量。

7.3.10　基于实例的算法(Instance-based Algorithms)

基于实例的学习通过训练数据的样本或事例建模,这些样本或事例也被视为建模所必需的。这类模型通常会建一个样本数据库,比较新的数据和数据库里的数据,通过这种方式找到最佳匹配并做出预测。换句话说,这类算法在做预测时,一般会使用相似度准则,比对待预测的样本和原始样本之间的相似度,再做出预测。因此,基于实例的方法也被称为赢家通吃的方法(winner-take-all)和基于记忆的学习(memory-based learning)。常用的基于实例的学习算法包括:K-邻近算法(KNN)、自组织映射算法(SOM)、学习矢量量化算法(LVQ)、局部加权学习算法(LWL)。

K-邻近算法(KNN)的核心思想是如果一个样本在特征空间中的 K 个最相邻的样本中的大多数属于某一个类别,则该样本也属于这个类别,并具有这个类别上样本的特性。该方法在确定分类决策上只依据最邻近的一个或者几个样本的类别来决定待分样本所属的类别。K-邻近算法(KNN)方法在类别决策时,只与极少量的相邻样本有关。由于 K-邻近算法(KNN)主要靠周围有限的邻近的样本,而不是靠判别类域的方法来确定所属类别的,因此对于类域的交叉或重叠较多的待分样本集来说,K-邻近算法(KNN)较其他方法更为适合。

自组织映射算法(SOM)是一种无导师学习方法,具有良好的自组织、可视化等特性,已经得到了广泛的应用和研究。自组织映射算法(SOM)作为一种聚类和高维可视化的无监督学习算法,是通过模拟人脑对信号处理的特点而发展起来的一种人工神经网络。该模型由芬兰赫尔辛基大学教授 Teuvo Kohonen 于 1981 年提出后,现在已成为应用最广泛的自组织神经网络方法,其中的 WTA(Winner Takes All)竞争机制反映了自组织学习最根本的特征。自组织映射算法(SOM)是一种非监督(unsupervised)的聚类方法,自20年前该算法提出至今很多研究者围绕该算法在模式识别信号处理,数据挖掘等理论和应用领域做了大量工作,并且取得了大量研究成果。这些成果的取得很大程度上归功于自组织映射算法(SOM)本身的简明性和实用性。

7.3.11 聚类算法(Clustering Algorithms)

聚类跟回归一样,既可以用来形容一类问题,也可以指代一组方法。聚类方法通常涉及质心(centroid-based)或层次(hierarchal)等建模方式,所有的方法都与数据固有的结构有关,目标是将数据按照它们之间共性最大的组织方式分成几组。换句话说,算法将输入样本聚成围绕一些中心的数据团,通过这样的方式发现数据分布结构中的规律。常用的聚类算法包括:K-均值、K-中位数、EM 算法、分层聚类算法。

K-均值算法是硬聚类算法,是典型的基于原型的目标函数聚类方法的代表,它是数据点到原型的某种距离作为优化的目标函数,利用函数求极值的方法得到迭代运算的调整规则。K-均值算法以欧式距离作为相似度测度,它是求对应某一初始聚类中心向量 V 最优分类,使得评价指标 J 最小。算法采用误差平方和准则函数作为聚类准则函数。K-均值算法是很典型的基于距离的聚类算法,采用距离作为相似性的评价指标,即认为两个对象的距离越近,其相似度就越大。该算法认为簇是由距离靠近的对象组成的,因此把得到紧凑且独立的簇作为最终目标。K 个初始类聚类中心点的选取对聚类结果具有较大的影响,因为在该算法第一步中是随机的选取任意 K 个对象作为初始聚类的中心,初始地代表一个族。该算法在每次迭代中对数据集中剩余的每个对象,根据其与各个族中心的距离将每个对象重新赋给最近的族。当考查完所有数据对象后,一次迭代运算完成,新的聚类中心被计算出来。如果在一次迭代前后,J 的值没有发生变化,说明算法已经收敛。

◆ 7.4 人工智能的典型应用 ◆

现如今,人类生活中已处处是人工智能的身影。我们日常使用的手机上,几乎每个流行的应用程序里面都有人工智能大显神通的地方。人工智能应用的范围很广,包括:计算机科学、金融贸易、医药、诊断、重工业、运输、远程通信在线和电话服务、法律、科学发现、玩具和游戏、音乐等诸多方面。

随着社会的发展,人们对计算机技术、网络技术等提出了越来越高的要求,单纯的数据运算与存储工作已经无法满足人们的生产、生活需要,计算机技术需要向着人性化与智能化的发展,不断提高自身的运行与管理效率,提高信息的安全性与可靠性。而人工智能属于新兴技术,近年来相关研究不断增多,其应用领域也越加广泛,在未来其发展前景广阔。对其在计算机网络中的应用情况展开探讨有着重要的现实意义。

人工智能是继蒸汽机、电力、互联网之后最有可能带来新的产业革命浪潮的技术。人工智能从其应用范围上可分为专用人工智能和通用人工智能,当前各行业人工智能技术的应用场景逐渐增多。数据资源是机器学习训练的基本素材,通过对数据的深度学习,不断优化决策参数,逐渐变得像人类一样智能。当前,大数据技术发展迅猛,这使得线上产生的数据呈爆炸增长,机器学习训练素材丰富度大幅提升。除互联网行业外,医疗、金融、教育、家居以及汽车、零售等行业数据基础较为完善,数据资源更为丰富,其行业应用更加广泛,应用相对成熟。

7.4.1　人工智能在计算机网络综合管理中的应用

动态性、瞬变性、实时性以及高速性等都是人工智能技术呈现出的明显特征,为了保证计算机网络系统可以更为高效、安全、稳定地运行,应当对相关技术的多样性以及灵活性予以提升,保证人工智能技术的优势可以全面发挥出来。在计算机系统的运行中,不确定性以及不可知问题较多,传统管理技术难以及时对这些问题做出有效处理,而人工智能技术却能够通过对人类活动的模拟有效处理好不确定性问题与不可知问题。人工智能技术中的模糊逻辑算法等不需要进行详细的描述,此时将这些算法引入到计算机网络管理中,管理系统将具备较强的模糊信息处理能力,继而使系统的管理效率与控制质量都得到极大程度的提升。

人工智能技术还具备较强的协作能力,在经济与技术发展的带动下,网络规模及结构呈现出了明显的扩张趋势,这对网络管理提出了更新、更高的要求,这要求管理显现出层次性,如可分为上、中、下管理层,这三种管理层由上至下一一予以监测。在这个过程中,协作就显得尤为必要且重要,人工智能采取协作分布思维,可以实现对不同层次之间的协调与管理。在日常运行的过程中,人工智能系统可以学习、解释低层信息,并推理高层信息与概念,继而做出有效地管理与控制。人工智能在非线性问题处理方面显现出了较大的优势,且不会占据较多的资源,其运算效率极高,仅凭一次性搜索就可以找到最佳的解决方法,计算机处理优势明显。

目前计算机网络一直在不停地发展,每时每刻都有大量的信息和动态产生,这给网络管理系统带来了巨大的压力,而应用人工智能技术能够有效地缓解这个问题。

1. 应用专家系统

在专家系统中,专家知识库发挥着不可替代的重要作用,它会直接影响到系统的运行情况。当前专家知识库中的内容有两部分,一是通过间接或者直接方式获得的专门知识,这些专门知识多为经验积累;二是基础性的原理理论。专家知识库技术能够对当前获得的网络系统管理以及评价方面的经验内容予以编码处理,并建立起相应的数据库。这样在进行网络管理决策时,系统就可以得到专家经验的有效支持,继而高质量的完成问题评价、同种管理、相似管理等工作。当前,专家知识库技术的应用较为广泛。

因为专家系统是通过归集、分析以及总结各个方面专家的经验与知识。然后再将资源录入系统结合逻辑处理的基础上,构建一种能够快速处理多个领域中复杂问题的诊断评估系统。这是一种极具智能化特征的计算机程序,通过系统和数据储存能够高效地处理计算机网路管理中的大量工作,能够有效地提升网络管理能力。

2. 应用人工神经网络技术

人工神经网络在模式识别、智能机器人、自动控制、预测估计、生物、医学、经济等领域已成功地解决了许多现代计算机难以解决的实际问题,表现出了良好的智能特性,它主要通过计算机网络模拟人脑处事方式相较于其他系统,在容错性和接受性等方面具有一定优越性。

3. 应用问题求解技术

人工智能问题求解技术基于肯定条件下用以解决某些问题,其主要包括求解、搜索和推理等。其评价标准包括最优解和搜索空间这两个方面。在获取最优解时需要利用公式进行评估。该种方法可有效缩减资源浪费,提升网络运行效率。

该技术是一种重要的算法,其构成包括在状态图前提下实现的搜索技术、在结构化知识表示前提下形成的求解技术、在谓词逻辑前提下形成的推理技术。人工智能问题技术可以在有限的步骤内将问题解决,其搜索技术既可以实现对博弈的搜索,也可以实现对问题空间以及转台空间的搜索,对于同一个问题,系统通常可以采取多种技术展开搜索,此时为了使搜索效率达到最大化,就需要选择最为优质、最为适宜的搜索技术。与传统的计算方法相比,人工智能问题求解技术能够提高资源的有效利用率以及管理效率,避免浪费大量的网络资源,该技术具有重要的推广意义。

将上述人工智能技术进行有机融合,应用在计算机网络管理中,构建智能化的管理系统,从而更加全面地保障网络管理系统的工作。

7.4.2 人工智能在计算机网络安全中的应用

随着计算机网络的快速普及,计算机网络连接了越来越多的人,但是与此同时,网络安全漏洞也难以避免,这些网络漏洞不仅会威胁用户的财产安全,还会泄露用户的个人隐私。计算机网络安全已经成为人们密切关注的重点。为了更好地提升计算机网络安全,应用人工智能技术是大势所趋。

1. 数据挖掘技术

数据挖掘技术,其原理在于,利用审计程序全面、准确地描述和提取主机会话与网络连接具备的特征,然后系统会积极进行记忆与学习,其学习的内容包括两部分,第一部分是计算机网络在正常情况下的活动规则,第二部分是在入侵状态下系统的活动规则。这样当计算机出现异常问题时,数据挖掘技术就可以准确辨识出有害入侵行为。这一技术的突出特征在于学习功能与记忆功能强,在安全管理中应用该技术可以有效提升检测的针对性与有效性。

2. 智能防火墙

对于防火墙,可能大家还是停留在计算机防火墙的层面上,但是实际上,当前智能防火墙已经得以问世,而且现在已经成为网络安全管理中的一把利剑,发挥着重要的作用。

与其他的防御系统相比,智能防火墙系统的智能化水平、处理效果、拦截准确性等都明显更强,在智能识别技术的帮助下,系统可以有效地对数据信息进行识别、分析,并做出对应的处理,如记忆、统计、概率以及决策等,这些处理可以降低智能防火墙系统的计算量,不仅如此,它还相当于一个屏蔽器,将一些有害的或无效的信息拦截在系统的外面,使其访问受到限制,这样可以大大提高数据信息的安全性,避免了多余的信息。更为重要的是,智能防火墙还能够对黑客攻击、病毒攻击进行阻挡,避免恶意传播等问题的发生,防火墙可以对系统内部的局域网展开高质量的监控与管理,使系统可以在健康、稳定的状态下运行。智能防火墙系统在安检效率方面也显现出了明显的优势,可以有效解决拒绝服务攻击等问题,使高级应用无法入侵到系统中,而系统具有较高的安全性。

智能防火墙具有识别和处理数据信息的作用,能够对传入信息数据进行分析,并且判断其有害与否,对于有害信息能够加以拦截,限制访问,真正发挥了墙一样的作用。在实际操作中,智能防火墙的实用性也得到认可,其具有很强的现实可用性。

3. 规则产生式专家系统

这一人工智能广泛应用在入侵检测领域,其建立的基础为经验性知识构建的推理机制与数据库。在英语的环境中,管理人员需对入侵特征进行编码处理,使之形成具有固定性的规则,并纳入相应的数据库中,安全管理中的专家系统能够将这些规则以及审计记录当作判断入侵检测的重要依据,并及时发现入侵行为,对入侵行为的危害与种类进行判定。规则产生使得专家系统的入侵检测准确性与效率均较高,但是其检测范围有限,只能对已知的入侵特征进行处理。

入侵检测实际上属于防火墙的一部分,同时它也是网络安全管理的核心所在,有着至关重要的角色。它能够通过多种方式对信息数据进行分析、处理、整理、筛选,并且能够自动传输给用户,帮助用户在最快的时间里了解网络环境,了解信息安全性。入侵检测是一项较为高效的人工智能技术。

4. 反垃圾邮件技术

信息时代生活的我们总是受垃圾邮件的烦扰,而且还存在着隐形的个人信息安全问题。智能反垃圾邮件技术则能够有效检测垃圾邮件,并且对这些垃圾邮件进行自发处理,筛选出有用邮件,提醒用户有害邮件,从而保证信息安全,保护网络邮箱安全。

这一技术在日常生活、生产实践中的应用极为广泛,在该人工智能技术的帮助下,垃圾邮件能够被有效地被屏蔽,用户的信息安全不会受到垃圾邮件的任何影响。智能反垃圾邮件系统能够对用户邮箱展开必要的监测,并对其中的垃圾邮件进行扫描,做好分类处理工作,如果邮箱中收到新邮件,系统会对用户进行提醒,让用户能够对邮件做出必要的处理,最终使邮箱的安全性得到明显增强。

5. 人工免疫技术

人工免疫技术的建立基础为人体免疫系统,其涉及的学科知识包括克隆选择、否定选择以及基因库,它可以有效识别未知病毒,并提升传统检测系统的杀毒能力。以基因库为例,人工免疫技术能够重组基因片段,并使其发生突变,在此基础上,入侵检测系统可以有效识别出未知病毒,并做出相应的处理,但是从实际的应用情况来看,建立基因库等工作面临较多阻碍;从否定选择方面来看,系统中会产生字符串,这种字符串是随机的,通过否定选择算法系统会删除与其相匹配的字符串,监测器是否合格主要看它能否做出正确的否定选择。否定选择技术的应用优势明显、意义重大,但是仍需要进行进一步的研究与完善。

6. 人工神经网络

人工神经网络,它是在模拟人脑学习技能的基础上建立起来的,相较于其他网络,人工智能网络的优势在于学习能力、容错性较强。人工神经网络能够辨识出存在噪声以及畸变问题的输入模式,在并行模式的辅助下,其入侵检测效率以及准确性不断提升,近年来应用范围越加广泛。

7.4.3　人工智能在金融领域中的应用

2016 年 9 月 5 日,嘉信理财集团(Charles Schwab Corporation)的首席投资战略师 Liz Ann Sonders 在她的个人推特页面贴出了两张对比鲜明的照片。那是瑞士银行设在美国康涅狄格州的交易场,整个交易场的面积比一个足球场还大,净空高度超过 12 米,交易场内曾经布满了一排排的桌椅和超过一万名的资产交易员,是世界上最大的金融资产交易场所。可是,2016 年人们在这里看到的却是一片萧条景象,原本繁忙的交易场内,桌椅稀稀拉拉,几近门可罗雀。

雇用大量交易员在集中场所进行资产交易的方式,正在从我们这个地球上消失。人类交易员大量被机器算法所取代,这只是人工智能正在智慧金融建设中发挥重要作用的冰山一角。事实上,包括银行、保险、证券等在内的整个金融行业,都已经并正在发生着用人工智能改进现有流程,提高业务效率,大幅增加收入或降低成本的巨大变革。

据高盛集团 2016 年 12 月发布的报告指出,在金融行业,"保守估计,到 2025 年时,机器学习和人工智能可以通过节省成本和带来新的赢利机会创造每年 340 亿～430 亿美元的价值,这一数字因为相关技术对数据利用和执行效率的提升,还具有更大的提升空间"。

放眼各垂直领域,金融行业可以说是全球大数据积累最好的行业。银行、保险、证券等业务本来就是基于大规模数据开展的这些行业很早就开始了自动化系统的建设,并极度重视数据本身的规范化、数据采集的自动化、数据存储的集中化、数据共享的平台化。以银行为例,国内大中型银行早在 20 世纪 90 年代,就开始规划、设计、建造和部署银行内部的大数据处理流程。经过 20 多年的建设,几乎所有主要银行都可以毫不费力地为即将到来的智能应用提供坚实的数据基础。

现在,银行可以用人工智能系统组织运作,金融投资和管理财产。2001 年 8 月在模拟金融贸易竞赛中机器人战胜了人。金融机构已长久用人工神经网络系统去发觉变化或规范外的要求,银行使用协助顾客服务系统;帮助核对账目,发行信用卡和恢复密码等。

2017 年 7 月,《国务院关于印发新一代人工智能发展规划的通知》发布;同月,中国人工智能大会(CCAI)在杭州召开。这说明无论是政府还是企业,都十分重视人工智能的发展,相关研究和应用探索也如火如荼地开展。金融行业作为最容易受新技术影响的行业,也加大了人工智能的研究力度,金融机构、金融科技公司等纷纷开展人工智能应用探索,并尝试将人工智能应用在风险控制、征信、智能投顾、信息分析等方面。目前,人工智能在金融领域中的应用被越来越多的人认可,不仅因为它能进行数据分析,还因为其能满足金融服务对便利性和快捷性的要求,对金融业产生了积极的影响。

人工智能在金融领域应用主要有智能投顾、投资决策、智能客服、精准营销、风险控制、反欺诈、智能理赔等。应用最多的是投资咨询业务,业内称之为"智能投顾"。全球知名的智能投顾平台有 Wealthfront、Betterment、Personal Capital 等。Robo-Advisor,是近年来风靡华尔街的创新性金融科技。2009 年,智能投资顾问在美国兴起,到 2015 年年底一批新兴金融科技企业开始拓展中国智能投资顾问市场。智能投资顾问充分利用大数据和云计算,通过大数据获取客户个性化的风险偏好及其变化规律,根据客户的风险偏好,结合算法模型定制个性化的投资方案,同时利用互联网对客户个性化的资产配置方案进行实时跟踪调整。

1. 智能客服

智能客服是人工智能在金融领域中的一个非常"形象"的应用,主要分为线上和线下两个方面。线下部分指银行大堂里的智能机器人。2015 年,一款名为"娇娇"的智能客服器人出现在交通银行的实体网点。"娇娇"其实就是人工智能技术的产物,运用了语音识别、图像识别、语音合成、自然语言理解等技术,它的出现在很大程度上将大堂经理从繁杂的工作中解脱了出来,也节省了业务办理时间,使业务更加方便快捷,同时也为客户提供了更友好的服务。

线上部分是指在线智能客服。在线智能客服基于语音识别、自然语言处理等技术,实现远程客户业务咨询和办理,使客户能够及时获得答复,降低人工服务压力和运营成本,实现形式包括网页在线客服、微信、电话和 APP 等。这种智能客服可以为人工客服提供辅助功能,快速解答客户咨询的问题,同时利用语音和语义识别技术,对客户信息进行分析,为客户服务和精准营销提供决策支持。目前,已有多家银行的网上客服可以由智能机器人完成。在"双十一"期间,蚂蚁金服超过 90% 的客户服务是由智能客服完成的。

2. 生物识别

生物识别是指通过计算机、生物传感器等技术手段,利用人体固有的生理特性(如指纹、指静脉、人脸、虹膜等)和行为特征(如笔迹、声音、步态等)进行个人身份的鉴定,生物识别技术与传统的身份鉴定手段相比,在安全性、保密性和方便性具有明显优势。由于金融业务的保密性和安全性要求,生物识别技术在金融领域应用广泛,总的来说主要应用于支付验证和安全监控等方面。

生物识别技术可以有效提高支付验证和安全监控的安全性,目前在金融领域常用的生物识别技术主要有人脸识别、指纹识别和虹膜识别三类,其中人脸识别是将验证者的脸部图像按特征提取,并将其与数据库中的脸部图像进行对比,从而达到验证的效果。2015 年 5 月,江苏银行率先在其直销银行系统中应用人脸识别技术进行客户身份验证。另外,还可以通过ATM、网点等的摄像头,利用人脸识别技术对客户进行分类和识别,提前发现优质客户,进行精准营销。指纹识别是通过提取验证者的指纹,将其与数据库中的指纹进行对比,目前大部分商业银行的手机银行、支付宝等都支持指纹验证支付。虹膜识别是基于人眼中的虹膜图像进行识别,它的复杂度高、安全性强,目前在金融领域中主要应用于安全控制和身份验证,特别是在银行内部的核心区域,如金库、数据中心等,采用虹膜识别技术可以有效提高安全性。

3. 智能投资顾问

智能投资顾问的应用目前主要分为两类,一是针对普通客户,智能投资顾问系统可以对客户的年龄、消费轨迹、经济基础、风险偏好等指标进行采集,运用机器学习等技术构建数学模型,为客户提供个性化的金融服务,比传统的个人投资顾问更客观和可靠。随着数据的不断积累及算法模型不断优化,智能投资顾问会越来越智能化。智能投资顾问通过实时采集各种经济、财经数据,不断进行机器学习,针对不同客户定制个性化的投资顾问方案,使普通人也可以享受到财富管理服务。2016 年,招商银行上线了一款名为"摩羯智投"的智能投顾产品,为客户提供个性化和最优化的基金产品组合配置。

智能投资顾问应用的另一类主要是针对投资机构,经过机器学习、神经网络技术,使计算机能够学习金融数据,并且通过分析处理发现模式,构建和完善交易模型。同时,可以利用大数据技术整合不同来源的数据,综合分析企业上下游各个环节和相关合作、竞争公司的情况,主动发现风险,及时调整投资策略。

人工智能使金融服务变得更主动、更智能。金融业归根到底是属于服务业,是为客户提供有偿服务的,所以维持良好的客户关系十分重要。在互联网普及应用之前,金融机构主要是通过投入人力、物力在物理场所与客户进行交流,发现并满足客户的需求,提高客户的黏性。但随着互联网技术的广泛应用,特别是网上银行、手机 APP 的普及,客户需要主动学习各种金融系统,并找到自己需要的金融服务,这对维持客户关系提出了考验。而通过人工智能技术可以有效解决这个问题,它可以智能地和客户进行交流,发现客户的金融需求,从而能提供更有针对性和个性化的金融服务,大大提高客户的友好度。人工智能可以应用于金融业务的各个环节,在前期可以用于智能客服,在中期可以为金融交易、分析和客户授信提供决策支持,在后台可以进行有效的风险防控,对金融业产生深刻影响。未来,人工智能将会使投资、保险、信贷等金融服务业务更主动、更个性化,也更智能。

而且人工智能在金融领域的应用大幅提高了金融数据的处理能力。在进行日常金融交易中产生了大量的数据,数据量大,存储形式多样(很大一部分是非结构化的,如客户的影像资料、业务凭证扫描件等),而人工智能技术可以对这些数据进行有效利用,通过深度学习技术,将非结构化的数据(如图片、视频等)转换为结构化的数据,既节省了存储资源,又可以进行有效地分析和利用,提高金融大数据的质量。如在证券行业,通过人工智能对证券大数据进行分析和挖掘,构建知识库和模型,能够进行自主学习、分析和决策,可以节省投资分析等人力工作。

除此之外,它有效提升了金融风险防控能力。由于行业属性,金融业一直以来就面临着各种风险和攻击,如在授信时,需要全面分析客户的各方面信息,传统的人工风险控制方式已不能应对瞬息变化的外部环境,但人工智能可以全面收集客户信息,既节约了人工成本,又提高了效率和准确度。同时还能进行自主学习和调整,对知识体系不断丰富和完善,优化风险防控模型,有效提升金融风险防控能力,从而保障了金融体系的安全性。

7.4.4 人工智能在智慧医疗领域的应用

人工智能对人类最有意义的帮助之一就是促进医疗科技的发展,让机器、算法和大数据为人类自身的健康服务,让智慧医疗成为未来地球人抵御疾病、延长寿命的核心科技。

很多年前,还处于萌芽期的人工智能技术就对药物的研发过程起过积极作用。世界上第一个专家系统程序 Dendral 是一个由斯坦福大学的研究者用 Lisp 语言写成的,帮助有机化学家根据物质光谱推断未知有机分子结构的程序。这个程序衍生出了许多判断有机物分子结构的变种。相关算法在 20 世纪 60 年代到 70 年代就开始被用于药物的化学成分分析和新药研制。

今天,在制药领域,以深度学习为代表的人工智能技术可以发挥比六七十年代时大得多的作用。一家总部位于伦敦的名叫 BenevolentAI 的创业公司,就在做一个有趣的尝试:他们让人工智能系统阅读存储在专利数据库、医疗数据库、化学数据库中的专利、数据、技术资料,以及发表在医药学期刊上的论文,通过机器学习来寻找潜在的可用于制造新药的分子式或配方。为了更好地将人工智能与医药相结合,这家初始公司甚至还设置了一个"首席医药官"(Chief Medical Officer,CMO)的职位。

人工智能在医学领域的应用主要体现在辅助诊断、康复智能设备、病历和医学影像理解、手术机器人等方面。一是通过机器视觉技术识别医疗图像,帮助医务人员缩短读片时间,这大大提高了医务人员的工作效率,并且大大降低了误诊率;二是基于自然语言处理,自然语言处理可以帮助医务人员"读懂"患者对自身症状的描述,相对于医务人员自己去理解,这种方法更为精准,通过"读懂"病人的症状,继而根据数据库里的疾病数据内容进行对别和深度学习,从而辅助疾病诊断。部分公司已经开始尝试基于海量数据和机器学习为病患量身定制诊疗方案。据有关资料,哈佛医学院研发的人工智能系统对乳腺癌病例图片中癌细胞的识别准确率已达到 92%,结合人工病理学分析,其诊断准确率可达 99.5%。此外,可利用机器学习算法建立多种疾病辅助诊断模型,通过分析患者数据识别病症,计算出诊断意见。目前,结合医学专家的分析,人工智能在肿瘤、心血管、五官以及神经内科等领域的辅助诊断模型已接近医生的水平。

1. 医疗机器人

医疗机器人当前主要应用的有两种,一种是,能够读取人体神经信号的可穿戴型机器人,也称为"智能外骨骼";另外一种是,能够承担手术或医疗保健功能的机器人,以 IBM 公司开发的达·芬奇手术系统为典型代表。机器人在医疗领域的应用正越来越深入,且不断创新。如榜单中所列,博为医疗机器人专注于高端医疗机器人及医疗自动化技术服务,主要产品包括静脉药物配药机器人和医疗服务机器人,并在精准诊疗设备、医院智能化建设等方面进行前瞻性布局。天智航医疗科技智能医疗机器人科技公司,以计算机辅助手术导航和医疗机器人为核心,为各级医疗机构提供临床数据共享与远程医疗服务,旗下有"骨科导航机器人"等。

2. 药物研究

将人工智能中的深度学习技术应用于药物研究,通过大数据分析等技术手段快速、准确地挖掘和筛选出合适的化合物或生物,达到缩短新药研发周期、降低新药研发成本、提高新药研发成功率的目的。

人工智能通过计算机模拟,可以对药物活性、安全性和副作用进行预测。借助深度学习,人工智能已在心血管药、抗肿瘤药和常见传染病治疗药等多领域取得新突破。在抗击埃博拉病毒中,智能药物研发也发挥了重要的作用。

3. 智能诊疗

智能诊疗,即将人工智能技术用于辅助诊疗中,让计算机"学习"专家医生的医疗知识,模拟医生的思维和诊断推理,从而给出可靠诊断和治疗方案。辅助诊断的底层核心是知识图谱,通过把病症描述置于知识图谱中,机器智能通过知识关联的映射进行病情的推理和确诊。由于知识图谱构建的工程量和难度,辅助诊断现在发展较为缓慢。

智能诊疗场景是人工智能在医疗领最重要、也最核心的应用场景。医务工作者将从大量的诊疗业务中被解放出来,将走向复杂度更高、服务更细致的岗位,诸如,不规则疑难病症的诊断和高端上门服务;而一批规则度高、判别难度不大的诊断都将由相应机器实施,这无疑是缓解"看病难"的一剂良方。如,思派网络是专注于肿瘤领域的专业数据平台,并以此为基础进行智能诊疗系统的研发及提供提高肿瘤诊断治疗水平和医生临床工作效率的综合解决方案。如医生基于移动互联网支持智能诊断、自动病历分析、医疗复诊等。

4. 智能影像识别

智能影像识别,即将人工智能技术应用在医学影像的诊断上。一是图像识别,应用于感知环节,其主要目的是将影像进行分析,获取一些有意义的信息;二是深度学习,应用于学习和分析环节,通过大量的影像数据和诊断数据,不断对神经元网络进行深度学习训练,促使其掌握诊断能力。

医学影像领域发展较早,已涌现出以汇医慧影、医众影像、医渡云等为代表的影像云服务公司,同时还出现了 Deep Care、推想科技、图玛深维、雅森科技等提供智能影像分析与诊断服务的公司。医学影像发展相对其他领域较为超前,但存在大批量数据标注困难和标注质量控制的问题。其中,Deep Care 公司专注于研发影像识别技术,通过对医疗影像进行检测、识别、筛查和分析,寻找新录入病例与已确诊病症的匹配性,为医生诊疗提供辅助支持;雅森科技则利用数学模型和人工智能技术定量分析医疗影像,提高了诊断的精确性。

5. 智能健康管理

智能健康管理,即将人工智能技术应用到健康管理的具体场景中。目前主要集中在风险识别、虚拟护士、精神健康、在线问诊、健康干预以及基于精准医学的健康管理。

在消费需求升级的大环境下,人们利用最新的智能技术管理健康已成为一种趋势,而人工智能技术将促使智能健康管理更加专业化、精细化地分工。如,碳云智能科技围绕消费者的生命大数据、互联网和人工智能创建数字生命的生态系统。由顶尖的生物科技和人工智能团队共同打造个人的健康管家,通过数字生命的生态系统引领健康生活。e护士是移动健康监测服务云平台,可实现从移动智能医疗终端(智能血压计/血糖仪/体脂称/计步器)、移动手机 APP 应用到 e 护士健康监测网站的全程、闭环的移动健康管理。博士妈咪专注于婴幼儿的健康管理平台及智能硬件,致力于记录宝宝的成长,科学育儿智能辅助,以及宝宝信息全家共享。谛达诺科技致力于采用健康机器人等智能硬件和网络以及数据智能分析管理系统,打造儿童健康管理平台,为学校、家庭和社会关注儿童健康成长提供科学的管理方式和内容平台。

未来,人工智能技术让医疗产业链得以进一步优化,走向更高效率与更高层次。人工智能+对医疗领域的改造是颠覆性的,它不仅仅是一种技术创新,更是对医疗产业生产力的变革,将带来庞大的增量市场,市场空间无限。除此之外,它将可能加速医疗结构改革,重构医疗服务生态体系。

7.4.5 人工智能在其他领域的应用

1. 智能家居

随着人工智能技术的发展,智能家居在普通家庭中越来越普及,这大大改变了家庭生活的传统方式。虽市场上感应设备越来越多,但目前大部分智能家居产品主要依赖手机操控;可以很好地感应周围环境,真正体现智能场景的应用并不多。智能家居产品主要在于能对周围环境进行综合分析与判断,满足用户家居情感体验。现如今,人工智能的发展越来越成熟、稳定,人工智能将为人类带来更多的更高级的体验,了解用户心理、喜好、习惯等,通过感应系统交互功能对家居环境进行全面感知与感应,计算并执行相应指令。

2. 教育领域

教育领域人工智能还处在初始阶段,常见应用主要有一对一智能化在线辅导、作业智能批改、数字智能出版等。教育领域应用中的人工智能除模拟人类传递知识外,能通过皮肤电导、面部表情、姿势、声音等生物监测技术了解学习者的学习情绪。如美国匹兹堡大学开发的 Attentive Learner 智能移动学习系统能监测学生的思想是否集中,从而调整策略。将人工智能应用于教育领域,可以协助教师提升教学效果,使学生获得量身定制的学习支持。

3. 智能控制

人工智能在控制领域中的应用,发展了新一代的控制技术:“智能控制”(Intelligent Control),如专家控制、知识控制、神经控制、模式控制等。

智能控制为解决常规控制难以胜任和应用的问题提供了新途径。例如解决缺乏准确数据、完备信息的难以建立数学模型的不确定、不确知的系统。

智能控制比常规控制具有更高的智能水平,例如具有自适应、自寻优、自学习、自识别、自组织、自协调等智能特性。例如,河北省科学院自动化所研制的自寻优控制器,在工况变化的环境中,能够自行寻找和保证热风炉的最高燃烧效率;重庆大学开发的“仿人智能控制器”具有某些仿人智能特性等。

4. 智能管理

人工智能在管理领域中的应用,发展了“智能管理”新技术和新一代的计算机管理系统“智能管理系统”,如:智能管理信息系统(Intelligent Management Information System,IMIS)、智能办公自动化系统(Intelligent Office Automation System,IOAS)、智能决策支持系统(Intelligent Decision Support System,IDSS)等。

智能管理系统(Intelligent Management System,IMS)不仅比常规的计算机管理系统

MIS、OAS、DSS 等具有更高的智能水平,可以为非结构化半结构化的管理决策提供信息服务和决策支持;而且具有更全面的管理功能,可同时具备信息管理、事务处理、决策支持等多种功能。

5. 智能通信

人工智能应用于通信领域,促进了"智能通信"技术的发展。

为了保证通信及时,减少通信拥塞,需要压缩所传输的信息量,传统的信息压缩技术是采用各种信号编码方法,人工智能的应用为信息压缩提供了新的途径。例如,具有"公共知识库"(Common Knowledge Base,CKB)的智能通信系统。

由于在发信端与收信端都采用了公共知识库 CKB,所以,信道中只需要传输 CKB 中没有的新信息,从而压缩了信道传输的信息量。

◆ 7.5　规划优化应用方式探讨 ◆

7.5.1　光网络规划与优化算法

网络规划与优化问题是一项复杂的系统工程,它涉及面很广,包括技术、组织、管理、经济性等等多元性的问题,因此对网络的设计必须遵守一定的系统分析和设计方法。光传送网作为各类信息业务的承载和传输平台,对光传送网的规划与优化显得意义特殊,大致包括了规划与优化的流程、业务需求分析、网络架构和资源优化、安全性和经济性评估等各个方面。

简单地说,网络规划的目标就是网络的建设者和运营者在真正地投资建设和运营实际的网络之前,通过软件仿真的手段了解和预测网络和需要承载的业务的情况,做到业务传输可靠性和建网成本经济性之间的均衡。保证网络中业务的服务质量,同时提高网络资源的利用率,这也就意味着网络规划方案的制定必须在遵循流程和标准的前提下去最大限度地平衡高效性、可靠性、可实性以及经济性的要求。

传输网络规划与优化技术的关键任务是在已知网络业务汇集点,通过已知业务连接需求或预测节点之间的业务流量,寻找高性价比的组网方式承载这些业务的传输,其中,组网方式包括网络的拓扑结构,业务的路由策略,节点设备的配置等。

在前面章节中我们曾对多维光网络中的规划优化算法问题进行专门的介绍,规划优化算法往往是 NP-C 问题,对于 NP-C 问题目前没有很好地解决方式,但是通过人工智能技术的引入可预见能够在这一方面有所加强。可考虑的应用场景与方法包括以下几个方面。

1. 静态全局路由计算

在静态全局路由计算场景中,业务需求是固定已知的,光缆网结构也是固定的。符合当前人工智能解决固定范围内智能问题的特质。与下棋等行为类似,路由计算的行为与行为边界是清楚的,因此通过设计科学的强化学习模型是有望实现和解决这一问题的。

2. 动态全局路由计算

在动态全局路由计算场景中,业务到达是时序发生的,这使得模型可以具有训练数据,可通过前序路由的实际应用作为反馈为后续路由计算提供依据。通过半监督、非监督学习等方法应可以有效地解决这一领域的问题。

3. 资源分配计算

路由与资源分配问题中的资源分配问题是一个典型的资源优化配置问题，可通过多种人工智能算法进行有效建模和求解，从而获得最优的分配策略。

综上所述，通过人工智能算法与多维光网络规划优化实际问题的结合将能够为多维光网络规划与优化提供更加优化可行的解决与实施方案。

7.5.2 网络评估

网络评估是网络规划和网络优化两个阶段之间的一个重点环节，它既是对现有网络进行规划的各方面性能指标参数的评价性工作，也对后期的网络优化有着指导性的意义。网络评估的目的是对现有光网络资源使用情况、生存性、网络的可扩性等情况进行分析性的全面评估，据此去寻找和发现现有网络中的可能存在的问题，为后期的网络建设和优化整改提供针对性的指导。网络评估在光网络规划与优化中起着承前启后的作用，贯穿于网络建设和网络优化的整个过程。因此，光传送网络的建设者和运营者应该制定一套评估的量化指标，把网络评估当作长期的日常工作来执行。特别是在重大的网络整改和工程实施前，网络评估的对比分析结果直接影响到优化方案的取舍。

当前在多维光网络评估问题中存在的一个非常典型的问题就是评估的标准如何设定？在进行网络评估时评估的指标与标准选择将直接影响评估的效果与评估的意义。当前评估指标主要是依据专家经验进行设计与实施。利用人工智能技术，引入专家系统，结合现网状态打分将能够有效地分析不同指标与网络最终效果之间的关系、关联性等，从而有效制定选择合理的评估指标，确定完善的评估标准，进而为多维光网络评估提供更加完善可靠的评估结果，并进一步地影响多维光网络的规划与优化方向。

◆ 7.6 本章小结 ◆

人工智能是一门新兴学科，它是控制论、信息论、计算机科学、数理逻辑、神经生理学等学科的交叉学科。随着人工智能技术的发展，应用场景将不断丰富，并驱动其支撑技术的持续发展，人工智能的市场规模将逐步扩大。人类正在逐步迈向"智能时代"，人工智能作为互联时代前沿的新兴技术，将逐步渗透至各行各业。

人工智能是当前科学技发展的一门前沿学科，同时也是一门新思想、新观念、新理论、新技术不断出现的新兴学科以及正在发展的学科。它是在计算机科学、控制论、信息论、神经心理学、哲学、语言学等多种学科研究的基础上发展起来的，因此又可把它看作是一门综合性的边缘学科。它的出现及所取得的成就引起了人们的高度重视，并获得了很高的评价。有的人把它与空间技术、原子能技术一起并誉为 20 世纪的三大科学技术成就。

人工智能学科的出现与发展不是偶然、孤立的，它与整个科学体系的发展与演变密不可分。在 21 世纪，各学科蓬勃发展，高新科技层出不穷，人工智能也一定能够在时代的要求下实现多学科的交叉研究，通过与信息技术、软件技术、生物技术、脑科学、电子技术、网络技术等研究领域更加紧密地结合，研制出与人类智能水平相当的智能软件和智能机器。

本章对人工智能的发展过程与人工智能中的典型方法进行了介绍，并对一些典型的人工智能应用场景进行介绍，并在最后对人工智能在多维光网络规划优化中的应用进行了探索与分析。希望通过这一章的介绍能够使读者对人工智能有一个简要理解，并能够抛砖引玉促进人工智能在多维光网络规划与优化领域的应用。

◆ 参考文献 ◆

[1] 李炳银. 人工智能技术发展研究[J]. 赤峰:赤峰学院学报(自然科学版),2017(21).

[2] 闫德利. 2016 年人工智能产业发展综述[J]. 北京:互联网天地,2017(2):22-27.

[3] 杨文斌. 人工智能在金融领域中的应用分析[J]. 广州:金融科技时代,2017(12):32-35.

[4] 寇广,汤光明,王硕,等. 深度学习在僵尸云检测中的应用研究[J]. 北京:通信学报,2016,37(11):114-128.

[5] 袁彬,肖波,侯玉华,等. 移动智能终端语音交互技术现状及发展趋势[J]. 北京:信息通信技术,2014(2):39-43.

[6] 田丰,任海霞,PhilippGerbert,等. 人工智能:未来制胜之道[J]. 杭州:杭州科技,2017(2):76-87.

[7] 赵家仪. 自然语言处理中衔接手段的识别难点[J]. 长春:才智,2016(26):250-251.

[8] 朱巍,陈慧慧,田思媛,王红武. 人工智能:从科学梦到新蓝海——人工智能产业发展分析及对策[J]. 武汉:科技进步与对策,2016,33(21):1.

[9] 钟义信. 人工智能:概念·方法·机遇[J]. 北京:中国科学,2017,62(22):1-2.

[10] 钟义信. 人工智能:"热闹"背后的"门道"[J]. 北京:科技导报,2016,34(7):14-16.

[11] 王一卓. 浅析计算机人工智能技术的发展与应用[J]. 北京:中国新通信,2016,18(20):105-105.

[12] 黄海清,李维民. 基于人工智能技术的认知光网络结构研究[J]. 桂林:光通信技术,2016,40(5):15-18.

[13] 熊英. 人工智能及其在计算机网络技术中的应用[J]. 成都:技术与市场,2015,18(02):20.

[14] 茆鸣. 人工智能在计算机网络技术中的应用研究[J]. 北京:电子技术与软件工程,2016(09):255-256.

[15] 谭印. 人工智能在计算机网络技术中的应用[J]. 北京:通讯世界,2017(6):53-54.

[16] 顾畹仪,黄永清,陈雪等光纤通信.2 版. 北京:人民邮电出版社.2011.

[17] 黄善国,张杰,韩大海等光网络规划与优化. 北京:人民邮电出版社,2012.

[18] 王敏. 浅谈网络时代下人工智能的研究与发展[J]. 北京:电子制作,2013(12):231.

[19] 韩晔彤. 人工智能技术发展及应用研究综述[J]. 北京:电子制作,2016(12).

[20] 张储祺. 计算机人工智能技术的应用与发展[J]. 北京:电子世界,2017(2):41+43.

[21] 籍成章. 计算机人工智能技术研究进展和应用分析[J]. 武汉:信息通信,2017(5).

［22］孙松林,陈娜.人工智能及其在计算机网络技术中的运用[J].北京:通讯世界,2017(3):101.

［23］贺倩.人工智能技术在移动互联网发展中的应用[J].北京:电信网技术,2016(2):1-4.

［24］刘韵洁.人工智能将引发未来网络产业变革[J].杭州:杭州科技,2017(2):40.

［25］张彬.探讨人工智能在计算机网络技术中的应用[J].天津:软件,2014,33(11):265-266.

［26］Jingjing Zhao,Xingtong Liu,Afeng Yang,Chun Du. Foundry Material Design with Artificial Intelligence[M]. Springer International Publishing:2014-6-15.

［27］Gamez D,Holland O. Artificial Intelligence and Consciousness[M]. Elsevier Inc.:2017-6-15.

［28］Carlos Ramos. Progress in Artificial Intelligence[M]. Springer Berlin Heidelberg:2007-6-15.

［29］Fulcher,John. Advances in Applied Artificial Intelligence[M]. IGI Global:2006-6-15.

［30］Brenda K. Wiederhold,Giuseppe Riva,Mark D. Wiederhold,Pietro Cipresso,Giuseppe Riva. Virtual Reality for Artificial Intelligence:human-centered simulation for social science[M]. IOS Press:2015-6-15.

［31］Ivo Boblan,Rudolf Bannasch,Andreas Schulz,Hartmut Schwenk. 50 Years of Artificial Intelligence[M]. Springer Berlin Heidelberg:2007-6-15.

［32］China,France and the Netherlands to Deepen Cooperation on Information Technology and Artificial Intelligence[J]. Bulletin of the Chinese Academy of Sciences,2017,31(3):131.

第 8 章

网络模拟与网络仿真工具

随着光网络技术的快速发展与广泛应用,光网络规划与优化日益成为人们关注的重点。在这种情况下网络流量在网络设备与网络链路中的具体传输情况,越来越被人们所重视,成为规划与优化过程中必要的数据支持。网络规模的日益增大与业务的逐渐增多使得人工进行网络规划与优化的难度越来越大。利用计算机与信息技术能够有效提高多维光网络规划优化工作的效率与优化性能。通过网络信息化并利用网络模拟与网络仿真工具使用网络模拟与网络仿真技术,对网络进行模拟与仿真从而为规划设计人员对网络进行规划与优化提供参考。本章主要介绍包括 OpticSimu 光传输仿真软件、光缆网规划与优化系统软件,OTN 网络仿真与规划系统在内的几款国内外网络模拟与网络仿真工具,希望读者可以对网络模拟与网络仿真工具有所了解。

◆ 8.1 网络模拟与仿真技术概述 ◆

网络模拟与仿真技术是一种通过建立网络设备和网络链路的统计模型,并模拟网络流量的传输,从而获取网络设计或优化所需要的网络性能数据的仿真技术。

网络仿真技术具有以下特点:

(1) 全新的模拟实验机理使其具有在高度复杂的网络环境下得到高可信度结果的特点;

(2) 网络模拟与仿真的预测功能是其他任何方法都无法比拟的;

(3) 使用范围广,既可以用于现有网络的优化和扩容,也可以用于新网络的设计,而且特别适用于中大型网络的设计和优化;

(4) 初期应用成本不高,而且建好的网络模型可以延续使用,后期投资还会不断下降。

全光通信网的研究进展为高速信息公路的建设准备了技术基础。随着对光网络研究的深入,光传送网络的实用性研究吸引了人们的注意力。各国政府和大型通信公司纷纷投资建立光传送试验网络,并已经取得较大进展。但是实验网的规模毕竟有限,难以从全网上研究网络的构架(如透明网络的规模等),难以探讨复杂网络环境下的路由算法、网络的动态重构方案。另外,光信号的在线监测一直是个难题,光学仪表价格昂贵,很难支持在线监测。

网络仿真工具可以克服以上缺点,在使用人员的直接控制之下,对网络的规模,仿真内容进行直接的控制,可以对大到全国性网络,小到单个节点的结构进行设计和性能仿真,从而为光网络的规划、设计、维护和管理提供仿真手段。

现在出现了很多网络仿真工具,如表 8-1 所示。

表 8-1　主要的网络仿真工具

Networking	
OPNET Modeler	VPI Transport Maker
NS-2	OMNet＋＋
MetreWAND	Cnet Simulator
GLASS	Artifex
COSSAP	CCSS
QualNet	Glomosim
SeaWind	Matlab
SPW	NEST
ARTHUR	CATO

在表 8-1 所示的网络仿真工具中,Glomosim、QualNet 和 SeaWind 适合无线网络的仿真;CCSS、COSSAP 和 SPW 对数字信号处理系统仿真较理想;OPNET Modeler、NS-2、VPI Transport Maker、GLASS、Cnet Simulator、OMNet＋＋、MetreWAND、Artifex 适用于光网络的仿真。Cnet Simulator 可用于仿真网络环境,开放源代码。Cnet 可以提供仿真的应用层和物理层,由开发者提供其余的各层。在 Tcl/Tk 下,Cnet 提供了一个图形化网络表示方法。用 Cnet 搭建的网络必须把网络节点数量级控制在 10^2 以内。由于适用于它搭建的网络规模是受限制的,目前 Cnet 主要用于教学,很少用作商业或研究。

OMNet＋＋是开源的,对于非商用的仿真是免费的。它是基于 Component 仿真软件,大的模块可以由小的模块聚合而成,自动生成仿真过程图形界面。OMNet＋＋是 Event Oriented 类型仿真工具,拥有一个开放的仿真体系结构和嵌入式的仿真内核。初步应用是仿真通信网络。OMNet＋＋是仿真工具 OPNET 的仿制品。

MetroWAND 和 Artifex 都是美国光通信模拟设计和仿真软件开发商 Rsoft 开发的网络仿真规划工具。两者都提供了可视化平台。MetroWAND 是用于开发基于 PC 机的大型网络的网络规划的工具。MetroWAND 能在城域网环境中仿真和分析 SONET/SDH/DWDM 系统。

Artifex 是支持离散系统设计的强大的建模和仿真软件,适用与设计和仿真通信网络、交换设备、协议以及探索和确认一个包含众多因素的方案、缓存、包划分、拥塞控制、防护和恢复。

本小节针对 OPNET、NS-2 和 VPI 等网络仿真软件进行综合、深入的调研,着重在软件的总体评价、功能描述、体系结构和网络规划与优化开发调研与评估四个方面对这四款常见的软件进行介绍。

8.1.1　VPI 公司软件简介

VPI 公司的光网络仿真模块 VPI photonics 可以为光设备、元件、子系统以及传输系统提供最佳的设计和仿真工具。该模块包含有用于研究、设计、模拟、验证和评价有源和无源光器件、光放大器、密集波分复用传输系统及接入网的全部工具,包括:

VPI linkConfigurator™、VPI Transmission Maker™WDM、VPI Transmission Maker™ Optical Amplifiers、VPI Transmission Maker™ Active Photonics 和 VPI Transport Maker™。其中最主要的是 VPI Transmission MakerTMWDM 和 VPI Transport MakerTM。

(VPI Transmission Maker™WDM 主要是为 WDM 光纤传输系统进行建模仿真,可以帮助用户设计 WDM 光纤传输系统。图 8-1 所示为 VPI Transmission Maker™WDM 软件界面图;而 VPI Transport Maker™ 则可以提供基于 SDH/WDM 的传送网设计。它包括了各种网络结构,即环形,格形或者环形/格形混合网络。网络规划优化工程师可以选择合适的路由、保护、恢复策略,根据整个网络资源情况选择合适的网络设备,然后用其来规划优化网络拓扑,软件可以评估规划结果,并进行各种分析。

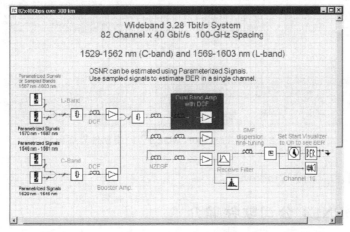

图 8-1　VPI Transmission Maker™WDM 软件界面图

VPI Transport Maker(TPM)由 VPI systems 公司开发,用于光传输网络的规划。VPI Transport Maker 分为 Optical Ring 和 Optical Mesh 两大功能组。两者在各自设计引擎上有所区别。VPI Transport Maker 的 Mesh 和 Ring 模块共享诸如用户界面、数据处理、脚本引擎和 API。图 8-2 所示为 VPI Transport Maker™ 网络软件界面图。VPI TransportMaker 提供规划设计技术和算法来对 SONET/SDH 和 WDM 传输网络(包括 Ring 和 Mesh)进行规划设计和优化。其基本功能如下。

(1) 提供多层网络模式,覆盖 PDH/SDH/SONET,WDM(channel,band 和 section),光纤,电缆以及管道。

(2) 可视化的界面。

(3) 拥有 ring 和 mesh 网设计引擎,迅速纠正不理想的网络布局,选择和分配 SDH/SO-NET 和 WDM ring 系统。

(4) 丰富的表格和图形报表,包括:容量需求、电路路由细节、网络的可靠性、节点流量分析等。

(5) 专用的设计引擎。为各种波长交换和转换选项进行波长路由和分配。

(6) 对于高容量、长距离的异构网络设计,这种网络要求合理的搭配标准设备和超长距离传输设备。

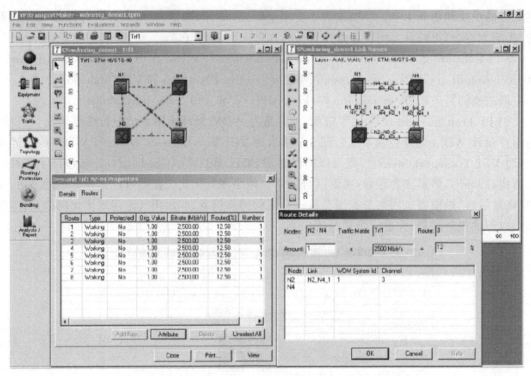

图 8-2　VPI Transport Maker™网络软件界面图

（7）支持的平台：支持 Windows 7。

8.1.2　OPNET 公司软件简介

OPNET 公司是业内领先的网络软件公司，其开发的软件应用于网络的各个层面。主要产品有 OPNET Modeler™，OPNETWireless Module™，OPNET Development Kit™ 和 OP-NET WDMGuru™。其中，OPNET WDMGuru™ 可以为运营商和网络设备商提供各种网络设计方案，来设计更可靠、更有效的 WDM/SDH 网络。

OPNET Modeler 是 OPNET Technology 公司为技术人员（工程师）提供一个网络技术和产品开发平台，可以帮助设计和分析网络、网络设备和通信协议，如图 8-3 所示。

OPNET Modeler 包含的主要功能如下。

（1）OPNET 能够准确地分析复杂网络的性能和行为，在网络模型中的任意位置都可以插入标准的或用户指定的探头，以采集数据和进行统计。

（2）OPNET 具有各个设备厂商提供的各种标准库模块。

（3）具有第三方（运营商）提供的各种库模块，包括路由器、交换机、服务器、客户机、ATM设备、DSL 设备、ISDN 设备等。

（4）OPNET 允许用户使用 FSM（有限状态机）开发自己的协议，并提供了丰富的 C 语言库函数。OPNET 还提供 EMA（外部模块访问）接口，方便用户进行二次开发。

（5）网络设备厂家（HP、Cisco、3Com、Xylan 等）提供的模型参数全部基于哈佛测试实验室（Harvard test lab）的测试结果。

（6）OPNET 可在网络层次进行运行仿真和工作。支持 Solaris，Windows NT 和 HP-UX。

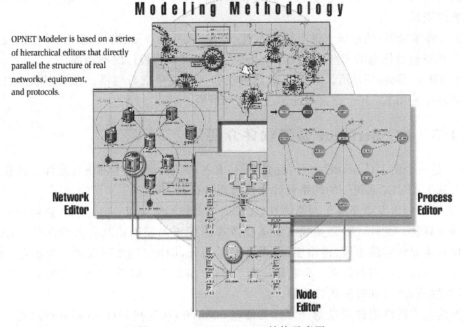

图 8-3　OPNET Modeler 结构示意图

（7）灵活的 license 管理：浮动的 license 和可租借的 license。

（8）OPNET 具有丰富的统计量收集和分析功能。它可以直接收集常用的各个网络层次的性能统计参数，能够方便地编制和输出仿真报告。

（9）提供了和网管系统、流量监测系统的接口，能够方便地利用现有的拓扑和流量数据建立仿真模型，同时还可对仿真结果进行验证。

（10）从其他流行工具导入数据：包括 HP 的 OpenView 以及 Network Associates 的 Sniffer。

（11）详细协议模型的全面模型库：包括 ATM，帧中继，TCP/IP，RIP，OSPF，BGP4，IG-RP 等。高效的仿真引擎以及内存管理。

（12）集成的分析工具：显示仿真结果的全面工具。轻松刻画和分析各种类型的曲线。可将曲线导出到电子表格中。

（13）动画：在仿真中或仿真后显示模型行为的动画。

OPNET Modeler 采用离散事件驱动的模拟机理（discrete event driven），与时间驱动相比，计算效率得到很大提高；它提供三层建模机制，底层为 Process 模型，以状态机来描述协议；其次为 Node 模型，由相应的协议模型构成，反映设备特性；顶层为网络模型。三层模型和实际的网络、设备、协议层次完全对应，全面反映了网络的相关特性。采用混合建模机制，把基于包的分析方法和基于统计的数学建模方法结合起来，既可得到非常细节的模拟结果，也大大提高了仿真效率。在"过程层次"模拟单个对象的行为，在"节点层次"将其互连成设备，在"网络层次"将这些设备互连成网络。几个不同的网络场景组成"项目"以比较不同的设计。

（1）网络编辑器（Network Editor）：以图形化的方式展示了通信网络的拓扑结构。

（2）节点编辑器（Node Editor）：通过刻画功能模块之间的数据流来展示网络设备和系统

的体系结构。每个模块可以生成、发送和接收来自其他模块的包。模块一般代表应用业务,协议层和物理资源。

(3) 过程编辑器:使用强大的有限状态机(FSM)来支持规范、协议、应用、算法以及排队策略。每个状态包括任意的 C/C++代码以及专门为协议编程设计的库函数。

(4) 有限状态机:使用有限状态机来对协议和其他过程进行建模。在有限状态机的状态和转移条件中使用 C/C++语言对任何过程进行模拟。

8.1.3　UC Berkeley 公司软件介绍

NS-2 是一个由 UC Berkeley 开发的用于仿真各种 IP 网络为主的仿真软件。该软件的开发是针对基于 UNIX 系统下的网络设计和仿真而进行的。

NS-2 设计的出发点是基于网络仿真,它集成了多种网络协议、业务类型、路由排队管理机制以及路由算法。此外,NS 还集成了组播业务和应用于局域网仿真有关的部分、MAC 层协议。其仿真主要针对路由层、传输层、数据链路层展开,因此 NS-2 可以进行对固定、无线、卫星以及混合等多种网络的仿真。但它最适用于 TCP 层以上的模拟。NS-2 的特点是源代码公开;可扩展性强;速度和效率优势明显。

所有的基本网络组件可以划分为分类器(Classifier)和连接器(Connector)两类。它们都是 NSobject 的直接子类,也是所有基本网络组件的父类。分类器的派生类组件对象包括地址分类器和多播分类器等。连接器的派生类组件对象包括队列、延迟、各种代理和追踪对象类。应用程序是建立在传输代理上的应用程序的模拟。NS-2 中有两种类型的"应用程序",数据源发生器和模拟的应用程序。NS 是离散事件驱动的网络仿真器。它使用 Event Scheduler 对所有组件希望完成的工作和计划该工作发生的时间进行列表和维护。

NS-2 与 OPNET 优缺点比较如下。

(1) OPNET Modeler 操作方便,对节点的修改主要就是对其属性的修改。但如果需要特殊的节点就不如 NS-2 方便。NS-2 没有现成的节点可以用 C++编,可以按照自己的意图来构造想要的节点。同时,由于是商业软件,OPNET 版本推出不如 NS-2 快。

(2) NS-2 是自由软件,免费的,这是与 OPNET 相比最大的优势,因此它的普及度较高,是 OPNET 强有力的竞争对手。

(3) OPNET 是商业软件,所以界面非常好。功能上很强大,界面错落有致,统一严格。NS-2 虽然功能也很强大,但是界面不如 OPNET,且格式上不统一,说明手册不详尽。

8.1.4　本节小结

对 OPNET Modeler、NS-2 和 VPI-Transport Maker 做进一步的调研后,我们对比了上述四种仿真软件在 ASON 网络规划与优化方面的合适度,如表 8-2 所示。

表 8-2　各规划软件性能比较

软件名称	软件功能	稳定性	界面	应用范围	是否支持 ASON
OPNET Modeler	强大	好	简洁,可视化	广泛	不直接支持,需二次开发
NS-2	较强,很灵活	中等	零散	广泛	不直接支持,需二次开发
VPI Transport Maker	强大,主要用于光传输网规划	好	简洁,可视化	广泛	不直接支持

不难看出,OPNET 具有明显的优势,它功能强大,系统稳定,而且易于开发。本课题组已经在 OPNET Modeler 搭建了一系列仿真平台,积累了利用 OPNET Modeler 开发的相关经验。

◆ 8.2　WDM 超长距离仿真软件 ◆

8.2.1　OpticSimu 光传输仿真软件

OpticSimu 是北京邮电大学光通信中心先进光网络研究室自主开发的光传输系统仿真软件,其主要功能是实现光传输系统的设计和性能仿真,最终目标是期望能够对大到光网络,小到具体光器件进行设计和性能仿真。图 8-4 所示为 OpticSimu 系统软件主界面。

随着通信业务,特别是数据业务对带宽需求的不断增长,DWDM 大容量超长距离光传输系统由于其无可比拟的优点成为骨干网上的首选技术,而且随着光通信用器件价格的进一步下降,一些 DWDM 系统已经应用于实际网络中,但是,由于应用场合的情况复杂,以及系统庞大,需要根据具体的系统性能要求对光传输系统的配置进行优化,找出最优的配置方案。

光纤通信系统仿真软件可以对影响大容量超长距离光传输系统的因素进行仿真研究,并找出系统配置方案的最优配置值,为进行 DWDM 超长距离光纤传输系统的设计提供帮助。

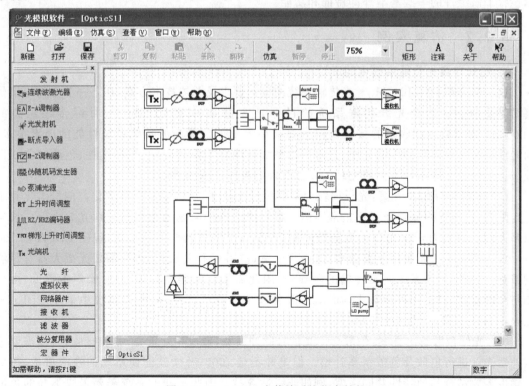

图 8-4　OpticSimu 光传输系统仿真软件

整个模拟软件系统分成以下六个功能子系统,它们分别是人机接口子系统、文件管理子系统、配置管理子系统、性能模拟子系统、辅助事务子系统。下面对这些模块应该实现的功能进行简单描述,并对各模块之间的关系进行说明。

(1)人机接口子系统有三个主要功能,第一个是显示用户配置的光网络的结构,即网络配置显示模块;第二是获得用户输入数据,进行有效性检查后入数据库或者直接传送给相关模块,即组件参数设定模块;第三个是模拟、仿真结果的显示,此时它承担了一个虚拟仪表的作用。

(2)数据管理子系统是将配置管理系统生成的光网络系统的各项数据存放在文件中,并完成文件的打开和保存功能,另外还要完成仿真结果的保存和打开。

(3)配置管理子系统的主要内容是根据用户需求产生、删除、配置需要的节点、网络,从而产生一个用户需要的光网络系统。

(4)性能模拟子系统是模拟软件系统的核心模块,它的主要内容是根据设置或者缺省的参数对光网络节点、传输链路和波长信道的传输性能进行模拟或者仿真。在模拟过程中,主要应该考虑系统的噪声特性(包括发射机、接收机、Raman 放大器和 EDFA 产生的噪声信号)、传输线路(光纤)的色散和各种非线性现象产生的劣化作用。

(5)辅助事务子系统主要负责模拟软件系统的异常告警模块实现和在线帮助系统。由于模拟软件系统要模拟仿真实际光传输系统或者网络的工作情况,在传输线路或者系统出现故障的情况下,可以考虑在网络配置图中进行告警显示。在线帮助系统为用户提供使用指导或者进行故障或者性能的辅助分析。

(6)除了上述的各个功能模块以外,程序还应该包括相对独立的组件库和参数库。组件库包含了该组件的一些基本外部特征和功能。

8.2.2　仿真实例

1. 超长距离光传输系统中的设计

这一节介绍 80×10 Gbit/s 光传输系统的设计要求及总体技术方案,在下一节中将给出仿真结果及分析。这个光纤传输系统的目标是容量是 80×10 Gbit/s,目标传输距离的3 000 km,在最终的接收端的接收误码率要求小于 10^{-5}。影响光传输系统性能的因素很多,而光纤是光传输系统的传输介质,其对传输系统性能有重要的影响,包括损耗、色散和非线性效应。下面主要介绍了为了克服光纤的以上三种影响而采取的措施。

(1)光纤损耗解决方案:光纤损耗会削弱信号光功率,造成信号质量劣化。信号劣化到了一定限度,将被噪声掩盖而无法正常通信。解决损耗累积问题的途径是采用光放大器。长期以来人们一直致力于全光型中继器的研制,先后推出多种光放大器形式,包括 EDFA 和 Raman 放大器。由于系统信号路数多,所占频谱宽,占用 C 和 L 波段,因此需要光放大器有足够的带宽。另外,由于系统需要传输的距离长,因此需要放大器增益大,同时噪声指数低,由于 EDFA 增益高,但是噪声指数大,而 Raman 光放大器噪声指数小,所以系统中采用 EDFA + Raman 放大方案,如图 8-5 所示。

(2)光纤色散解决方案:色散会使光信号脉冲展宽,造成相互重叠,影响接收,所以需要色散补偿光纤进行色散及色散斜率补偿。但是并不是 100% 补偿就能使系统的性能最优,色散补偿也需要结合其他特性共同考虑,例如非线性效益。因此不同的系统需要采取不同的色散补偿量以达到最佳的性能。

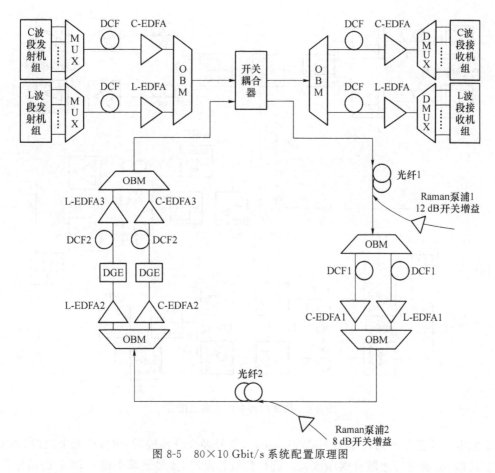

图 8-5　80×10 Gbit/s 系统配置原理图

（3）光纤非线性效应：光纤的非线性效应包括 SPM、XPM、FWM 和 SBS 等。光纤非线性效应的影响非常复杂，为了克服非线性效应，就必须限制光纤的入纤功率。下一节就对光纤的入纤功率的大小进行仿真，以确定系统的最佳入纤功率。

在实际系统设计中，以上各种因素不是孤立的考虑的，而是结合在一起考虑，因为它们也是相互影响的。

2. 80×10 Gbit/s 系统仿真方案说明

利用 WDM 光网络仿真软件，可以对 DWDM 超长传输系统进行各种仿真实验，研究系统中各种元器件的特性及其对传输系统性能的影响，包括衰减、色散、非线性效应、啁啾等。本章主要是对以下 2 个仿真实验进行了仿真和总结。

（1）采用 0.22 dB/km 衰减的 G.652 光纤进行 80 波 3 000 km 传输，仿真中采取不同的色散补偿量，研究色散补偿量对传输系统性能的影响；

（2）采用 0.22 dB/km 衰减的 G.652 光纤进行 80 波 3 000 km 传输，仿真中采取不同的入纤功率，研究入纤功率对传输系统性能的影响。

1）仿真原理图及说明

仿真软件中传输系统配置，如图 8-6 所示。

该系统是 80×10 Gbit/s 信号进行 3 000 km 传输的 DWDM 高速大容量超长距离传输系统。该系统进行了一定的预补偿和后补偿。信号在一个 200 km 的环路上传输 15 圈后，由光接收机接收。

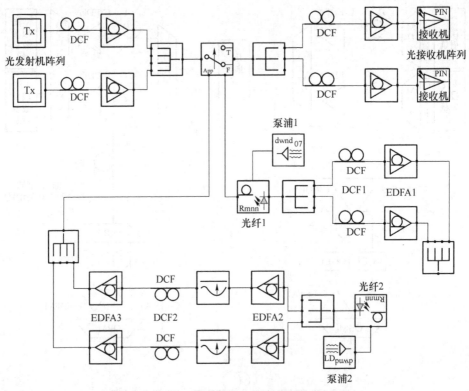

图 8-6 仿真软件中传输系统配置

系统中入纤信号平均功率为 1mW/channel,信号经光纤传输后,须分成两个波段(即 C 波段和 L 波段)分别进行色散补偿和放大。进行色散补偿时,要尽量减小输入 DCF 的信号功率,因为 DCF 的模场半径比较小,比较容易引起非线性效应。系统设计时应合理分配 Raman 的开关增益和 EDFA 的增益,这里设定 Raman 的开关增益为 12dB,EDFA 的增益为 20dB,限定 DCF 的输入功率为 - 11dBm/channel,其插损由 EDFA 来补偿。因为光纤工作在反常色散区,考虑到光纤非线性光学效应与色散的相互作用,所以色散补偿采用欠补偿方案。色散补偿后对两个波段的信号分别进行放大,然后重新合在一起,输入到下一段传输光纤中,此时的入纤功率也为 1mW/channel。

由于 Raman 和 EDFA 的增益曲线不是理想平坦的,经过一定距离传输后,各路信号的功率会出现较大的起伏,所以要对信号进行均衡。在系统中每 200 km 对信号进行一次均衡,为了弥补均衡器的插损,在信号经过第二个 100 km 传输光纤后,先用 EDFA 对信号进行一定的放大,再输入均衡器,使均衡器的输出功率为 - 11dB/channel,再输入 DCF 对信号进行色散补偿,之后再由 EDFA 放大,输入下一段光纤。

2)仿真默认参数表

表 8-3~表 8-7 所示的是具体参数的默认值。若非特别声明,参数均取默认值。

表 8-3　光发射机参数

波段	信号频率范围/THz	信号间隔/GHz	信号路数	光信噪比/dB	消光比/dB	每路信号功率/mW
C 波段	187.1~191	100	40	38	15	1
L 波段	192.1~196	100	40	38	15	1

表 8-4　G. 652 光纤及相应 DCF1/DCF2 参数

长度	G. 652 光纤	DCF1/DCF2
	100 km	16 km
衰减@1 550 nm	0. 22 dB/km	0. 5 dB/km
色散@1 550 nm	17 ps/(nm · km)	根据色散补偿量的不同在 - 103. 63 ps/(nm · km) ～ - 106. 25 ps/(nm · km)之间变化
零色散斜率	0. 08 ps/(nm² · km)	- 0. 27 ps/(nm² · km)
模场半径	5 μm	2. 5 μm
非线性指数	2. 5 e−20 m²/W	3 e−20 m²/W

表 8-5　G. 655 光纤及相应 DCF1/DCF2 参数

长度	G. 655 光纤	DCF1/DCF2
	100 km	8 km
衰减@1 550 nm	0. 22 dB/km	1 dB/km
色散@1 550 nm	6 ps/(nm · km)	- 73. 875 ps/(nm · km)
零色散斜率	0. 05 ps/(nm² · km)	- 0. 28 ps/(nm² · km)
模场半径	3. 78 μm	2. 5 μm
非线性指数	2. 5 e−20 m²/W	3 e−20 m²/W

表 8-6　EDFA 参数

名称	光纤衰减为 0. 22 dB/km		光纤衰减为 27 dB/km	
	增益/dB	噪声指数/dB	增益/dB	噪声指数/dB
EDFA1	20	5	12	5
EDFA2	13	5	17	5
EDFA3	20	5	17	5
EDFA4		20		5

表 8-7　其他器件参数

接收机阵列	接收机阵列中包含解复用器,解复用器的 3 dB 带宽为 50 GHz
合路器	插损 1 dB
波带分离器	插损 1 dB
均衡器	设置参数使输出功率为　11 dBm/channel
循环器	循环 15 圈,使总共传输距离为 3 000 km

3. 色散补偿量对系统性能的影响

下面分别给出两个仿真实验的仿真结果。

为研究不同色散补偿量下传输系统的性能,共进行了 7 次仿真。每 100 km 传输光纤后的 DCM 补偿量从 97%～100% 每次递增 0. 5%(以 1 550 nm 处的色散为基准)。

1) 眼图

表 8-8 所示为传输 3 000 km 后第 1、40、41、80 路(分别对应 L 波段最长、最短波长和 C 波段最长、最短波长)在不同色散补偿量下的光眼图。

表 8-8　不同色散补偿量下 3 000 km 后的光信号眼图

色散补偿量	187.1 THz	191.0 THz	192.1 THz	196.0 THz
97%				
97.5%				
98%				
98.5%				
99%				
99.5%				
100%				

由表 8-8 所示可以看出,在当前的仿真配置情况下,色散补偿量为 99%～99.5% 时是比较合适的。当色散补偿量较小时,残余色散过多,引起脉冲的展宽,发生交叠;而当色散补偿量过大时,非线性影响又变得突出。

2）光信噪比

由于改变色散补偿量并不影响信号功率,从而也不影响光信噪比,所以在不同色散补偿量情况下,信号的光信噪比随距离的变化情况应该一致。图 8-7 所示为在传输过程中,各路信号的 OSNR 统计情况。

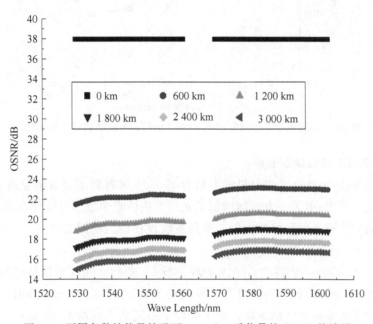

图 8-7　不同色散补偿量情况下 3 000 km 后信号的 OSNR 统计图

3）误码率

在不同色散补偿量情况下,各路信号经 3 000 km 传输后,接收误码率的统计情况如表 8-9 和图 8-8 所示。

表 8-9　不同色散补偿量情况下 3 000 km 后信号的接收误码率统计

色散补偿百分比	97%	97.5%	98%	98.5%	99%	99.5%	100%
最坏误码率(log BER)	−2.78	−2.68	−3.50	−4.57	−5.90	−6.01	−5.20
平均误码率(log BER)	−3.87	−3.93	−4.74	−5.86	−7.15	−7.29	−6.12

4）结论

在光纤的反常色散区,非线性效应产生的非线性相移对色散有一定的抑制作用,这种作用随信号功率的增加而加强。超长传输系统中采用分布式的信号放大方式,因此非线性效应更为突出。从上面的仿真结果可以看到,色散补偿量为 99.5% 时眼图和误码率(误码率拟合曲线的最佳补偿点约为 99.25%)均达到最佳,这说明超长传输系统的色散补偿应采取欠补偿方式。

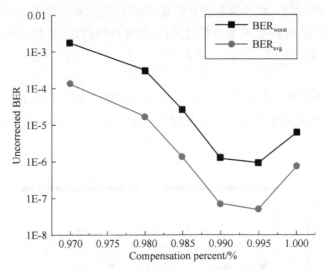

图 8-8　不同色散补偿量情况下 3 000 km 后信号的接收误码率统计图

4. 发射功率对系统性能的影响

在光纤传输系统中,提高光发射机的发射功率,一方面有利于提高信号的光信噪比,降低对接收机的灵敏度要求;但另一方面却增加了光纤非线性光学效应对信号的影响,加大了光放大器的压力。如何选取光发射机的发射功率是系统设计的关键问题之一,本节将对该问题进行一些研究。

本节采用 0.22 dB/km 衰减的 G.652 光纤进行 80 波 3 000 km 传输仿真实验。仿真中采取不同的入纤功率,分别选取单路信号平均发射功率为 - 2dBm、- 1dBm、0dBm、1dBm、2dBm,研究入纤功率对传输系统性能的影响。由于采取了不同的入纤功率,需要对一些器件的参数进行调整,需要重新配置的参数如表 8-10 所示。

表 8-10　各 Raman 泵浦在不同信号入纤功率时的功率(mW)

入纤功率	- 2dBm 输入		- 1dBm 输入		0dBm 输入		1dBm 输入		2dBm 输入	
波长/nm	泵浦 1	泵浦 2	泵浦 1	泵浦 2	泵浦 1	泵浦 2	泵浦 1	泵浦 2	泵浦 1	泵浦 2
1425	372.8	250.7	378.3	245.8	396.2	240	395.5	259.4	407.82	269.4
1457	196.6	128.3	197.7	129.8	199.4	126.9	201.4	133.7	203.9	136.5
1439	425.5	266.7	426.7	268.5	429	250	431.5	273.2	435.1	276.7
1495	269.6	228.6	265.8	224.5	261.2	210.1	255.2	213.2	247.5	205.5

色散补偿光纤 DCF,当信号输入功率为 2 dBm、1dBm、0 dBm 时,色散为 - 105.19 ps/(nm·km),补偿光纤色散的 99%;当信号输入功率为 - 1 dBm 或 - 2 dBm 时,色散为 - 105.72 ps/(nm·km),补偿光纤色散的 99.5%。

1)眼图

表 8-11 所示的是传输 3 000 km 后第 1、40、41、80 路信号(分别对应 L 波段最长、最短波长和 C 波段最长、最短波长)在不同入纤功率下的光眼图。

表 8-11　不同信号入纤功率下 3 000 km 后的光信号眼图

输入功率	187.1 THz	191.0 THz	192.1 THz	196.0 THz
2 dBm				
1 dBm				
0 dBm				
−1 dBm				
−2 dBm				

比较而言，信号功率较小时眼图形状更加理想。随着信号功率的增加，非线性效应的影响逐渐体现出来：波形起伏增大，眼图上沿变厚。但是，这并不意味信号功率较小时传输性能更好，因为功率小则信号对噪声的容忍能力更弱，必然使得误码率增加。因此，存在一个适中的发射功率使得系统性能最佳。

2）光信噪比

图 8-9 所示的是光信号经过 3 000 km 传输后，不同入纤功率下的 OSNR。可以看出：

（1）提高信号入纤功率有利于提高信号出纤的 OSNR，但从后面的误码率统计情况可以看出，由于非线性作用的影响，高 OSNR 并不一定意味着低的误码率。只有适当提高入纤功率，才能对误码率有利。

（2）各路信号 OSNR 的总体趋势是长波长的要优于短波长的。信号间的 SRS 作用与信号功率有关，当信号功率下降时，SRS 效应变弱。因此图 8-9 中所示的下面三条曲线长波长处的 OSNR 略微呈现下降的趋势。

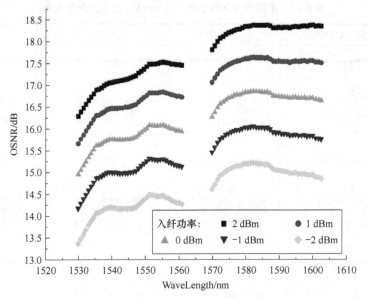

图 8-9　不同入纤功率下 3 000 km 后信号的 OSNR 统计图

3）误码率

　　信号在不同入纤功率的情况下，经过 3 000 km 传输后，其接收误码率的统计情况如表 8-12 和图 8-10 所示。

表 8-12　不同信号入纤功率下 3 000 km 后的信号的接收误码率

信号入纤功率/dBm	2	1	0	−1	−2
最坏误码率（log BER）	−5.18	−5.99	−5.90	−5.90	−4.84
平均误码率（log BER）	−7.05	−7.68	−7.15	−6.90	−6.20

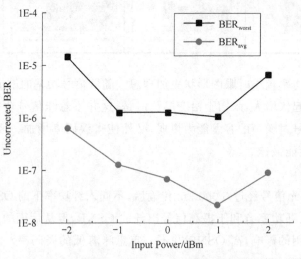

图 8-10　不同入纤功率下 3 000 km 后信号的接收误码率统计图

　　由图 8-10 所示可以看到，单路入纤功率为 1dBm 时系统最坏误码率和平均误码率都达到最小。

4）结论

从图 8-10 所示中可以看出，存在一个最优的发射功率，当发射功率比这个值大的时候，误码率会上升；当发射功率比这个值小的时候，误码率也会上升。经过分析我们认为原因如下。

（1）发射功率增大时，则光纤非线性效应增强，使信号严重劣化。

（2）发射功率增大时，提供相同的增益时，拉曼放大器和 EDFA 的噪声指数升高。

（3）发射功率减小，OSNR 相同的情况下，噪声功率较小，拉曼放大器和 EDFA 的噪声指数也会升高，则输出光信噪比下降，误码率升高。

因此要选取适中的入纤功率，以降低系统的接收误码率。从上面的仿真结果来看，发射平均功率为 1dBm/channel 时系统信能最佳。

8.3　光缆网规划与优化系统软件

光网络技术发展过程中，各种新技术不断研究引入并逐步转向数据交换为核心。IP 业务在光传送网络上的出现，可靠传送网要求的自愈能力和自动指配能力，都使网络规划发生了很大的变化。网络规划的核心是根据业务网络特点进行传送网络规划，传送网络规划包括定义网络拓扑和使用合适的路由、保护和多样方法，必须考虑各种约束和要求。根据用户需求实现对网络的规划和优化，得到最优的网络设计实现方案。

当前一些网络规划软件存在着难以满足各类新业务、新技术对规划工作的要求，难以实现统一高效的网络资源管理功能，难以实现滚动规划等系统性、连续性要求较高的工作等问题。为了能够更好适应新的网络概念，应用新技术，同时考虑经济条件和网络的可靠性，改善实际业务的质量，进行规范、方便有效的网络规划与优化软件的开发是很有必要的。

光缆网规划与优化系统软件是北京邮电大学多维光交换与光网络研究组以国内运营商的骨干网为基础设计开发，包括光缆、SDH、OTN/WDM 和业务四层。目前该软件的各模块运行稳定，数据可靠，针对运营性强。

8.3.1　光缆网规划与优化系统软件特点

作为规划工作的辅助工具，规划软件在设计过程中需要紧密结合业务发展与网络发展情况，充分考虑网络规划的整体思路、工作流程与业务需求。定义网络拓扑和使用合适的路由，保护恢复的多样方法，考虑各种约束和要求，包括现有的网络拓扑结构、逻辑业务网络结构，其中传送网络为业务网络提供带宽、设备规范和实际的业务分布模式，网络规划的功能是在一定的用户需求下实现对网络的规划设计，目标是给出一个"最优"的网络实现方案。工程人员根据这个方案能够实际地建设一个符合要求的光网络。

优化系统软件的特点如下。

（1）面向应用性：软件在开发过程中充分考虑了对当前的传输网结构与未来网络的发展趋势的适应性，充分考虑网络规划与可研阶段的工作需要，为软件使用者提供功能强大的网络规划设计辅助工具，解决了满足现状和可预见未来的规划工作的需求。

（2）标准化和开放性：在应用软件的设计开发上应使用目前国际上最成熟、较先进的技术，具备外部应用接口，支持标准格式的文件导入/导出并可扩展，解决了规划过程中大量的数据人工处理的问题。

（3）可扩展性：在规划软件的模块设计与数据结构方面充分考虑系统将来的扩展和升级，接口安全封装和预留，确保在网络结构发生变化或是网络技术发生改变时，可对软件进行扩展以满足新的需求，解决了软件满足未来网络发展的要求。

（4）先进性、管理性和稳定性：开发过程符合软件项目管理要求与软件工程要求，系统应采用面向对象的系统分析方法进行需求分析，采用构件化的方法进行应用软件系统的实现，以保证软件系统本身的先进性和易管理性。除此之外，软件系统具有完善的安全维护机制，保障软件稳定可靠运行，解决了软件系统本身的规范性问题。

（5）面向工程性：强大的面向工程的多层网络规划与优化，支持业务、ASON、SDH 和 WDM 以及物理层多层网络的联合规划与优化策略，支持 ASON 的经济性分析、建网规划以及功能实现与优化，满足了工程需求问题。

（6）面向研究性：通过规划软件研发，对规划方法学与规划流程进行总结提升，对规划工作中的潜在知识进行系统的归纳整理，因此，软件本身可以充当网络架构设计以及路由和生存性算法策略的仿真平台，在网络结构设计研究以及资源配置智能化方面提供研究基础，更好地适应技术发展的需要，有效提升规划部门的研发实力。

8.3.2 光缆网规划与优化系统软件功能概述

1）基本功能模块

（1）总体规划：包括业务预测、需求分析、方案论证、滚动规划等功能。

（2）体系设计：包括新建网络规划、网络优化、网络扩容、网络仿真验证等功能。

（3）网络评估：包括资源、性能、可靠性、抗毁生存性、效益等的评估功能。

（4）扩展功能：包括与其他系统对接、用于实验与测试两大功能。

2）关键功能

（1）网络架构：软件支持光缆、WDM、SDH 和业务四层结构及其规划、模拟，并支持四层结构之间的关联。

（2）网络资源管理：提供节点、链路、业务以及链路路由、业务路由等各类数据报表的查看、查询、排列、筛选、编辑、修改、复制等功能；提供 WDM/SDH 网络的链路时隙、通道、波分子波长、波长的使用情况，如占用、空余、预占、利用率数据表格等。

3）输入/输出功能

（1）信息输入/输出：工程文件、网络拓扑、数据表格以及网络资源（包含节点、链路、业务、业务路由等）的导入/导出。

（2）人机交互：节点、链路以及业务的创建或添加，可支持通过数据源（Excel 等）导入或人工手动输入的方式；图表中网络资源的相关内容属性可进行人工调整，通过鼠标、键盘等进行编辑、删除、修改等操作；支持工程、文档、资料、图表的存储和转换等。

（3）网络信息图形呈现：相关网络信息自动采用不同颜色及图标显示；支持经纬度定位以及背景地图导入。

8.3.3　软件的主要功能介绍

1. 软件主界面

1）登录界面

在启动"光缆网规划与优化系统"软件时,首先显示登录界面,进行功能模块的选择,如图 8-11 所示。可以看出整个软件分为四个主要功能模块,分别为总体规划;体系设计;网络评估;扩展功能。点击图标,则可进入相应的操作界面。

图 8-11　登录界面图

2）主界面

下面以"总体规划"为例,对软件的主界面进行介绍。点击"总体规划"图标后,进入主界面,如图 8-12 所示。主界面主要分成五个面板窗口:拓扑网络显示窗口、工具栏、资源树形结构窗口、属性窗口、消息窗口。其中,拓扑网络显示窗口显示的是整个网络拓扑;工具栏由一组软件的主要操作的快捷按键组成;资源树形结构窗口以树形结构的形式显示出拓扑中所有的节点及链路;属性窗口显示了在树形结构或拓扑中被选中的节点、链路的详细属性;消息窗口显示了正在进行的对软件的主要操作。

3）拓扑网络显示窗口

拓扑网络显示窗口,如图 8-13 所示,在主视图中我们可以选择数据库源导入拓扑等现网基础数据;也可以手动添加节点和链路,完成多层拓扑的绘制;同时系统可以对现有拓扑及资源配置状态进行编辑,完成后将结果导出保存。

2. 网络规划功能

网络规划向导主要是根据不同的规划策略设置,在网络中进行业务路由规划。网络规划是重点功能,是软件的核心,用于实现不同的网络规划与优化的路由算法和策略。软件主要完成的数据测算功能如下。

在已知网络拓扑和网络业务信息情况下,对网络进行优化和配置,对网络性能进行仿真,分析在已知业务量的情况下,网络的平均负载量和网络的资源利用率,以及各个节点中的端口使用情况。

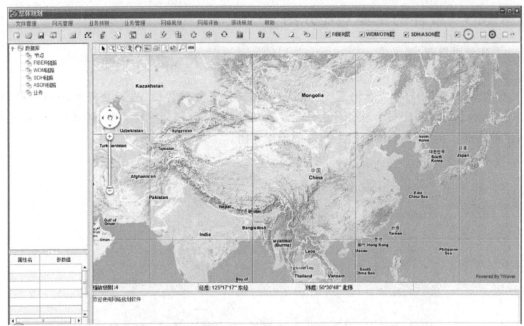

图 8-12　软件主界面图

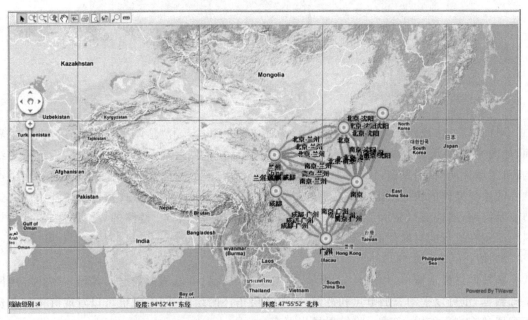

图 8-13　拓扑网络显示窗口

　　在已有网络业务信息和部分网络拓扑情况下,和未知或者已知部分网络物理拓扑,对网络进行规划,提出不同的网络规划方案及其扩容方案。

　　在已知网络拓扑和当今网络业务信息情况下,根据通过的业务预测算法,对未来业务的发展进行预测,并且分析现有网络拓扑结构是否满足未来业务的发展状况。

　　在综合了以上功能之后,根据网络规划超前建设的原则进行基于迭代的多年滚动规划,采用逐年滚动的方式进行,实现对全网链路资源和节点端口资源的合理配置。

　　单击"网络规划策略设置向导"弹出规划向导对话框,用户可根据需要设置各个选项,各选项与参数均已给出默认值,如图 8-14 所示。

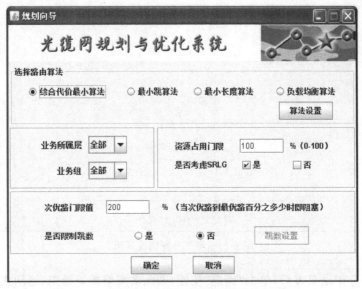

图 8-14　网络"规划向导"

　　在网络"规划向导"对话框中,可分别进行路由算法、业务层选择和相关门限的设置,设置完成后单击"确定"按钮,会弹出"业务路由"对话框,是此次网络规划后业务路由显示,如图 8-15 所示。

	ID	名称	首节点	末节点	业务速率	保护级别	所属层
1	2	石家庄-郑州	石家庄	郑州	10Gb/s	恢复	WDM
2	3	吉林-松原	吉林	松原	10Gb/s	恢复	WDM
3	4	四平-大庆	四平	大庆	10Gb/s	恢复	WDM
4	5	合肥-郑州	合肥	郑州	2.5Gb/s	恢复	WDM
5	6	西安-昆明	西安	昆明	10Gb/s	永久1+1	WDM
6	7	长沙-广州	长沙	广州	10Gb/s	恢复	WDM
7	8	南昌-重庆	南昌	重庆	10Gb/s	恢复	WDM
8	9	沈阳-拉萨	沈阳	拉萨	10Gb/s	恢复	WDM
9	10	北京-广州	北京	广州	10Gb/s	恢复	WDM
10	11	南昌-南宁	南昌	南宁	10Gb/s	永久1+1	WDM
11	12	呼和浩特-天津	呼和浩特	天津	10Gb/s	永久1+1	WDM
12	13	兰州2-乌鲁木齐	兰州2	乌鲁木齐	10Gb/s	永久1+1	WDM
13	14	上海-武汉	上海	武汉	10Gb/s	1+1	WDM

图 8-15　"业务路由"功能

　　在"业务路由"对话框中,可以看到业务的相关属性以及业务工作路由、保护路由等,查看完路由,点击"确定"按钮,可弹出业务分配资源失败列表,其中显示业务资源分配情况,如成功则显示资源分配成功,失败则列出分配失败的相应资源,如图 8-16 所示。

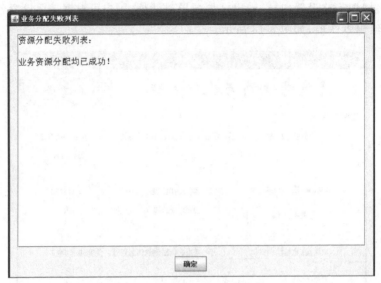

图 8-16　资源分配情况显示

在看完业务分配结果表后，单击"确定"按钮，则此次网络规划结束，返回主界面。

返回主界面后，若想再次对路由进行规划，在再次单击网络规划中的网络规划策略规划向导下拉菜单，对弹出的"规划向导"对话框进行设置后，单击"确定"按钮，此时会弹出如图 8-17 所示的对话框。

图 8-17　再次规划时的提示框

若点击"是"，则将清除之前规划的路由，重新按照此次设置的策略进行规划；若单击"否"按钮，则保留之前的路由规划结果；若单击"取消"按钮，则取消此次操作。

3. 网络评估功能

在网络评估方面，软件采用了图形化、流程化的设计方案，以方便规划者完成评估参数设置等操作。通过一系列流程化、可视化的操作，规划者可方便地对网络评估流程以及评估参数进行详细的设置。

1）资源评估

（1）链路利用率。在"资源评估"下拉菜单中选择链路利用率，如图 8-18 所示。

图 8-18　链路利用率菜单示意图

选择"WDM 链路利用率"选项，弹出如图 8-19 所示的界面，左上方显示的是链路利用率的曲线图，左下方显示的是全局链路利用率的饼状图，右下角显示的是平均链路利用率。

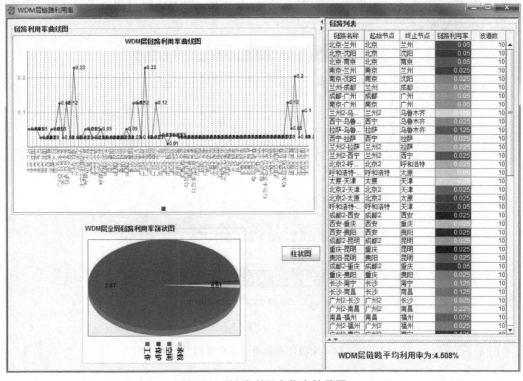

图 8-19　链路利用率仿真结果图

单击"柱状图"按钮，可以得到链路利用率的柱状图，如图 8-20 所示。

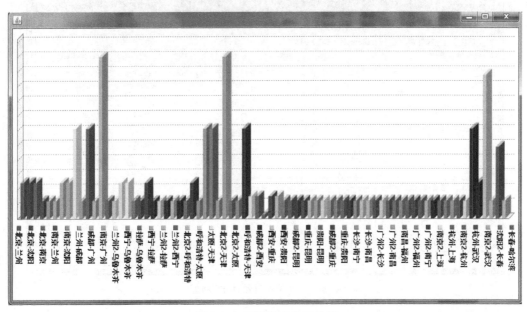

图 8-20　链路利用率柱状图

251

其他各层的链路利用率同上述情况。

（2）网络可扩性评估。网络可扩性评估旨在评估该网络还能允许增加多大的业务，并可以在原有基础上增加业务，并显示新增业务的成功率。单击"网络可扩性"按钮，弹出如图 8-21 所示对话框。

图 8-21　"导入新增业务"对话框

导入新增业务之后单击"确定"按钮，结果如图 8-22 所示。

图 8-22　成功导入新增业务后界面显示图

（3）资源瓶颈评估。资源瓶颈评估是在对节点或者链路设置了瓶颈门限之后，显示这些大于门限的节点或者链路。单击"资源瓶颈评估"按钮，得到如图 8-23 所示结果。

类型	瓶颈门限(%)
FIBER链路	50.0
WDM链路	50.0
OTN链路	50.0
SDH链路	50.0
ASON链路	50.0
节点	10

资源瓶颈（节点）列表

	ID	名称	经度	纬度	节点类型	端口利用率(%)
1	1	北京	116.36719	39.90974	核心节点	10.00000
2	4	广州	113.20312	23.16056	核心节点	10.00000
3	10	乌鲁木齐	87.62695	43.96119	核心节点	10.00000
4	11	拉萨	91.05469	29.61167	核心节点	10.00000
5	13	西安	108.98438	34.37971	核心节点	10.00000
6	14	重庆	106.43555	29.53523	核心节点	10.00000
7	15	昆明	102.74414	25.00597	核心节点	10.00000
8	17	南宁	108.36914	22.91792	核心节点	10.00000
9	18	长沙	112.85156	28.22697	核心节点	10.00000
10	19	南昌	115.75195	28.76766	核心节点	15.00000
11	21	武汉	114.25781	30.75128	核心节点	10.00000
12	40	兰州2	103.79883	36.10238	核心节点	15.00000
13	42	广州2	113.20312	23.16056	核心节点	15.00000
14	43	南京2	118.74023	32.10119	核心节点	10.00000

图 8-23　"资源瓶颈评估"功能

对链路设置瓶颈门限，单击"设置完成"按钮，则会得到如图 8-24 所示的结果。

通过链路所属层的下拉列表可以选择你想要查看的各层的情况。

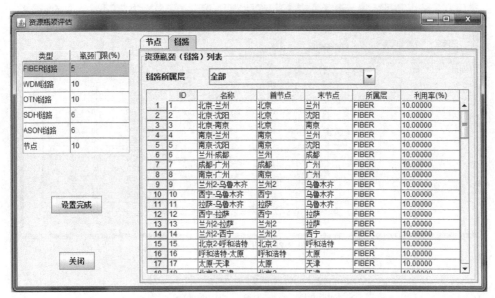

图 8-24 设置瓶颈门限

（4）繁忙链路评估。

繁忙链路评估是用来评估链路的繁忙程度，先设置链路繁忙的门限，单击"设置完成"按钮之后会显示各层的繁忙链路有哪些及链路利用率，如图 8-25 所示。

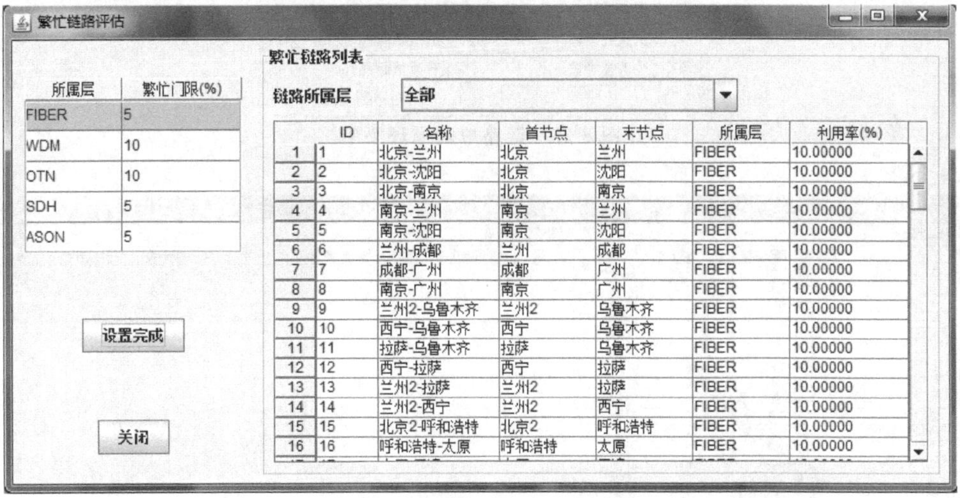

图 8-25 "繁忙链路评估"功能

单击"繁忙链路评估"按钮，单击"设置完成"，得到如图 8-26 所示的结果。

通过链路所属层下拉列表可以选择你想要查看的各层的情况。

2）抗毁性评估

抗毁性评估在网络评估中的位置，如图 8-27 所示。

（1）链路单断循环。选择"链路单断循环"选项，如图 8-28 所示，得到如图 8-29 所示的结果。

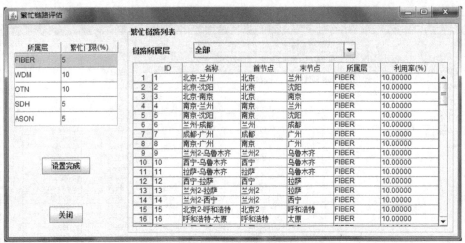

图 8-26　设置繁忙门限

图 8-27　抗毁性评估菜单

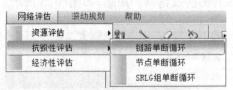

图 8-28　链路单断循环菜单

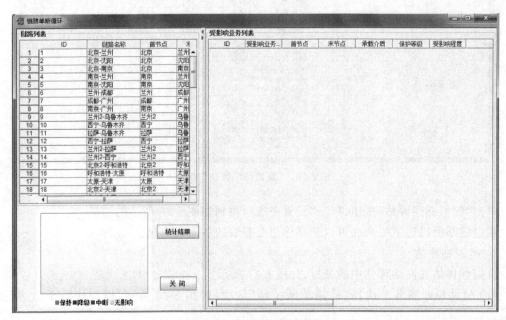

图 8-29　链路单断循环功能

在左上方的链路列表中选中任意一条链路,会在右边的受影响业务列表中显示受影响的业务,而在左下方的饼图中则会将对应业务各种状态的比例显示出来,如图 8-30 所示。

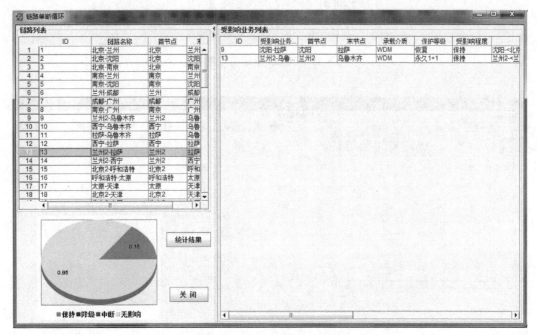

图 8-30　受影响业务的显示图

单击"统计结果"按钮,可以得到链路单断循环后所有业务的情况,如图 8-31 所示。

	业务名称	业务起点	业务终点	业务等级	所在层	受影响次数	未恢复次数
1	石家庄-郑州	石家庄	郑州	无保护	WDM	2	0
2	吉林-松原	吉林	松原	无保护	WDM	1	0
3	四平-大庆	四平	大庆	无保护	WDM	5	3
4	合肥-郑州	合肥	郑州	无保护	WDM	9	4
5	西安-昆明	西安	昆明	永久1+1	WDM	4	2
6	长沙-广州	长沙	广州	无保护	WDM	2	1
7	南昌-重庆	南昌	重庆	无保护	WDM	5	2
8	沈阳-拉萨	沈阳	拉萨	无保护	WDM	4	1
9	北京-广州	北京	广州	无保护	WDM	2	0
10	南昌-南宁	南昌	南宁	永久1+1	WDM	4	3
11	呼和浩特-天津	呼和浩特	天津	永久1+1	WDM	3	1
12	兰州2-乌鲁木齐	兰州2	乌鲁木齐	永久1+1	WDM	3	1
13	上海-武汉	上海	武汉	普通1+1	WDM	4	4

关闭

图 8-31　统计链路单断循环后的业务情况功能

(2) SRLG 组单断循环。选择"SRLG 组单断循环"选项。如图 8-32 所示。会得到如图 8-33 所示的结果。

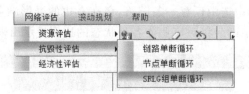

图 8-32　SRLG 单断循环菜单

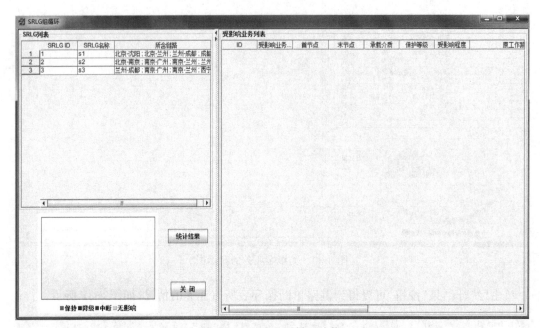

图 8-33　SRLG 组循环功能

在 SRLG 列表中选择一个 SRLG 组,在右边的受影响业务列表中会显示受影响业务,在左下方的饼图中会显示个业务状态的比例,如图 8-34 所示。

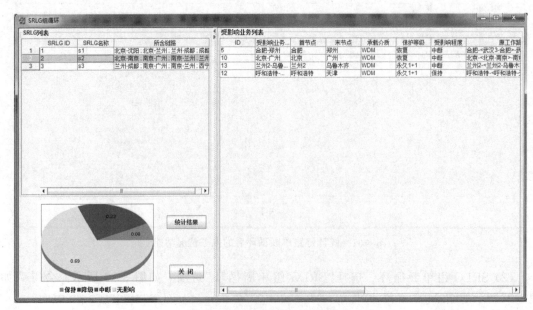

图 8-34　SRLG 组循环仿真结果

单击"统计结果"按钮,显示 SRLG 组单断循环后,所有业务的情况,如图 8-35 所示。

	业务名称	业务起点	业务终点	业务等级	所在层	受影响次数	未恢复次数
1	石家庄-郑州	石家庄	郑州	无保护	WDM	0	0
2	吉林-松原	吉林	松原	无保护	WDM	0	0
3	四平-大庆	四平	大庆	无保护	WDM	0	0
4	合肥-郑州	合肥	郑州	无保护	WDM	1	1
5	西安-昆明	西安	昆明	永久1+1	WDM	0	0
6	长沙-广州	长沙	广州	无保护	WDM	0	0
7	南昌-重庆	南昌	重庆	无保护	WDM	2	2
8	沈阳-拉萨	沈阳	拉萨	无保护	WDM	2	2
9	北京-广州	北京	广州	无保护	WDM	3	3
10	南昌-南宁	南昌	南宁	永久1+1	WDM	0	0
11	呼和浩特-天津	呼和浩特	天津	永久1+1	WDM	1	0
12	兰州2-乌鲁木齐	兰州2	乌鲁木齐	永久1+1	WDM	3	3
13	上海-武汉	上海	武汉	普通1+1	WDM	0	0

关闭

图 8-35　统计 SRLG 单断循环后业务情况的功能

(3) 全网双断仿真。全网双断仿真的功能是在双断的情况下进行仿真,会显示受影响业务的列表和双断循环后的业务情况。节点双断循环在模块中的位置,如图 8-36 所示。

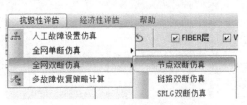

图 8-36　节点双断仿真菜单

链路双断仿真在模块中位置,如图 8-37 所示。

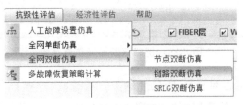

图 8-37　链路双断仿真菜单

单击"链路双断仿真"按钮,得到图 8-38 所示的结果。

选择两条链路,再单击"仿真"按钮,右边显示的是受影响业务列表,左下方的饼图中显示的是业务各个状态的比例,如图 8-39 所示结果。

单击"统计结果"按钮,弹出链路双断循环后的业务情况,如图 8-40 所示。

SRLG 双断仿真在模块中的位置如图 8-41 所示。

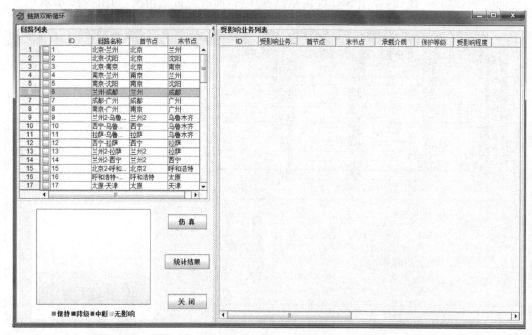

图 8-38　链路双断循环功能

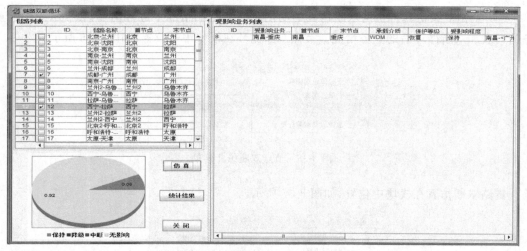

图 8-39　链路双断循环仿真结果

选择该选项,可以得到如图 8-42 所示的结果。

选中两组 SRLG,单击"仿真"按钮,得到图 8-43 所示的结果。右边显示的是受影响业务的列表,左下方显示的是业务的各个状态的比例情况。

单击"统计结果"按钮,可以得到 SRLG 双断循环下各个业务的情况,如图 8-44 所示。

(4)多故障恢复策略计算。多故障恢复策略计算指的是多条链路出现问题时业务的情况。在模块中的位置如图 8-45 所示。选择该选项可以得到图 8-46 所示的结果。

选中多条故障链路之后,单击"仿真"按钮,可以得到图 8-47 所示的结果。图中右边显示的是受影响业务的列表;左下方显示的是对故障链路按重要程度进行的排序。

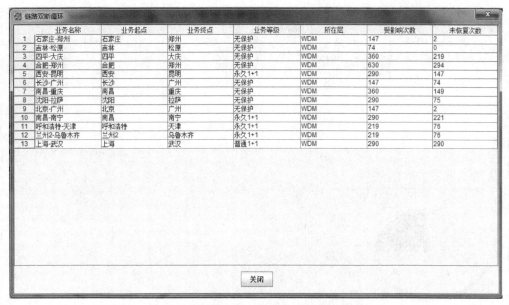

图 8-40　统计链路双断循环业务情况的功能

图 8-41　SRLG 双断仿真菜单

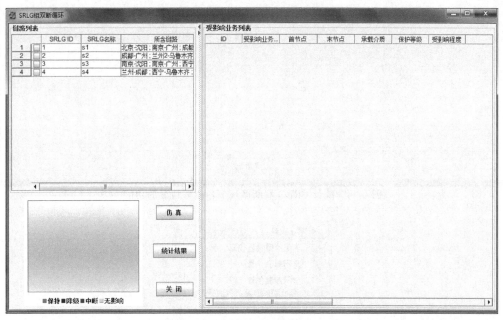

图 8-42　SRLG 组双断循环功能

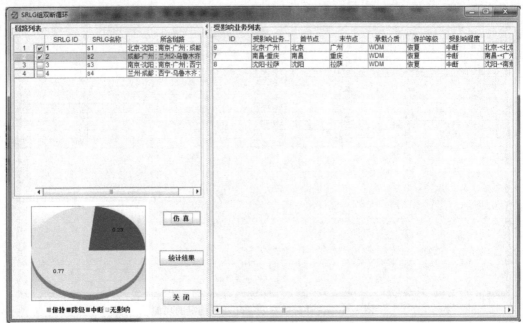

图 8-43　SRLG 组双断循环仿真结果

	业务名称	业务起点	业务终点	业务等级	所在层	受影响次数	未恢复次数
1	石家庄-郑州	石家庄	郑州	无保护	WDM	0	0
2	吉林-松原	吉林	松原	无保护	WDM	0	0
3	四平-大庆	四平	大庆	无保护	WDM	0	0
4	合肥-郑州	合肥	郑州	无保护	WDM	0	0
5	西安-昆明	西安	昆明	无保护	WDM	0	0
6	长沙-广州	长沙	广州	无保护	WDM	0	0
7	南昌-重庆	南昌	重庆	无保护	WDM	6	6
8	沈阳-拉萨	沈阳	拉萨	无保护	WDM	6	6
9	北京-广州	北京	广州	无保护	WDM	6	6

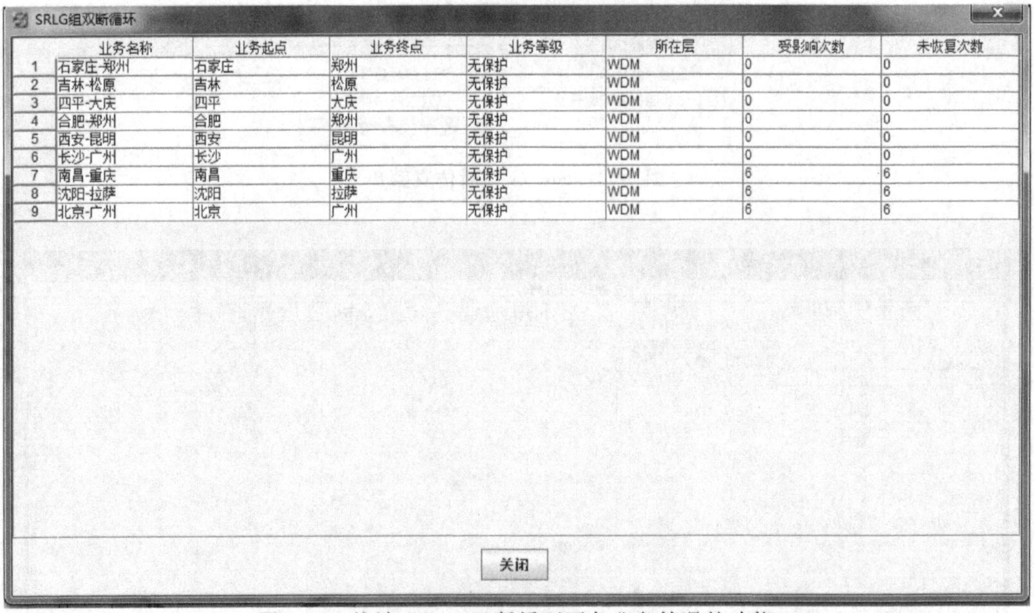

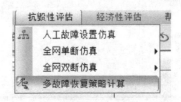

图 8-44　统计 SRLG 双断循环下各业务情况的功能

图 8-45　多故障恢复策略计算菜单

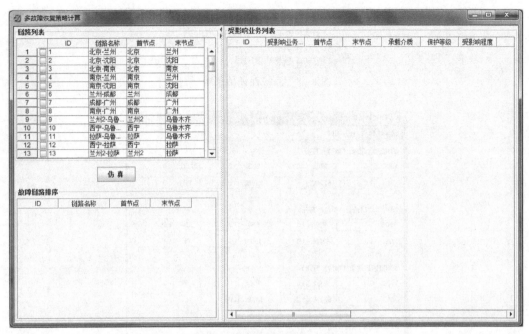

图 8-46　多故障恢复策略计算功能

图 8-47　多故障恢复策略计算仿真结果

3）经济性评估

经济性评估在网络评估中位置如图 8-48 所示,选择"经济性评估"选项,得到如图 8-49 所示结果。

在对应的文本框中可以修改各层端口的造价来实现经济性的评估。由于案例中只有 WDM 层的端口,可以将造价修改为如图 8-50 所示的。

图 8-48　经济性评估菜单

图 8-49　经济性评估设置窗口

图 8-50　WDM 层端口造价设置窗口

单击"确定"按钮后得到造价的统计,如图 8-51 所示。

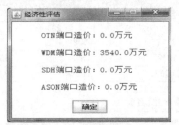

图 8-51　经济性评估结果

4. 业务预测菜单

业务预测菜单包括全局向业务预测和一元回归业务预测两个菜单项,如图 8-52 所示。

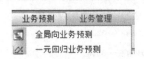

图 8-52　"业务预测"菜单

1) 全局向业务预测

选择"全局向业务预测"选项,弹出"业务预测资源导入"对话框,如图 8-53 所示。导入业务预测表格,单击"确定",弹出"业务预测设置"对话框,如图 8-54 所示。其中占比系数必须输入为 0~1 的数字。单击"开始预测",弹出"预测结果分析"对话框,如图 8-55 所示。用户可根据需要选择重新设置占比系数进行预测或完成业务预测。点击"完成","弹出业务预测导出"对话框,如图 8-56 所示,用户可将结果导出至指定位置的 Excel 文件中,如图 8-57 所示。

图 8-53　业务预测资源导入

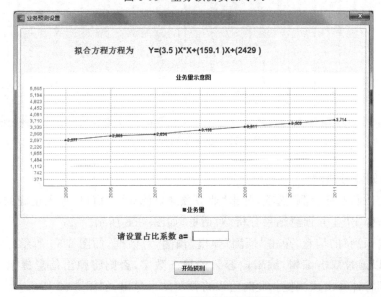

图 8-54　"业务预测设置"对话框

图 8-55　业务预测结果

图 8-56　"业务预测导出"对话框

2Mb/s	北京	上海	湖北	辽宁	陕西	四川	江苏	广东	天津	甘肃	重庆	河北	山东	山西	河南	吉林	黑龙江	安徽	浙江
北京																			
上海	108																		
湖北	65	25																	
辽宁	36	31	4																
陕西	55	19	11	4															
四川	55	23	5	1	11														
江苏	63	92	21	11	6	11													
广东	154	114	45	23	18	36	45												
天津	15	4	1	2	0	2	4	15											
甘肃	42	6	0	0	3	2	0	3	0										
重庆	35	10	1	2	2	22	4	22	2	25									
河北	44	2	2	0	1	3	3	16	5	25	4								
山东	28	10	3	3	2	5	5	15	0	25	4	1							
山西	17	4	1	0	1	1	1	9	0	25	1	0	1						
河南	19	0	4	0	2	0	5	11	1	25	0	0	1	1					
吉林	20	4	1	1	0	1	0	2	0	25	0	0	1	0	0				
黑龙江	23	19	1	2	0	0	1	7	0	25	1	0	0	0	17				
安徽	30	13	4	1	0	2	1	15	1	25	1	3	1	0	22	0			
浙江	47	35	5	4	0	3	14	15	1	25	2	4	1	0	17	1	8		
湖南	24	7	5	3	1	1	5	30	1	25	0	2	1	3	17	1	0	1	
江西	18	9	3	0	0	1	1	26	1	25	1	0	0	0	17	0	0	2	
福建	44	26	4	0	0	2	3	21	0	25	1	0	1	0	17	1	0	0	
贵州	18	3	0	0	0	0	0	8	0	25	2	0	0	0	19	0	1	1	
广西	28	9	0	0	0	0	2	15	1	25	1	3	1	0	17	1	1	1	
海南	17	4	0	1	0	1	0	10	0	25	1	0	0	0	17	1	0	0	
云南	33	7	1	1	1	4	2	16	0	25	1	2	0	0	17	0	0	0	
内蒙古	25	0	0	0	1	0	1	4	0	25	0	0	0	0	17	0	0	0	
青海	34	0	0	0	4	1	0	4	0	25	0	0	0	0	17	0	0	0	
新疆	7	1	0	0	0	2	0	1	0	25	0	0	0	0	17	0	0	0	
宁夏	35	1							0	25					17				

图 8-57　业务预测导出结果

2) 一元回归业务预测

选择"一元回归业务预测"选项,弹出"业务预测资源导入"窗口,导入正确的业务预测表格单击"确定"后,弹出"业务预测结果分析"对话框,如图 8-58 所示。

得到"可以预测"的信息,单击"预测"弹出"预测"对话框,如图 8-59 所示。在输入相关值"数据"一栏可以通过双击编辑,编辑内容只能输入数字,否则将弹出信息提示。输入相关值后,点击"运算"将计算出预测值。此时可以将预测结果导出,如图 8-60 所示。

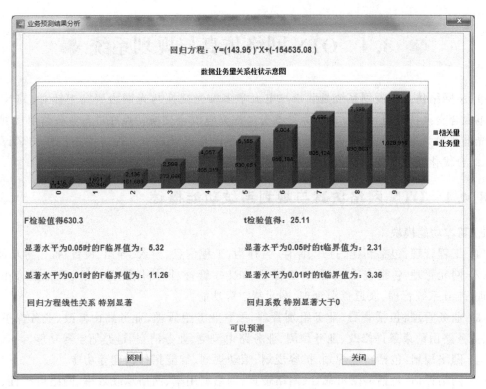

图 8-58　一元回归业务预测结果分析

图 8-59　预测窗口

图 8-60　预测结果

265

◆ 8.4 OTN 网络仿真与规划系统 ◆

OTN 网络仿真与规划系统是北京邮电大学多维光交换与光网络研究组针对 OTN 网络中光电混合交换特点设计研发的。系统充分考虑光电混合交换特点在进行业务路由规划时以减少光电转换为主要目标,能够降低 OTN 网络建设与运维成本。通过网络抗毁仿真评估等功能,结合优化功能有效提高网络抗毁性能。

8.4.1 OTN 网络仿真与规划系统功能概述

1. 基本功能模块

(1) 工程管理:包括新建、打开、保存、另存为、工程信息、导入、导出、设置、推出等功能。

(2) 网元管理:包括查看、节点端口管理、SRLG 管理、网络域配置、域互联方案、Fiber 系统管理、波分系统管理、波道资源管理、网元清空等功能。

(3) 业务管理:包括查看、业务组别管理、关联业务组管理、业务路由修改、业务保护等级修改、业务路由约束条件修改、业务预测、业务路由清空、业务清空、链路清空等功能。

(4) 网络规划:包括新建规划、扩容规划、滚动规划、智能拓扑构建等功能。

(5) 网络评估:包括网络可靠性、网络带宽、网络利用率、网络承载效率、网络可扩性、综合评估等功能。

(6) 网络优化:包括网络资源优化和网络生存性优化。

(7) 帮助:包括查看日志、联系我们两大功能。

2. 关键功能

(1) 网络架构:软件支持光缆、OTN 和业务两层结构及其规划、模拟,并支持两层结构之间的关联。

(2) 网络资源管理:提供节点、链路、业务以及链路路由、业务路由等各类数据报表的查看、查询、排列、筛选、编辑、修改、复制等功能;提供 OTN 网络的链路、通道的使用情况,如占用、空余、预占、利用率数据表格等。

3. 输入/输出功能

(1) 信息输入/输出:工程文件、网络拓扑、数据表格以及网络资源(包含节点、链路、业务、业务路由等)的导入/导出。

(2) 人机交互:节点、链路以及业务的创建或添加,可支持通过数据源(Excel 等)导入或人工手动输入的方式;图表中网络资源的相关内容属性可进行人工调整,通过鼠标、键盘等进行编辑、删除、修改等操作;支持工程、文档、资料、图表的存储和转换等。

(3) 网络信息图形呈现:相关网络信息自动采用不同颜色及图标显示;支持经纬度定位以及背景地图导入。

8.4.2 软件的总体架构和重点功能模块

1. 软件主界面

下面对软件的主界面进行详细介绍。进入主界面,如图 8-61 所示。主界面主要分成五个面板窗口:拓扑网络显示窗口、工具栏、资源树形结构窗口、属性窗口、消息窗口。其中,拓扑网络显示窗口显示的是整个网络拓扑;工具栏由一组软件的主要操作的快捷按钮组成;资源树形结构窗口以树形结构的形式显示出拓扑中所有的节点及链路;属性窗口显示了在树形结构或拓扑中被选中的节点、链路的详细属性;消息窗口显示了正在进行的对软件的主要操作。

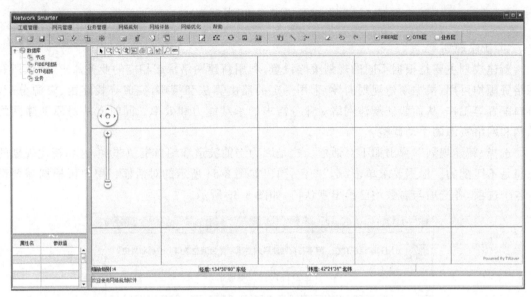

图 8-61 软件主界面

拓扑网络显示窗口,如图 8-62 所示。

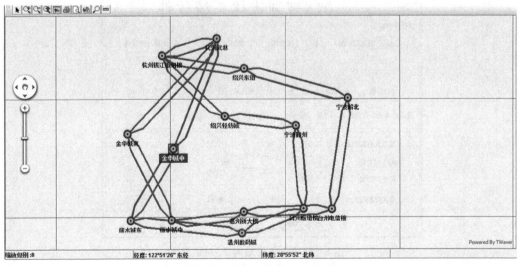

图 8-62 拓扑网络显示窗口

2. 网络规划

在确定网元和业务都已成功导入后,选择"网络规划"选项,出现网络规划向导下拉菜单,如图 8-63所示。

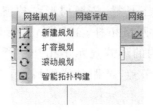

图 8-63　网络规划下拉菜单

1）新建规划

新建规划主要是根据不同的规划策略设置,利用新建网络承载相应的业务需求,默认所有网络资源均可用,根据新建规划向导,采用一定的路由算法和策略,完成寻找路由、资源分配、端口配置等工作,从而验证新建网络对业务需求的承载能力和效率。同时支持对原新建网络结构和网络资源的手动调整。

选择"新建规划",弹出如下对话框。这是因为当前波道和端口资源非空,这和新建规划的思想是不匹配的。根据要求单击"是"按钮,弹出如图 8-64 所示的对话框。用户可根据需要设置各个选项,各选项与参数均已给出默认值,如图 8-65 所示。

图 8-64　清空端口、波道和路由窗口

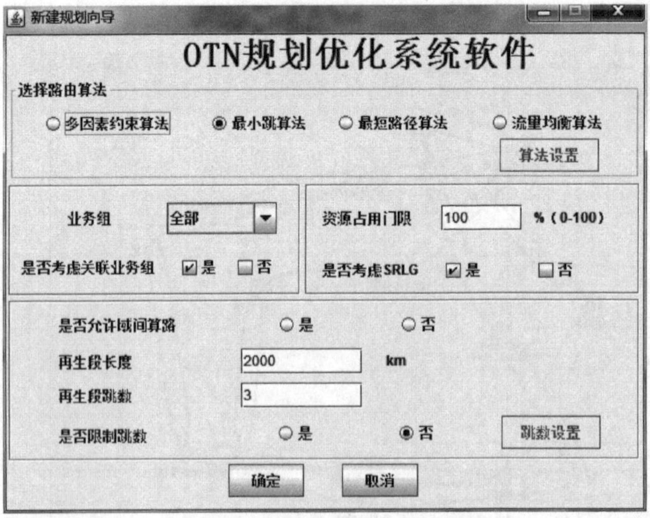

图 8-65　"新建规划向导"对话框

在"网络新建规划向导"对话框中,可分别进行路由算法、业务层选择和相关门限的设置,设置完成后单击"确定"按钮,会弹出"新建规划结果查看"对话框,如图 8-66 所示。

单击"查看端口",弹出如图 8-67～图 8-69 所示对话框。

单击"查看波道"按钮,弹出如图 8-70 所示对话框。

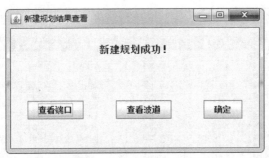

新建规划结果查看
新建规划成功！
查看端口
查看波道
确定

图 8-66　新建规划结果查看窗口

网元查看
节点
Fiber链路
OTN链路
节点ID　名称　经度　纬度　电交叉容量　光交叉（维度）　创建年
1　1　杭州武林　120.10　30.16　2560.0　9　20
2　2　金华城南　119.39　29.06　2560.0　9　20
3　3　丽水城中　119.55　28.27　2560.0　9　20
4　4　温州新大楼　120.39　28.01　2560.0　9　20
5　5　台州电信楼　121.16　28.39　2560.0　9　20
6　6　宁波解北　121.32　29.52　2560.0　9　20
7　7　绍兴东街　120.34　30.01　2560.0　9　20
8　8　杭州钱江枢纽楼　120.10　30.16　2560.0　9　20
9　9　金华城中　119.39　29.06　2560.0　9　20
10　10　丽水城东　119.55　28.27　2560.0　9　20
11　11　温州数码城　120.39　28.01　2560.0　9　20
12　12　台州枢纽楼　121.16　28.39　2560.0　9　20
13　13　宁波鄞州　121.32　29.52　2560.0　9　20
14　14　绍兴轻纺城　120.34　30.01　2560.0　9　20
端口ID　所属节点名称　端口速率
关闭

图 8-67　查看节点界面

2）扩容规划

在运行网络中利用剩余网络资源（光/电交叉容量、波道容量、剩余端口）承载新增业务，根据扩容规划向导，采用一定的路由算法和策略，完成新增业务的寻找路由、资源分配、端口配置等工作。对于剩余资源无法满足的那部分业务，软件给出扩容建议（包括端口、波道和链路），并同时给出扩容方式的选择，若选为自动扩容，则软件自动加载资源，若选为手动扩容，则由人工进行扩容。点击“扩容规划”弹出规划向导对话框，用户可根据需要设置各个选项，各选项与参数均已给出默认值，如图 8-71 所示。

单击“确定”按钮，弹出如图 8-72 所示对话框，进行规划时需清空上次路由，单击“是”按钮。

设置完成后单击“确定”按钮，会弹出“业务路由”对话框，是此次网络规划后业务路由显

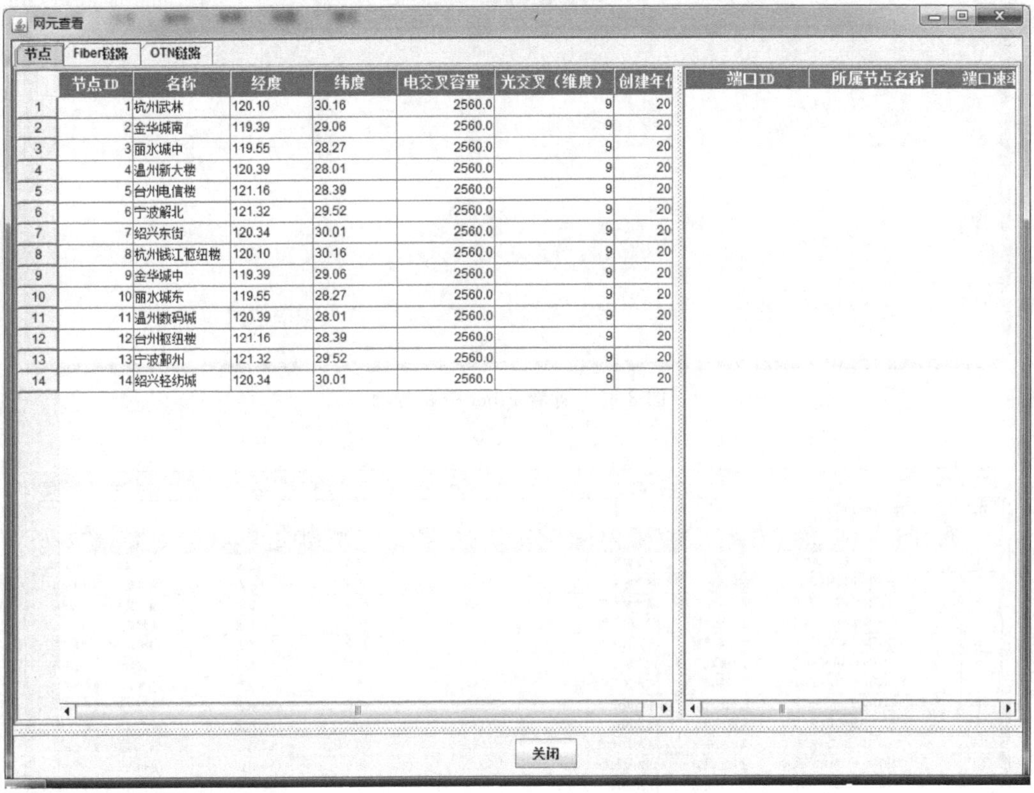

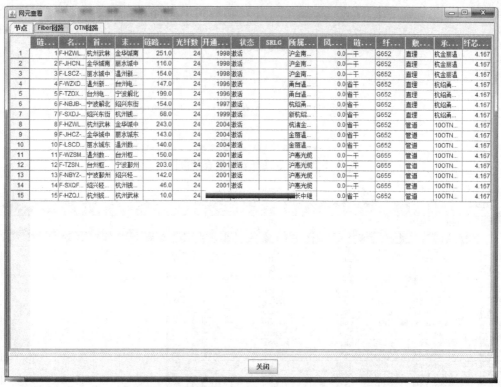

图 8-68　查看 Fiber 链路界面

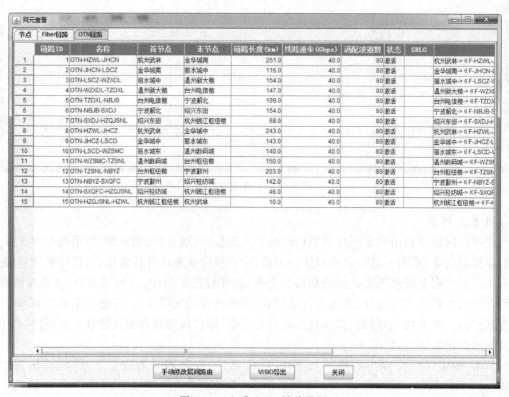

图 8-69　查看 OTN 链路界面

图 8-70 "波道"资源管理对话框

图 8-71 "扩容规划向导"对话框

图 8-72 清空路由窗口

示,如图 8-73 所示。

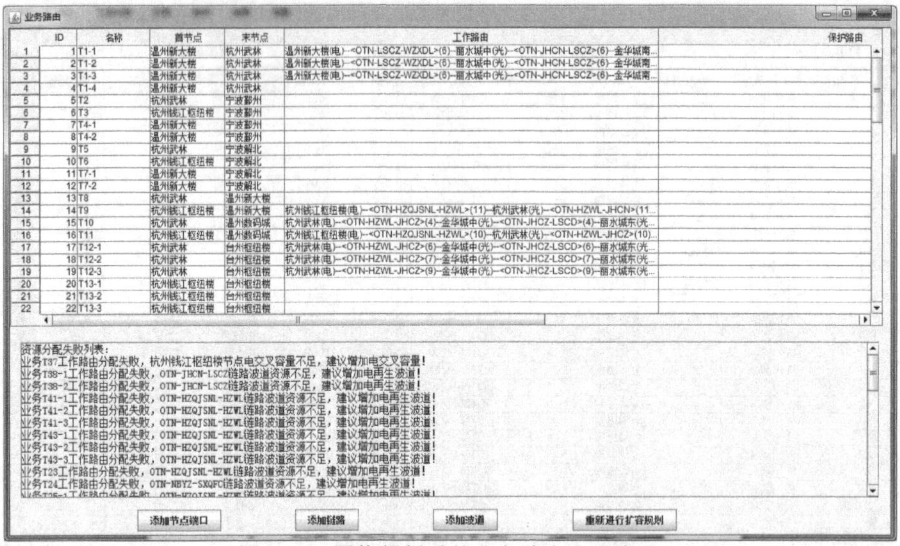

图 8-73　网络规划后的业务路由显示窗口

在业务路由对话框中,可以看到业务的相关属性以及业务工作路由、保护路由等,查看完路由,单击"确定"按钮,可弹出业务分配资源失败列表,其中显示业务资源分配情况,如成功则显示资源分配成功,失败则列出分配失败的相应资源。根据分配失败的原因,添加节点端口、链路、波道、以及重新进行扩容规划。

3）智能拓扑构建

根据业务需求和必要的地理信息,从无到有,跟随向导构建网络结构和网络资源,并支持网络拓扑和网络资源的手动完善和修改。

单击"网络规划"后进入"智能拓扑构建"对话框,如图 8-74 所示。

图 8-74　清空不符合智能拓扑构建要求的网元信息

单击"是"按钮,如图 8-75 所示对话框。

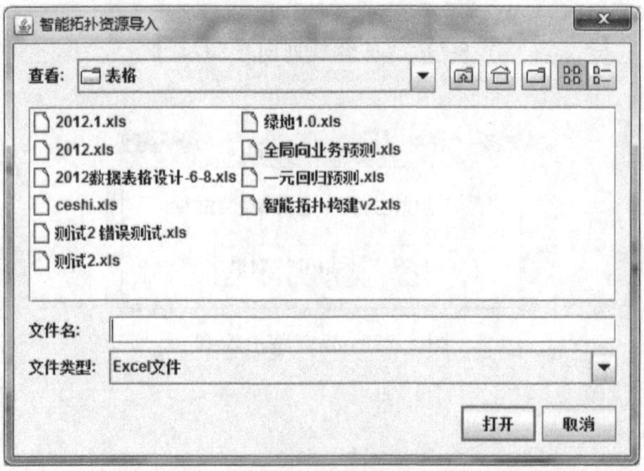

图 8-75　"智能拓扑资源导入"对话框

导入数据,显示成功如图 8-76 所示。

图 8-76　资源导入后显示成功窗口

单击"网络规划"中的"智能拓扑构建",弹出如图 8-77 所示对话框。

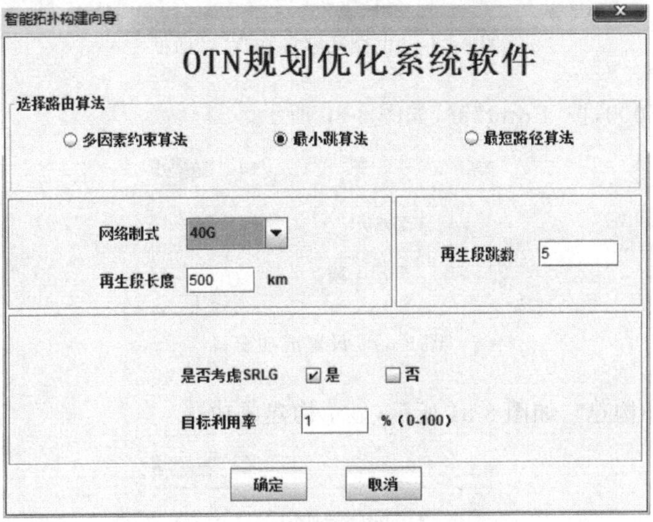

图 8-77　"智能拓扑构建向导"对话框

以最小跳算法为例,单击"确定"按钮,后台正在规划,如图 8-78 所示。

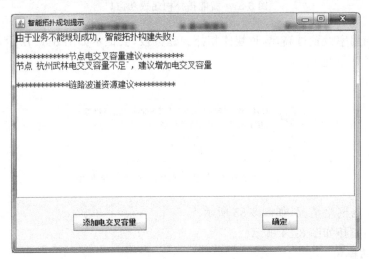

图 8-78　"智能拓扑规划提示"对话框

添加电交叉容量修改,如图 8-79 所示。

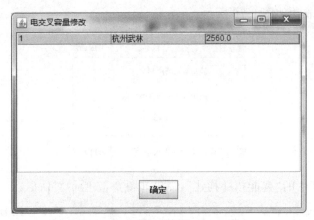

图 8-79 "电交叉容量修改"对话框

将 2560 改为 5000,按"Enter"键,如图 8-80 所示。

图 8-80 设置成功窗口

单击"智能拓扑构建",如图 8-81 所示,显示构建成功。

图 8-81 智能拓扑构建成功窗口

如果目标利用率设置过高,导致智能拓扑构建失败,会提示如图 8-82 所示,按照给出的平均利用率来设置重新规划。

图 8-82 智能拓扑构建未成功后的提示信息窗口

未规划之前的网络情况,如图 8-83 所示。

规划之后的拓扑如图 8-84 所示。

3. 网络评估模块

1) 自定义故障模拟

选择"网络评估"下的"网络可靠性"选择,如图 8-85 所示。

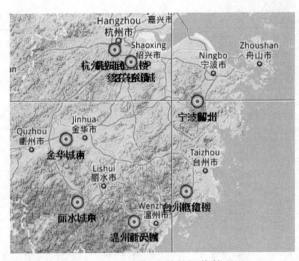

图 8-83　未规划之前的网络情况

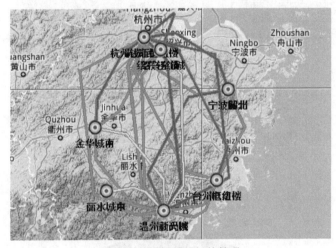

图 8-84　规划后的拓扑情况

图 8-85　"网络可靠性"菜单

选择"自定义故障模拟"选项,弹出"自定义故障模拟"对话框,如图 8-86 所示。

2)网络带宽

选择"网络带宽",弹出如图 8-87 所示对话框。

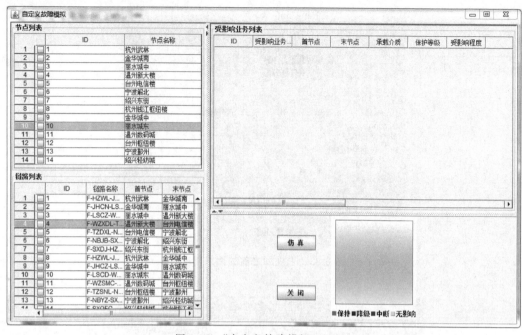

图 8-86 "自定义故障模拟"对话框

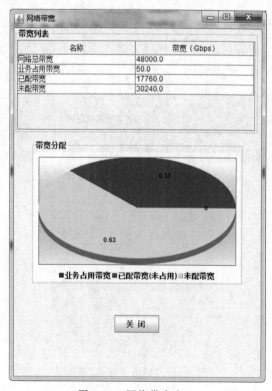

图 8-87 网络带宽窗口

3）网络利用率

选择"网络利用率"下的"端口利用率"，如图 8-88 所示。

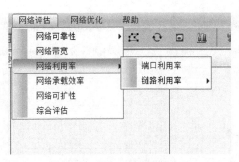

图 8-88　"端口利用率"选项

单击"端口利用率"按钮,结果如图 8-89 所示。

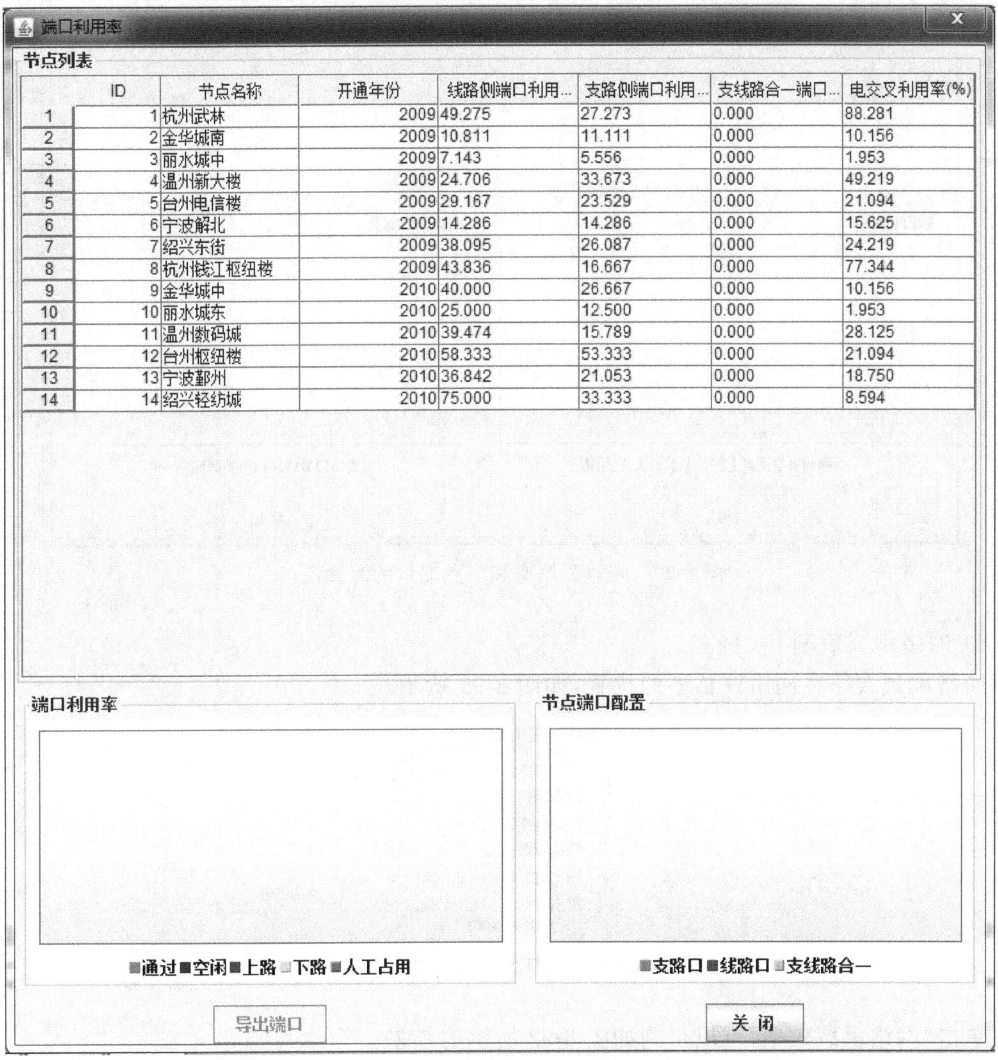

	ID	节点名称	开通年份	线路侧端口利用...	支路侧端口利用...	支线路合一端口...	电交叉利用率(%)
1	1	杭州武林	2009	49.275	27.273	0.000	88.281
2	2	金华城南	2009	10.811	11.111	0.000	10.156
3	3	丽水城中	2009	7.143	5.556	0.000	1.953
4	4	温州新大楼	2009	24.706	33.673	0.000	49.219
5	5	台州电信楼	2009	29.167	23.529	0.000	21.094
6	6	宁波解北	2009	14.286	14.286	0.000	15.625
7	7	绍兴东街	2009	38.095	26.087	0.000	24.219
8	8	杭州钱江枢纽楼	2009	43.836	16.667	0.000	77.344
9	9	金华城中	2010	40.000	26.667	0.000	10.156
10	10	丽水城东	2010	25.000	12.500	0.000	1.953
11	11	温州数码城	2010	39.474	15.789	0.000	28.125
12	12	台州枢纽楼	2010	58.333	53.333	0.000	21.094
13	13	宁波鄞州	2010	36.842	21.053	0.000	18.750
14	14	绍兴轻纺城	2010	75.000	33.333	0.000	8.594

图 8-89　端口利用率结果

在节点列表中单击选中节点,则在线面的两个饼图中分别显示端口利用率和节点端口的配置,如图 8-90 所示。

图 8-90　端口利用率和节点端口的配置窗口

4）网络承载效率

网络承载效率在网络评估中的位置，如图 8-91 所示。

图 8-91　"网络承载效率"选项

单击"网络承载效率"可以得到如图 8-92 所示的结果。

图 8-92　网络承载效率值

5）综合评估

综合评估在网络评估中的位置，如图 8-93 所示。

图 8-93 "综合评估"选择

先进行扩容规划，选择最短路径算法，单击"确定"按钮，弹出如图 8-94 所示的对话框。

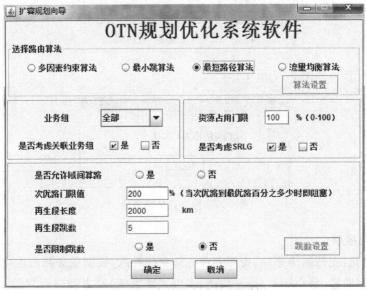

图 8-94 "扩容规划向导"对话框

单击"网络评估"中的"综合评估"，如图 8-95 所示。

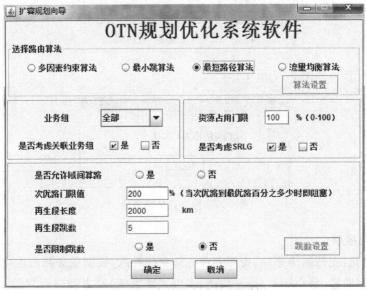

图 8-95 "综合评估"窗口

单击"占比设置",弹出如图 8-96 所示对话框,保证四个数值加起来等于100。

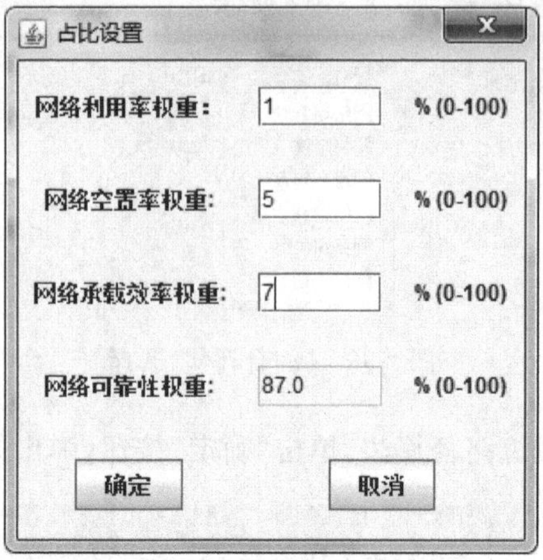

图 8-96 "占比设置"对话框

得出综合评估值,如图 8-97 所示。

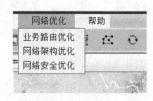

图 8-97 综合评估结果值

4. 网络优化模块

业务路由优化:支持网络拓扑、资源和业务路由的导入,根据业务路由优化向导,选择不同的路由算法(最短路径、最小跳数、流量均衡、多因素约束等)或者通过设置最大无电中继复用段长度、链路扩容门限、排斥链路与节点、必含链路与节点、关联业务组等约束条件对业务路由进行软件自动优化或手动修改优化(注意:只能利用现有的网络资源),并对优化结果进行分析,统计出路由获得优化的业务数量、网络利用率变化的百分比和网络承载效率变化的百分比。单击"网络优化",如图 8-98 所示。

图 8-98 业务路由优化菜单

选择"业务路由优化"选项,如图 8-99 所示。

单击"路由优化",得到结果如图 8-100 所示。

单击"优化结果分析"可得到相应的结果,如图 8-101 所示。

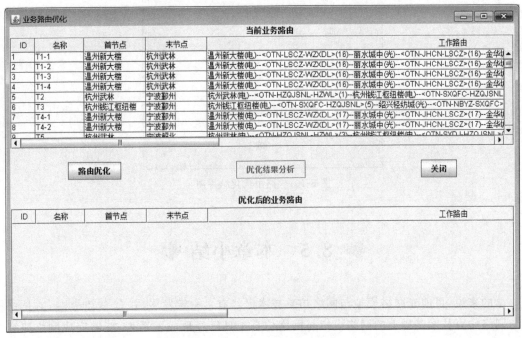

图 8-99　"业务路由优化"窗口

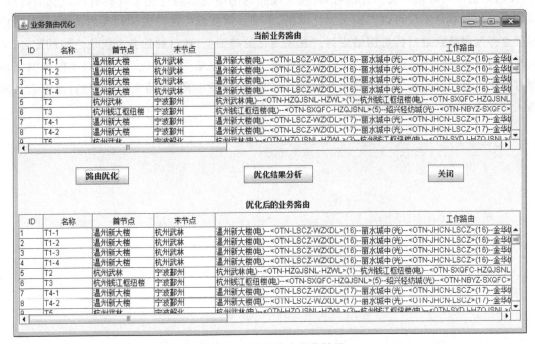

图 8-100　业务路由优化结果

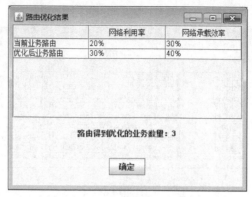

图 8-101　路由优化结果图

◆ 8.5　本章小结 ◆

　　总的来说,目前光网络模拟与网络仿真技术已经有了一定发展,并有一定成果。在网络模拟与网络仿真技术基础上的网络模拟与网络仿真工具已经形成了系列,能够完成网络研究开发中的大部分工作。通过上文对 OpticSimu 光传输仿真软件、光缆网规划与优化系统软件和 OTN 网络仿真与规划系统的介绍可知,较为成熟的网络规划与优化工具具有集成化的特点,系列化的仿真软件不仅可以实现大到光网络,小到具体光器件进行设计和性能仿真,并且可以根据业务网络特点进行传送网络规划。在系列化的基础上,通过加强各个模块之间的配合,可以共享网络信息,综合评估网络性能,对网络进行优化,完成更多功能。同时目前的光网络规划与优化工具已经有相当长时间的开发,积累的经验比较丰富,产品也比较成熟,能够满足网络规划与优化过程中的多数需求。